生物学理论
与生物技术研究

SHENGWUXUE LILUN YU SHENGWU JISHU YANJIU

杨 慧 王晓力 陈 燕 编著

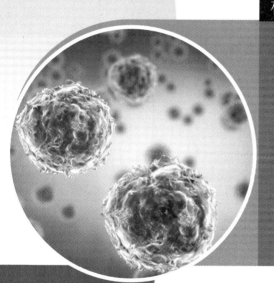

中国水利水电出版社
www.waterpub.com.cn

内 容 提 要

　　生物学是研究自然界各种生命现象的发生、发展规律,并运用这些规律改造自然界,为人类服务的一门科学。本书系统地介绍了生物学的基本理论、核心内容及主要技术。本书共 10 章,主要包括绪论、物质基础、细胞、生物的生殖与发育、生物的遗传、DNA 损伤及修复和基因突变、可转移的遗传因子、常用的生物技术、水产养殖技术和海洋生物学等内容。

　　本文内容详尽、详略得当、图文并茂,架构清晰,深度和广度适宜,文字通俗流畅,可作为生物学、生物分子学、遗传学等领域内专家、学者的参考资料,也可作为生物学相关专业学生的参考用书。

图书在版编目(CIP)数据

生物学理论与生物技术研究 / 杨慧, 王晓力, 陈燕
编著. —— 北京 : 中国水利水电出版社, 2014.6(2022.10重印)
　ISBN 978-7-5170-2257-2

　Ⅰ. ①生… Ⅱ. ①杨… ②王… ③陈… Ⅲ. ①生物学
—理论研究②生物工程—研究 Ⅳ. ①Q

中国版本图书馆CIP数据核字(2014)第155650号

策划编辑:杨庆川　责任编辑:杨元泓　封面设计:马静静

书　　名	生物学理论与生物技术研究
作　　者	杨慧　王晓力　陈燕　编著
出版发行	中国水利水电出版社
	(北京市海淀区玉渊潭南路 1 号 D 座 100038)
	网址:www.waterpub.com.cn
	E-mail:mchannel@263.net(万水)
	sales@mwr.gov.cn
	电话:(010)68545888(营销中心)、82562819(万水)
经　　售	北京科水图书销售有限公司
	电话:(010)63202643、68545874
	全国各地新华书店和相关出版物销售网点
排　　版	北京鑫海胜蓝数码科技有限公司
印　　刷	三河市人民印务有限公司
规　　格	184mm×260mm　16 开本　17 印张　413 千字
版　　次	2014 年 8 月第 1 版　2022年10月第2次印刷
印　　数	3001-4001册
定　　价	60.00 元

前　言

生物学(Biology)是自然科学的一个门类,它是研究生物的结构、功能、发生和发展规律,以及生物与周围环境的关系等的科学。生物学源自博物学,是人类医学发展的基础。随着科学技术的日新月异,生物学的内涵在不断地扩大,分支学科也越来越多,如细胞生物学、组织学、生理学等。

生物学简单地讲就是研究生命的科学。生命科学是一个微观与宏观相互联系的、基础与应用相结合的大科学领域,它不仅研究单个生物体及其生命活动的过程,还研究众多生物体间的相互关系和联系,研究生物体与环境的相互关系与相互作用,研究生物技术及其对社会、经济发展的重大作用等。

本书在写作上有以下特点:

第一,概念明确,理论讲述逻辑严密、条理分明;

第二,书中内容详尽、详略得当、图文并茂;

第三,便于阅读,深度和广度适宜,文字通俗流畅;

第四,极力贯彻基础性、系统性、科学性等原则。

本书共 10 章。

第 1 章为绪论部分,主要对生物学进行了简单概述;第 2～8 主要讲述了物质基础、细胞、生物的生殖与发育、生物的遗传、DNA 损伤、修复和基因突变以及可转移的遗传因子;第 8～10 章主要介绍了常用的生物技术、水产养殖技术和海洋生物学。

本书在编撰过程中得到了许多同行专家的支持和帮助,在此表示衷心感谢;编撰时参阅了大量的著作与文献资料,受益匪浅。在此向有关的作者致谢并在参考文献中列出,恕不一一列举。此外,出版社的工作人员为本书稿的整理修改做了许多工作,感谢你们为本书顺利问世所作的努力。

生物学发展迅速,内容涉及面广,尽管编撰人员尽心尽责,但由于学识水平有限,再加上时间仓促,书中难免有错误和不妥之处,恳请广大读者给予批评指正,以便再版时进一步修订。

作者

2014 年 5 月

目　　录

第1章　绪　　论

1.1　生物学概述

1.1.1　生物学的定义与研究对象

生物学(Biology)是研究自然界所有生物的起源、演化、生长发育、遗传变异等生命活动的规律和生命现象的本质,以及各种生物之间、生物与环境之间的相互关系的科学。生物学又称生命科学(Life Science),它是自然科学的基础学科之一。广义的生命科学还包括生物技术、生物与环境以及生物学与其他学科交叉的领域。

地球上现在已知的生物已达到 200 多万种,据估计实际应有 200 万～450 万种;已经灭绝的种类更多。从北极到南极,从高山到深海,从冰雪覆盖的冻原到高温的矿泉,都有生物的存在。这些生物具有多种多样的形态结构,其生活方式也变化多端。

从生物的基本结构单位——细胞的水平来考察,有的生物还不具备细胞形态;在已经具有细胞形态的生物中,有原核细胞构成的,也有真核细胞构成的;从组织结构看,有单细胞生物和多细胞生物。而多细胞生物又根据组织器官的分化和发展分为多种类型:从营养方式来看,有光合自养、吸收异养、腐蚀性异养、吞食异养等;从生物在生态系统的作用看,有生产者、消费者、分解者等。

生物学家根据生物的发展历史、形态结构特征、营养方式以及它们在生态系统中的作用等,将生物分成若干界。对于生物界的划分历史上也有多种提法,现在比较通用的是 1969 年生态学家魏泰克(R. H. Whittaker)提出的将生物界划分为五界,即原核生物界(Mon-era)、原生生物界(Protista)、真菌界(Fungi)、植物界(Plantae)、动物界(Animalia)。这种划分法没有将病毒纳入其中,但从现代生物学的角度不应忽略它,因此在本书中也将病毒界列入其中,见表 1-1。

表 1-1　生物谱系表

界	性质	说明
病毒界	非细胞生物	含有自我复制遗传结构,一种病毒只有一种核酸
原核生物界	原核生物界	细胞结构水平低,无核、膜、仁,除少数外,多为营寄生或腐生
原生生物界	真核生物	细胞有核、膜、仁,多为单细胞生物,少量为简单多细胞生物
真菌界	真核生物	细胞有核、膜、仁,由单细胞或多细胞的菌丝体组成
植物界	真核生物	由若干有细胞壁的细胞群构成,绝大多数行光合作用
动物界	真核生物	有若干无细胞壁的细胞群构成,是能主动获取食物的群类

病毒是一种非细胞生命形态,它由一个核酸长链和蛋白质外壳构成,病毒没有自己的代谢机构,没有酶系统。因此病毒离开了宿主细胞,就成为了没有任何生命活动,也不能独立进行自我繁殖的化学物质。一旦进入宿主细胞,它就可以利用细胞中的物质和能量以及自身具有的复制、转录和翻译的能力,按照它自身核酸所包含的遗传信息产生与它同样的新一代病毒。病毒基因同其他生物的基因一样,也可以发生突变和重组,因此也是可以演化的。因为病毒没有独立的代谢机构,不能独立的繁殖,因此被认为是一种不完整的生命形态。近年来发现了比病毒还要简单的类病毒,它是小的 RNA 分子,没有蛋白质外壳,但它可以在动物身上造成疾病。这些不完整的生命形态的存在说明无生命与有生命之间没有不可逾越的鸿沟。

除病毒界和原核生物界外,其他四界都是真核生物。原核细胞和真核细胞是细胞的两大基本形态,它们反映了细胞进化的两个阶段。把具有细胞形态的生物划分为原核生物和真核生物,是现代生物学的一大进展。原核细胞的主要特征是没有线粒体、质体等膜细胞器,染色体只是一个环状的 DNA 分子,不含组蛋白及其他蛋白质,没有核膜。原核生物主要是细菌。

真核细胞是结构更为复杂的细胞。它有线粒体等膜细胞器,有包以双层膜的细胞核把核内的遗传物质与细胞质分开。DNA 是长链分子,与组蛋白以及其他蛋白质组合成染色体。真核细胞可以进行有丝分裂和减数分裂,分裂的结果是复制的染色体均等地分配到子细胞中。原生生物是最原始的真核生物。

从类病毒、病毒到植物、动物,各种生物拥有众多特征鲜明的类型。各种类型之间又有一系列的中间环节,形成连续的谱系。同时由营养方式决定的三大进化方向,在生态系统中呈现出相互作用的空间关系。因而,进化既是时间过程,又是空间发展过程。生物从时间的历史渊源和空间的生活关系上都是一个整体。

1.1.2　生命体的基本特征

虽然生物种类多、数量大,并且生物间存在着千差万别,然而生物和非生物之间还是存在着本质的区别,归纳起来,生命的基本特征有以下几点。

1. 化学成分的同一性

从构成生命体的元素成分看,都是由普遍存在于无机界的 C、H、O、N、P、S、Ca 等元素构成,并没有生命所特有的元素。而组成生物体的生物大分子的结构和功能,在本质上也是相同的。例如各种生物的蛋白质的单体都是氨基酸,种类不过 20 种左右,它们的功能对所有的生物都是相同的,并且在不同的生物体内其基本代谢途径也是相同的等。再如 DNA(脱氧核糖核酸)是已知几乎全部生物的遗传物质(少数为 RNA,即核糖核酸),由 DNA 组成的遗传密码在生物界一般是通用的。还有各种生物都是以高能化合物 ATP(腺苷三磷酸)作为传能分子等。所有这些都是生物体化学成分同一性的体现。化学成分的同一性同时也深刻地揭示了生物的统一性。

2. 严整有序的结构

生物体不是由各种化学成分随机堆砌而成的,而是具有严整并且有序的多层次结构。病毒以外的一切生物都是由细胞组成的,细胞是由大量原子和分子所组成的非均质系统。除细胞外,生物体还有其他结构单位。细胞之下有各种细胞器以及分子、原子等,细胞之上有组织、器官、器官系统、个体、生态系统、生物圈等。生物的各种结构单位按照复杂程度和逐级结合的关系而排列成一系列的等级,这就是结构层次。较高层次上会出现许多较低层次所没有的性质和规律。每一层次的各个结构单元都有自己特定的结构与功能,它们有机协调构成复杂的生命系统。

3. 新陈代谢

生命体是一个开放的系统,任何生物都在时刻不停地与周围环境进行着物质交换和能量转换,一些物质被生物体吸收并经一系列的变化后成为代谢产物而排出体外,从而实现生物体自身的不断更新,以适应体内外环境的变化,这一过程就是新陈代谢。新陈代谢包括两个作用相反但又相互依赖的过程,即合成代谢与分解代谢。前者是生物体从外界摄取物质和能量,将其转化为生命本身的物质,并把能量储存起来;后者是分解生命物质,释放出其中的能量以供生命活动所需,并把废物排出体外。新陈代谢是一切生物赖以生存的基本条件。新陈代谢失调生命就会受到威胁,新陈代谢一旦停止,生命即告结束。

4. 生长发育

生物能通过新陈代谢的作用而不断地生长发育。一方面,每一细胞从产生开始要经历一系列的发育过程,另一方面,生物体的生长通常要依靠细胞的分裂、增长而得以实现。多细胞生物的受精卵经过反反复复的细胞分裂过程变成一个幼小的个体,而后又不断地长大成为成熟的个体。

5. 遗传、变异及进化

任何生物个体都不可能长期生存,它们必须通过生殖产生子代而使生命得以延续。生物不仅能繁殖出其后代,而且亲代的各种性状还可以在子代中得到重现,这种现象就是遗传。但亲代与子代之间、子代的个体与个体之间各种性状的改变也时有发生,此即变异。生物的遗传是由基因决定的,而基因就是 DNA 片段。基因的改变(基因突变)或基因组合的改变(基因重组)都会导致生物体表型的变异。

生物体还表现出明确的不断演变和进化的趋势。地球上的生命从原始的单细胞生物开始,经过了多细胞生物形成,各生物物种产生,以及高等智能生物——人类出现等重要的发展阶段后,从而形成了今天庞大的生物体系。

6. 应激性和适应性

生物体在生活过程中都能够对外界环境的刺激产生相应的反应,这就是应激性。外界环境中的光、电、声、温度、化学物质等的变化等,都能够成为刺激源。藻类的趋光性、植物根的向水性和向地性等都属于应激反应,应激反应能使生物趋利避害,有利于个体和种族的生存与繁衍。

每一种生物都有自身特有的生活环境,它的结构和功能总是适合于在这种环境条件下的生存与延续。当外界环境条件发生变化时,生物体能随之改变自身的特性或生活方式,借以维持正常的生命,生物的这种特性叫做适应性。如沙漠干旱地带的仙人掌类植物的叶变成了针刺状,而茎则变成了肥厚肉质,从而很好地保持了体内的水分。

应激性和适应性是生命的基本特性,这些特性一旦消失,生物将很难生存。

1.1.3 生物学的发展

1. 生命科学的发展概况

生命科学的发展大致经历了以下三个主要阶段。

阶段一:从古代到 16 世纪左右是生命科学的准备和奠基时期。在远古年代,人们对生命现象的认识常常是和与疾病斗争、农牧业、禽畜生产以及宗教迷信活动(如古代木乃伊的制作)联系在一起的,由此人们积累了动物、植物和人类自身的解剖、生长、发育与繁殖等方面的知识。到古希腊时代,人们已开始了对生命现象进行深入专题性的研究。亚里士多德在《动物志》一书中详细地记述了他对动物解剖结构、生理习性、胚胎发育和生物类群的观察,并对生命现象作出了许多深刻的思考。亚里士多德的观点和方法集中反映了那个时代的特点,观察和哲学参半、描述和思辩混合。其后西方进入了漫长的中世纪年代,科学的发展受到了极大的阻滞。中国古代有神农尝百草的传说。古代贾思勰的《齐民要术》、明代李时珍的《本草纲目》,以及历代花、竹、茶栽培和桑蚕技术书籍等,均记录了大量的对动物、植物的观察和分类研究。但总体看,这些工作突出的是在生产和医疗中的应用,并没有形成真正的科学体系。

阶段二:从 16 世纪到 20 世纪中叶是系统生命科学创立和发展的时期。目前,普遍认为现代生命科学系统的建立始于 16 世纪。其基本特征是人们对生命现象的研究牢固地植根于观察和实验的基础上,以生命为对象的生物分支学科相继建立,逐渐形成一个庞大的生命科学体系。现代生命科学可以说是从形态学创立开始的。1543 年比利时医生维萨里(Andreas Vesalius)出版了《人体结构》一书,这标志着解剖学的建立,并直接推动了以血液循环研究为先导的生理分支学科的形成。1628 年,英国医生哈维(William Harvey)发表了他的名著《心血循环论》。解剖学和生理学的建立为人们对生命现象的全面研究奠定了基础。18 世纪以后,随着自然科学全面蓬勃地发展,生命科学也进入了辉煌发展阶段。生命科学各个重要分支已相继建立,其中以细胞学、进化论和遗传学为主要代表,构成了现代生命科学的基石。1665 年英国的物理学家罗伯特·胡克(Robert Hooke)用自制的简陋的显微镜观察了软木薄片,发现了许多呈蜂窝状的小室,并将其命名为"cell"。瑞典科学家林奈于 18 世纪 50 年代创立了科学的分类体系,廓清了当时生物分类的混乱局面。19 世纪初,,在法国一些生物著作中正式出现了"生物学"一词。1838 年德国植物学家施莱登(M. J. Schleiden)提出细胞是一切植物结构的基本单位,并且是一切植物赖以发展的根本实体。1839 年德国动物学家施旺(Theodor Schwann)把这一学说扩大到动物学界,从而形成了细胞学说,即:一切植物、动物都是由细胞组成的,细胞是一切动植物结构和功能的基本单位。1859 年 11 月 24 日,达尔文(Charless Darwin)《物种起源》的正式出版标志着生物进化论的产生和确立。细胞学说、生物进化论是 19 世纪生物科学史上的重大事件,它们共同揭示了生物界的统一性及其发展规律,是生物发展史上的里程碑。恩格斯将它们和能量守恒与转换定律并称为 19 世纪人类自然科学的三大发现。在 19 世纪中期,法国科学家巴斯德(Louis Pasteur)创立了微生物学。微生物学直接导致了医学疫苗的发明和免疫学的建立,推动了生物化学的进展,并为分子生物学的出现准备了条件。19 世纪中后期到 20 世纪初期孟德尔(Gregor Mendel)遗传定律的发现和摩尔根、(Thomas Hunt Morgen)的基因论宣告了现代遗传学的创立。遗传学科学地解释了生物的遗传现象,将细胞学发现的染色体结构和进化论解释的生物进化现象联系起来,指出了遗传物质定位在染色体上,进而推动了 DNA 双螺旋结构和中心法则的发现,为分子生物学的建立奠定了基础。

阶段三:20 世纪中叶以后,生命科学出现了不同分支学科与跨学科间的大交汇、大渗透、大综合的局面,由此人们获得了进入"大科学"发展历史阶段的认识。1953 年沃森(J. D. Watson)和克里克(F. Crick)发现了 DNA 双螺旋结构,标志着分子生物学的建立。分子生物学的建立是生命科学进 20 世纪最伟大的成就。从此,以基因组成、基因表达和遗传控制为核心的分子生物学的思想和研究方法迅速地深入到生命科学的各个领域,极大地推动了生命科学的发展。由此于 1990 年启动了"人类基因组计划",它和"曼哈顿工程"、"阿波罗登月计划"并称 20 世纪三大科学计划。到 2003 年,人类基因组 30 多亿个碱基序列已全部被测定,接着人类进入了破译遗传密码、研究基因功能的后基因组时代。

2. 现代生命科学的发展趋势

生命科学与人类生存、健康及社会发展密切相关。现代生命科学基础研究中最活跃的前沿主要包括分子生物学、细胞生物学、神经生物学、生态学,并由这些活跃的前沿引申出诸如基因组学、蛋白质组学、结构基因组、克隆、脑与认知、生物多样性等重要领域。未来 20～30 年内,科学家将解读大量生物物种的遗传密码,在生命科学的主要领域(例如神经、免疫、胚胎发育和农业生物技术等方面)取得突破性进展,并使人类认识自身和生命起源与演化的知识超过过去数百年。各国对生物学研究的投入越来越大,生命科学对社会的产出也在迅速增加。

①未来 10～20 年分子生物学仍然是生命科学的主导力量,基因组学及其后续研究将成为生命科学的战略制高点。分子生物学的诞生使传统生物学研究转变为现代实验科学。分子生物学在微观层次对生物大分子的结构和功能正深入到对细胞、发育和进化以及脑功能的分子机制探索。细胞周期、细胞凋亡和程序化死亡、蛋白质降解是近几年关注的焦点。随着人类基因组计划等"大科学工程"的实施,生物学界出现了大规模的集约型研究,步入了大规模、高通量研究的时代。

②对生命科学的研究必将出现多学科的融合。数学、理论与实验物理、化学、信息科学和仪器工程等与生命科学的交叉融合将推动生物学自身以及自然科学其他学科的发展。今后的生物学研究对技术和设备将有更为迫切的需求,方法与仪器的创新将仍是揭示生命奥秘的窗户和突破口。在"后基因组时代",许多在过去被视为基础研究的工作刚开始就与应用紧密联系在一起,企业也更多地介入前期研究工作,研究成果向产业化转化的速度会更快。

③生命科学的飞速发展必将带动许多相应的技术和应用研究的发展。基因工程、蛋白质工程、发酵工程、酶工程、细胞工程、胚胎工程等生物工程将趋于成熟并逐渐普及。这些技术的新进展将会给农业、医疗与保健带来根本性的变化,并对信息、材料、能源、环境与生态科学带来革命性的影响。

④生命科学的研究是大规模的跨单位、跨地区、跨国家的联合研究。现代生物学家研究的

视野已经从一两个基因或蛋白质的行为扩展到了成千上万个基因或蛋白质的表现,关注的对象已不再停留于一条代谢途径或信号转导通路,而是提升到了细胞活动的网络和生物大分子之间复杂的相互作用关系。生命科学研究内容的深入和范围的加大,使多个实验室间的合作研究方式成为当前的主要潮流,大规模的跨单位、跨地区、跨国家的联合研究成为主要方式。

此外,复杂系统理论和非线性科学的发展,正促使生物学思想和方法论从局部观向整体观拓展,从线性思维走向复杂性思维,从注重分析转变为分析与综合相结合。新兴的学科增长点不断涌现,一个理论上的大综合和大发展的时期即将来临。

3. 21 世纪生命科学发展展望

生命科学是在分子、细胞、整体以及系统等各个层次水平上探讨生物体生长、发育、遗传、进化以及脑、神经、认知活动等生命现象本质并探索其规律的科学,是自然科学中最具挑战性的学科。20 世纪后叶分子生物学的突破性成就,使生命科学在自然科学中的地位起了革命性的变化,现已聚集起更大的力量、酝酿着更大的突破走向 21 世纪。生命科学的发展和进步也向数学、物理学、化学、信息、材料及许多工程科学提出了很多新问题、新思路和新挑战,带动了其他学科的发展和提高,生命科学将成为 21 世纪的带头学科。从现在起到今后的 10～15 年内,生物学在其本身发展和其他学科的影响下,必将经历重大转变。一方面在微观层次上对生物大分子的结构和功能,特别是基因组的研究取得重大突破后,正深入到后基因组学时代,通过功能基因组学和比较基因组学的研究,对基因、细胞、遗传、发育、进化和脑功能的探索正在形成一条主线,随之而来的转录组学、蛋白质组学、代谢组学、结构生物学、计算生物学、生物信息学、系统生物学等方面的研究也将在生命科学中成为重要角色。另一方面,在宏观层次上对生命的起源与进化、分类学、生态学、生物资源与可持续发展以及生物复杂性等方面的研究也将取得重要进展。特别是通过微观与宏观、分析与综合、单个基因与整体、个体与群体等多方面的结合,以及多种新技术的应用,生命科学的发展正面临着一个新的高峰。可以预见,今后生物学的重点发展领域将是:基因组与蛋白质组研究;生物大分子的结构与功能研究;计算生物学与生物信息学;代谢组学与代谢工程;生物防御系统的细胞和分子基础;生命的起源与进化;系统生物学;可持续生物圈的生态学基础等。建立在生物学基础研究上的生物技术正在成为发展最快、应用最广、潜力最大、竞争最为激烈的领域之一,也是最有希望孕育关键性突破的学科之一。

1.2　生物与人类的关系

1.2.1　生物资源是人类赖以生存的物质基础

人类生存离不开生物。人类和生物不断地从空气中吸收氧气,呼出二氧化碳,以维持生命;工厂和家庭燃烧煤和煤气时,也都是消耗氧气,产生二氧化碳。而绿色植物则能够进行光合作用,吸收二氧化碳,产生氧气,从而使空气中的氧气和二氧化碳的含量大致保持平衡,保证人的正常呼吸,使人类得以生存。

人类生活离不开生物。人类吃的粮食、蔬菜和水果来自植物,肉、奶、蛋则来自动物。人们穿着衣物所用的棉、麻和丝、毛、皮等分别来自植物和动物,而建筑房子、制造家具所用的木材都是来源于植物。

人类生产活动离不开生物。工农业生产需要的主要能源——煤来自植物,而石油主要来自动物;造纸、纺织、橡胶、酿造等工业生产都是以植物或动物为原料的。

人类健康与生物有关。一些有害的细菌、真菌和病毒等微生物能引起人们生病,有防病、治病功效的中药大多数来自于植物,少数来自于动物、微生物和矿物质。而抗生素类药物是微生物生命活动的产物。

由此可见,人类的生存、生活、生产和健康都离不开生物。没有生物,就没有人类的一切。

1.2.2　生物与农业的关系

生物与农业的关系极为密切。从农业的总体来分析,农业技术措施可以区分为两大部分:一是适应和改善农业生物生长的环境条件,二是提高农业生物自身的生产能力。中国传统农业精耕细作体系包含上述两方面的技术措施。如何提高农业生物的生产能力,其技术措施也可以区分为两个方面,一是努力获取高产、优质或适合人类某种需要的家养动植物种类和品种;二是根据农业生物特性采取相应的措施,两者都是以日益深化的对各种农业生物特性的正确认识和巧妙利用为基础。

先秦时代人们在农业生产实践中积累了相当丰富的农业生物学知识。我们的祖先已经不是孤立地考察单个的生物体,而是从农业生物体内部和外部的各种关系中考察它,并把从这种考察中得来的知识应用于农业生产中。

近几十年来,生物技术对农业的影响更是巨大。农作物品种改良如抗病、抗灾害、抗除草剂作物的研究都取得了突出成绩。遗传育种方面更是成果斐然,如墨西哥小麦、菲律宾水稻和我国的杂交水稻,都在以增产粮食为目标的"绿色革命"中起到了极为重要的作用。我国著名科学家袁隆平教授还被称为"杂交水稻之父"。

1.2.3　生物与环境的关系

生物与环境是一个统一而不可分割的整体。环境能影响生物,生物适应环境,同时也在不断地影响环境。如陆生植物的蒸腾作用是对陆地生活的一种适应;但同时,陆生植物在进行蒸腾作用的时候能把大量的水分散失到大气中,这样就增加了空气的湿度,又对气候起到了调节作用。再如大气中 O_2 和 CO_2 的平衡,主要是依靠光合自养生物来维持。还有其他的一系列的物质和能量的转换也是由自然界的生物来完成的。

然而,随着人类社会的发展,特别是进入到工业化发展阶段以来,人类对自然界的影响已经远远超出了自然界本身的自我调节和平衡能力。现在,大量的生物物种灭绝,生物多样性急剧降低,自然环境急剧恶化,长此以往,后果不堪设想。

1.2.4　生物与医学的关系

生物学是医学教育的一门基础课,它是研究生命的科学,广义来说,医学是研究人类生命的科学,因而医学也是属于生命科学的范畴。医学研究人的健康维护、疾病预防和治疗。现今的医学模式已由生物医学模式转变为生物社会心理模式,强调了环境因素,包括自然环境和社会环境对人的健康、疾病和寿命的影响,人具有生命,所以医学保持生物学属性。在生物分类学中,人属灵长类的 *Homo*,生物学名为智人或晚期智人。将生物学原理应用到医学研究和实践中去,是生物医学概念的核心,其中包括自然和社会环境因素对人的遗传结构和功能的影响,从而作用于人的生命各个阶段的研究。现代细胞学和遗传学的基本理论和基本知识,已渗透到基础医学和临床医学的各个分科中,推动了医学的发展。例如,了解生物膜的结构和功能,对于掌握膜抗原、膜受体等是必需的,甚至对于认识癌变机制也是有价值的;了解细胞增殖周期的理论和知识,对于解决临床医学面临的一些问题,特别对于肿瘤的防治有极其重要的实践意义;通过对人体细胞染色体的检查,不仅可以据此准确诊断人类染色体病,而且可以用于产前诊断,作为一种计划生育、优生的可靠的检查技术。

人体生物学(Human Biology)是与医学紧密相关的生物学分支,着重探讨人作为一类生物或生命体,与其他生命体的异同,内容涉及人的生命过程七个阶段的生物学问题,即个体发育、出生、儿童期、青春期、成人期、老年和死亡。由此看来,人体生物学构成了生物医学最重要的基础。生物医学从量子、分子水平,到细胞、组织、器官、系统、个体、群体、环境以至宇宙水平,不断地阐明人体不同层次特别是微细层次的结构、功能及其相互关系,日益广泛地研究从个体发生直至死亡的生理和病理过程及其物质基础和自然、社会、心理学因素的影响,日益深入地揭示疾病发生、发展、转归机制及干预措施等,从而更好地满足人类生存、发展的需要。分子生物学的成就,阐明了某些疾病的分子机制,这就为某些分子病的防治提供了可能。

在临床实践中,许多用于防治和治疗的有效药物都来源于动物或植物;一些流行病、传染病的病原也是一些生物;在医学实验研究中,需要用实验动物进行试验,作为间接了解人类与医学的一些原则方法,然后再应用于人体。

目前可运用基因(gene)大规模生产胰岛素、生长激素、干扰素等过去人工难以合成的生物制剂,从而推动了医学科学的蓬勃发展。激素、神经递质受体以及神经生物学的研究,将使我们了解细胞是如何以各种信号协调动作并接受控制的。生态学的研究成果,将对解决资源枯竭、环境污染和人口爆炸等重要问题,起到良好的推动作用。这些研究成果对医药事业的发展将发挥越来越大的作用。

第2章 物质基础

2.1 无机化合物

2.1.1 水

在生物体的化学组成中,水的含量是最高的,约占生物体质量的 $65\%\sim95\%$。不同生物体或者同一生物体的不同器官中,水的含量差异极大。一般来说,水生生物和生命活动旺盛的器官中含水量较高,而陆生生物和生命活动不活跃的器官中含水量较低。如水母体内含水量可占其体重的 98%,而休眠的种子含水量则不足 10%。

水是所有生命中最简单又最重要的无机分子,在生命活动中起着不可替代的作用。地球上最早的生命是在原始海洋中孕育的,生命从一开始就离不开水。水是生命的二介质,没有水就没有生命。

水在生命中的作用主要有以下几个方面。

1. 水是代谢物质的良好溶剂和运输载体

游离水是良好的溶剂,可溶解很多的物质,并且能够在细胞间自由流动,将溶解在其中的营养物质运输到各个组织,同时,再将各组织产生的代谢废物运输到排泄器官排出体外。生物体代谢过程中的各种物质交换、转移,都需要其机体体液中的水运输。一般来说,细胞代谢越旺盛,其含水量越大。

2. 水是促进代谢反应的物质

水是极性分子,能使溶解于其中的多种物质解离,从而促进体内化学反应的进行。同时,水的介电常数较高,能够促进各种电解质离解,加速化学反应。此外,水还直接参与水解、氧化—还原反应,一切生物氧化和酶促反应都需要水的参加。

3. 水参与细胞结构的形成

结合水是细胞结构的重要组成成分,不能溶解其他物质,不参与代谢作用。但是结合水能够使各种组织、器官维持一定的形状、弹性和硬度。

4. 水有调节各种生理作用的功能

水分子具有很强的极性,其沸点高、比热容和蒸发热大,并且能溶解许多物质,这些特性对于维持生物体正常的生理活动有着极为重要的意义。水的流动性能使血液迅速分布全身,对于维持机体温度的稳定有很大的作用。同时,通过体液的循环作用,水还可以加强各器官的联系,从而减少器官间的摩擦和损害。

2.1.2 无机盐

无机盐在生物体内通常以离子状态存在,常见的阳离子有 K^+、Na^+、Ca^{2+}、Mg^{2+}、Fe^{2+}、Fe^{3+} 等;常见的阴离子有 Cl^-、SO_4^{2-}、PO_4^{3-}、HPO_4^{2-}、HCO_3^- 等。

生物体中无机盐的含量很少,仅占身体干重的 $2\%\sim5\%$,但在生物体的结构组成和维持正常生命活动中起着非常重要的作用。各种无机盐离子在体液中的浓度是相对稳定的,其主要作用有维持渗透压、维持酸碱平衡以及其他特异作用等。此外,有些无机盐还参与生物大分子的形成,如 PO_4^{3-} 是合成磷脂、核苷酸的成分,Fe^{2+} 是组成血红蛋白的主要成分。还有一些无机盐是构成生物体结构的成分,如 Ca^{2+} 是组成动物骨骼和牙齿的成分等。任何一种无机盐在含量上和与其他无机盐含量的比例上过多或者过少,都会导致生命活动失常、疾病的发生,甚至死亡。

2.2 生物小分子

2.2.1 糖类

糖类是生物界最重要的有机化合物之一,广泛存在于动物、植物和微生物体内。尤其植物体中糖类的含量极为丰富,约占其干重的 $85\%\sim90\%$。植物的骨架组织主要是由纤维素组成;植物种子和块茎中则储存有大量的淀粉;还有些植物体内含有丰富的水溶性糖类等。在微生物中,糖类占其干重的 $10\%\sim30\%$ 左右。在人类和动物体内糖类含量较少,一般在其干重的 2% 以下。

1. 糖类的分类

糖类化合物是多羟基醛和多羟基酮及其缩聚物和衍生物的总称。其主要组成元素为 C、H、O,部分糖类还含有 N、S、P 等。按照组成情况,可以把糖类分为单糖、二糖和多糖。

(1)单糖

单糖是不能水解的最简单的糖类,其分子中只含有一个多羟基醛或一个多羟基酮,如葡萄糖、果糖、核糖、脱氧核糖。葡萄糖和果糖都是含 6 个碳原子的己糖,分子式都是 $C_6H_{12}O_6$,但结构式不同,在化学上叫做同分异构体。图 2-1 所示为葡萄糖与果糖的结构图。

葡萄糖是生物体的直接能源物质,细胞生命活动所需要的能量主要依靠葡萄糖提供。许多植物果实中都富含葡萄糖,人的血液中也含有丰富的葡萄糖。

核糖($C_5H_{10}O_5$)和脱氧核糖($C_5H_{10}O_4$)都是含有 5 个碳原子的戊糖,两者都是构成生物遗传物质(DNA 或 RNA)的重要组成成分。

(2)二糖

二糖是由两个单糖分子脱去一分子水缩合而成的。最重要的二糖是人类日常食用的蔗糖、麦芽糖和乳糖。前两者多存在于植物体内,后者则多见于动物体中。它们都溶于水,便于在生物体中运输,当生物体需要能量时,它们又可水解成为各自组成的单糖。

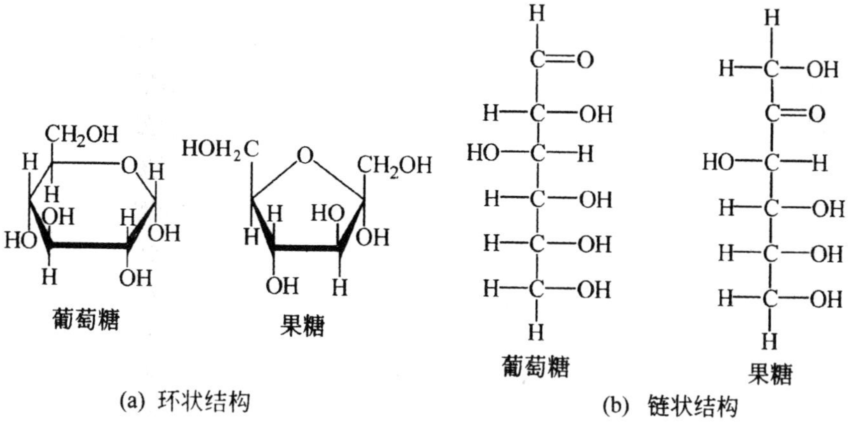

图 2-1 葡萄糖与果糖的结构图

蔗糖是最为常见的二糖,它是由葡萄糖和果糖形成的。蔗糖的形成过程如图 2-2 所示。蔗糖是植物组织中含量最为丰富的二糖,是植物体内运送的主要养分,同时也是人类需要量最大的二糖,食用的蔗糖主要是从甘蔗和甜菜中获得的。

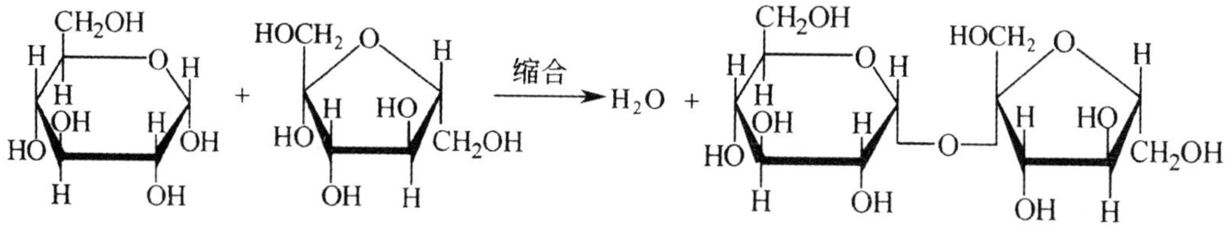

图 2-2 蔗糖的形成过程

（3）多糖

多糖是由多个单糖分子通过脱水缩合而成的多聚体。天然的糖类绝大多数是以多糖的形式存在,广泛分布于动植物和微生物组织中,具有许多重要的作用。最重要的多糖有三种,即淀粉、糖原和纤维素。植物中最重要的储藏多糖是淀粉;动物体内最重要的储藏多糖则是糖原。当生物体生命活动需要能量时,淀粉和糖原都可以水解提供能量,最终成为葡萄糖。纤维素是重要的结构多糖,植物细胞细胞壁的主要成分就是纤维素。纤维素对生物体有重要的支撑作用,可以很好地保持生物体的形态和坚韧性。

2. 糖类的主要功能

糖类是一切生物体所需能量的主要来源,为生物体提供能量以维持生命活动,如肌肉收缩所需能量的提供;糖类能够作为生物体的结构组分参与各种组织,如植物的茎、动物的结缔组织等;糖类还是生物体合成其他化合物的重要碳源,如蛋白质、脂类以及核酸的合成等;糖类有时还作为抗原性结构物质存在,在细胞识别、免疫活性等多种生理活动中有重要意义。此外,糖类还是一种重要的信息分子,并能和蛋白质、脂类物质形成复合糖,在生物体内发挥重要作用。

2.2.2　脂类

脂类是生物体的重要组成成分和储能物质,广泛分布于生物界。脂类共同特点是:主要有C、H两种元素以非极性共价键组成,其分子都是非极性的,不溶于水,但溶于乙醚、氯仿、丙酮等非极性有机溶剂。

1.脂类的分类

脂类主要包括脂肪、类脂和类固醇等。

（1）脂肪

脂肪也叫中性脂,一分子脂肪是由一个甘油分子中的三个羟基分别与三个脂肪酸的末端羟基脱水连成酯键形成的。脂肪是动植物体内的储能物质。当动物体内直接能源过剩时,首先转化成糖原,然后转化成脂肪;而在植物体内主要转化成淀粉,有的也能转化成脂肪。

在人体和动物体中,脂肪组织广泛分布于皮下和各内脏器官的周围,可减少相互摩擦、撞击等,起着保护垫和缓冲机械撞击的作用。脂肪组织不易导热,还能起着热垫的保温作用。

（2）类脂

类脂包括磷脂和糖脂,这两者除了包含醇、脂肪酸外,还包含磷酸、糖类等非脂性成分。含磷酸的脂类衍生物叫做磷脂,含糖的脂类衍生物叫做糖脂。磷脂和糖脂都参与细胞结构特别是膜结构的形成,是脂类中的结构大分子。

（3）固醇

固醇又叫甾醇,是含有四个碳环和一个羟基的烃类衍生物,是合成胆汁及某些激素的前体,如肾上腺皮质激素、性激素等。有的固醇类化合物在紫外线作用下会转变成维生素D。在人和动物体内最常见也是最重要的固醇为胆固醇。固醇类化合物对人体和动物的生长、发育和代谢等生理过程有着重要的调节作用。然而如果体内固醇含量过高或代谢失调,则会导致动脉硬化、血管阻塞,引起高血压、心脏病和中风等。

2.脂类的主要功能

脂类是构成生物膜的重要成分,是动植物的储能物质;在机体表面的脂类有防止机械损伤和水分过度散失的作用;脂类与其他物质相结合,构成了细胞之间的识别物质和细胞免疫的成分;某些脂类具有很强的生物活性。

2.3　蛋白质

2.3.1　蛋白质的生物学功能

1.酶

某些蛋白质是酶,催化生物体内的代谢反应。如己糖激酶催化腺苷三磷酸（ATP）的磷酸根转移至葡萄糖,使葡萄糖磷酸化而活化;乳酸脱氢酶可催化乳酸脱氢,转变成丙酮酸;DNA

聚合酶参与 DNA 的复制和修复。

2. 调节蛋白

某些蛋白质是激素,具有一定的调节功能,如调节糖代谢的胰岛素,与生长和生殖有关的促甲状腺素、促生长素、黄体生成素和促卵泡激素等。重要的肽类激素包括促肾上腺皮质激素、抗利尿激素、胰高血糖素和降钙素。另外,许多激素的信号常常通过 G 蛋白(GTP 结合蛋白)介导。其他还有转录和翻译调控蛋白,包括与 DNA 紧密结合的组蛋白及某些酸性蛋白等。

3. 转运蛋白

某些蛋白质具有运载功能,它们携带小分子从一处到另一处,通过细胞膜,在血液循环中,在不同组织间运载代谢物。如血红蛋白是转运氧气和二氧化碳的工具;血清蛋白可运输自由脂肪酸及胆红素等。

4. 收缩或运动蛋白

某些蛋白质赋予细胞和器官收缩的能力,可使其改变形状或运动。如骨骼肌收缩靠肌动蛋白和肌球蛋白,这两种蛋白质在非肌肉细胞中也存在。微管蛋白用于构建微管,微管的作用是与鞭毛及纤毛中的动力蛋白协同推动细胞运动。

5. 防御蛋白

有些蛋白质具有保护或防御功能。凝血酶与纤维蛋白原参与血液凝固,从而防止血管系统失血。最重要的起保护作用的蛋白质是抗体或免疫球蛋白,它们可以中和外来的有害物质。

6. 营养和储存蛋白

如卵清蛋白和牛奶中的酪蛋白是提供氨基酸的储存蛋白。在某些植物、细菌及动物组织中发现的铁蛋白可以储存铁。

7. 结构蛋白

许多蛋白质起类似细丝、薄片或缆绳的支持作用,给生物结构以强度及保护。肌腱和软骨的主要成分是胶原,它具有很高的抗张强度。韧带含有弹性蛋白,形成蛋白质"缆绳",具有双向抗拉强度。头发、指甲和皮肤主要由坚韧的不溶性角蛋白组成。蚕丝和蜘蛛网的主要成分是纤维蛋白。某些昆虫的翅膀具有近乎完美的回弹特性,它是由节肢弹性蛋白构成。

8. 其他蛋白

有些蛋白质的功能相当特异,如 M-甜蛋白,这是非洲的一种植物蛋白,味很甜,可作为一种非脂肪性、非毒性的甜味剂。还有蛋白质毒素,如蓖麻蛋白、白喉毒素、厌氧性肉毒杆菌毒素、蛇毒和绵子毒,很少量就可使高等动物产生强烈的毒性反应。另外,病毒和噬菌体是核蛋白。病毒可以致病;噬菌体则是可以寄生在细菌体内的病毒。

2.3.2 蛋白质的分子组成

1. 蛋白质的元素组成

从各种动、植物组织中提取的蛋白质,经元素分析可知其中各种元素的含量:碳50%～55%、氢6%～8%、氧19%～24%、氮13%～19%和硫0%～4%;有些蛋白质还含有少量磷或金属元素铁、铜、锌、锰、钴、钼等,个别蛋白质还含有碘。

各种蛋白质的含氮量很接近,平均为16%。动、植物组织中含氮物又以蛋白质为主,因此只要测定生物样品中的含氮量,就可以按下式推算出样品中的蛋白质大致含量。计算公式为:

$$每克样品中含氮克数 \times 6.25 \times 100 = 每100克样品中的蛋白质含量(g\%)$$

2. 蛋白质的基本结构单位——氨基酸

蛋白质是高分子化合物,可以受酸、碱或蛋白酶作用而水解成为其基本组成单位——氨基酸。对大量蛋白质的分析表明,所有的蛋白质都是由20种基本氨基酸组成。对于蛋白质水解液中的各种氨基酸,常采用层析法和电泳法进行分离鉴定,从而确定蛋白质的分子组成。

(1)氨基酸的一般结构式

构成蛋白质的各种氨基酸的化学结构式具有一个共同的特点,即在连接羧基的α碳原子上还有一个氨基,故称α-氨基酸。α-氨基酸的一般结构式可用下式表示:

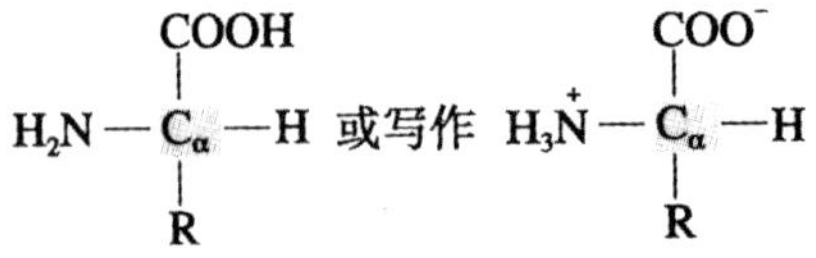

由上式可以看出,与α碳原子相连的四个原子或基团各不相同(当R为H时除外),即氨基酸的α碳原子是一个不对称碳原子,因此各氨基酸都存在L和D两种构型(甘氨酸除外)。所有来自蛋白质的氨基酸均为L-α-氨基酸,生物界中已发现的D型氨基酸则大多存在于某些细菌产生的抗生素及个别植物的生物碱中。

(2)氨基酸的分类

已知组成蛋白质的氨基酸有20余种,但绝大多数蛋白质只由20种基本氨基酸组成。对于20种基本氨基酸最常用的分类方法是按它们侧链R基的极性分类,有四种主要类型:

①非极性R基氨基酸。这类氨基酸的特征是在水中溶解度小于极性R基氨基酸。包括四种带有脂肪烃侧链的氨基酸(丙氨酸、缬氨酸、亮氨酸和异亮氨酸),两种含芳香环的氨基酸(苯丙氨酸和色氨酸),一种含硫氨基酸(甲硫氨酸)和一种亚氨基酸(脯氨酸)。

②不带电荷的极性R基氨基酸。这类氨基酸的特征是比非极性R基氨基酸易溶于水。包括三种具有羟基的氨基酸(丝氨酸、苏氨酸和酪氨酸),两种具有酰胺基的氨基酸(谷氨酰胺和天冬酰胺),一种含有巯基的氨基酸(半胱氨酸)和R基团只有一个氢但仍能表现一定极性的甘氨酸。

③带正电荷的 R 基氨基酸。这类氨基酸的特征是在生理条件下分子带正电荷,是一类碱性氨基酸。包括在侧链含有 ε 氨基的赖氨酸、含有带正电荷胍基的精氨酸和含有弱碱性咪唑基的组氨酸。

④带负电荷的 R 基氨基酸。这类氨基酸的特征是在生理条件下分子带负电荷,是一类酸性氨基酸。包括侧链含有羧基的天冬氨酸和谷氨酸。

(3)氨基酸的理化性质

1)两性解离及等电点

所有氨基酸都含有碱性的氨基(或亚氨基)和酸性的羧基,既能在酸性溶液中与质子(H^+)结合而呈阳离子($-NH_3^+$),也能在碱性溶液中与 OH^- 结合,失去质子而变成阴离子($-COO^-$),所以它们是一种两性电解质,具有两性解离的特性。氨基酸的解离方式取决于其所处环境的酸碱度。在某一 pH 条件下,氨基酸可能不解离,也可能解离成阳离子及阴离子的程度和趋势相等,成为兼性离子,它在电场中既不移向阴极,也不移向阳极。此时,氨基酸所处环境的 pH 值称为该氨基酸的等电点。

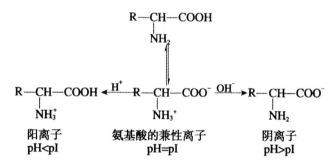

等电点的计算,R 为非极性基团或虽为极性基团但并不解离的,氨基酸的等电点由 α—COOH 和 α—NH_2 的解离常数的负对数 pK_1 和 pK_2 决定。pI 的计算方法为:pI=1/2(pK1+pK2)。如甘氨酸 pK_{-COOH}=2.34,pK_{-NH_2}=9.60,故 pI=1/2(2.34+9.60)=5.97

酸性和碱性氨基酸的 R 基团上均有可解离的极性基团,其等电点由 α—COOH,α—NH_2 及 R 基团的解离情况共同决定。

如天冬氨酸的 pI 为:pI=1/2(pK_1+pK_R)=1/2(2.09+3.86)=2.98

而赖氨酸的 pI 为:pI=1/2(pK_2+pK_R)=1/2(8.95+10.53)=9.74

各种氨基酸的解离常数常通过实验测得,它们的 pI、pK_1、pK_2 及 pK_R。需要说明的是 Cys 的—SH 和 Tyr 的酚羟基具有弱酸性。在 pH=7 时,Cys 的—SH 大约解离 8%,Tyr 苯环上的—OH 大约解离 0.01%。Cys 的 pI 按酸性氨基酸计算。Tyr 的解离程度较小,按 R 为极性非解离情况计算。

2)芳香族氨基酸的紫外吸收性质

含有共轭双键的色氨酸、酪氨酸和苯丙氨酸在 280 nm 波长附近具有最大的光吸收峰(图 2-3)。由于大多数蛋白质含有酪氨酸、色氨酸残基,所以测定蛋白质溶液 280 nm 波长的光吸收值是分析溶液中蛋白质含量的一种最快速、简便的方法。

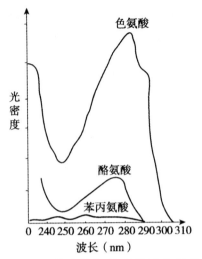

图 2-3 芳香族氨基酸的紫外吸收

3) 茚三酮反应

氨基酸与茚三酮的水合物共同加热,氨基酸可被氧化分解,生成醛、氨及二氧化碳,茚三酮水合物则被还原。在弱酸性溶液中,茚三酮的还原产物可与氨基酸加热分解所产生的氨及另一分子茚三酮缩合(图 2-4),成为蓝紫色化合物,其最大吸收峰在 570 nm 波长处($\lambda_{max} = 570$ nm)。蓝紫色化合物颜色的深浅与氨基酸释放出的氨量成正比,因此可作为氨基酸的定量分析方法。该反应的灵敏度为 1 μg。因为凡具有氨基、能放出氨的化合物几乎都有此反应,故此法也能广泛用于多肽与蛋白质的定性及定量分析。但脯氨酸和羟脯氨酸与茚三酮反应的产物呈黄色($\lambda_{max} = 440$ nm),天冬酰胺与茚三酮反应生成棕色产物,同样具有定量、定性意义。

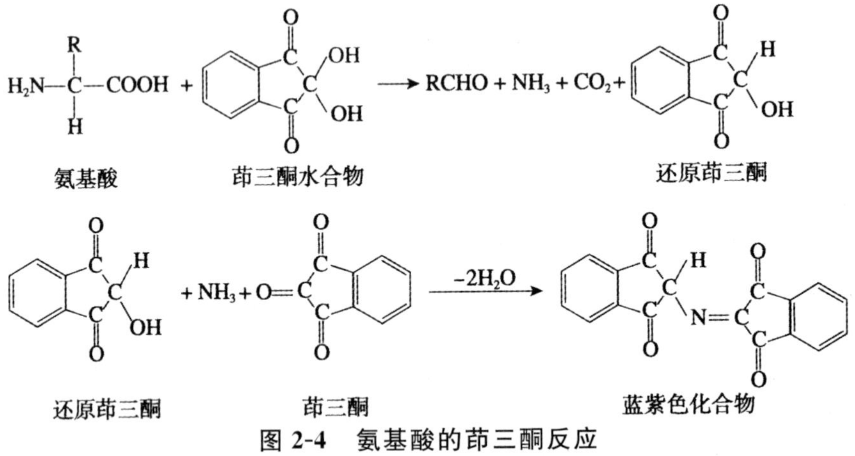

$$H_2N—\overset{\displaystyle R}{\underset{\displaystyle H}{C}}—COOH + \text{(茚三酮水合物)} \longrightarrow RCHO + NH_3 + CO_2 + \text{(还原茚三酮)}$$

氨基酸　　　　茚三酮水合物　　　　　　　　　　　还原茚三酮

$$\text{(还原茚三酮)} + NH_3 + \text{(茚三酮)} \xrightarrow{-2H_2O} \text{(蓝紫色化合物)}$$

还原茚三酮　　　　茚三酮　　　　　　　　　　蓝紫色化合物

图 2-4 氨基酸的茚三酮反应

3. 肽键和多肽链

(1)氨基酸的成肽反应

两分子氨基酸可由一个分子中的氨基与另一个分子中的羧基脱水缩合成为最简单的肽,即二肽。在这两个氨基酸之间形成的酰胺键(—CO—NH—)称为肽键。二肽分子的两端仍有自由的氨基和羧基,故能同样以肽键与另一分子氨基酸缩合成为三肽,三肽可再与氨基酸缩合依次生成四肽、五肽等。一般来说,由几个至十几个氨基酸连成的肽为寡肽。而更多的氨基酸连接而成的肽称为多肽。这种由许多氨基酸相互连接形成的长链称为多肽链。多肽链中的氨基酸分子因脱水缩合而稍有残缺,称为氨基酸残基。蛋白质就是由许多氨基酸残基组成的多肽链。通常将分子量在 10000 D 以上的称为蛋白质,10000 D 以下的称为多肽(胰岛素的分子量虽为 5733 D,但习惯称为蛋白质)。多肽链具有方向性,其中有自由氨基的一端称为氨基末端或 N 末端;有自由羧基的一端称羧基末端或 C 末端。为短肽命名时,按照惯例从 N 末端开始指向 C 末端(图 2-5)。

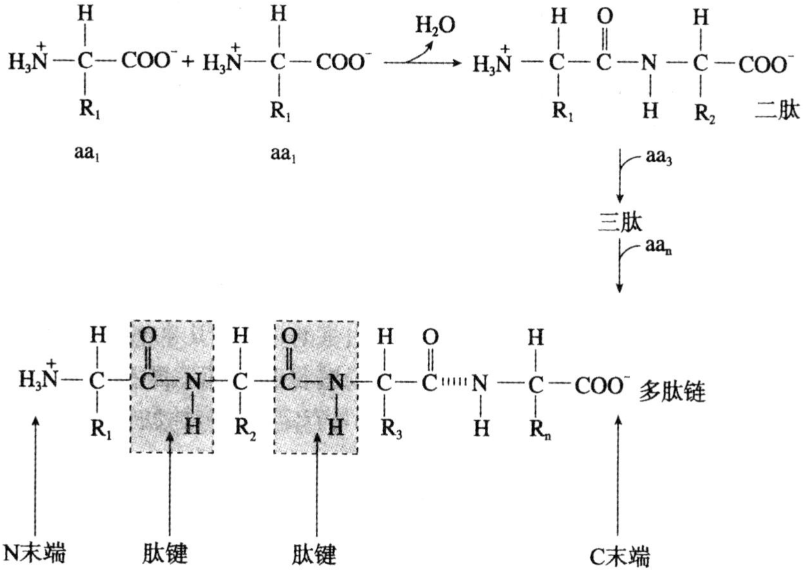

图 2-5　肽与肽键

(2)生物活性肽

自然界的动物、植物和微生物中存在某些小肽或寡肽,它们有着各种重要的生物学活性。常见的有:肽类激素,如催产素、抗利尿激素等;与神经传导等有关的神经肽,如 P 物质、脑啡肽等;抗生素肽,如短杆菌肽 S、短杆菌肽 A、缬氨霉素及博来霉素等;还有广泛存在于细胞中的谷胱甘肽(GSH)。通过重组 DNA 技术还可得到肽类药物、疫苗等。

2.4　核酸

2.4.1　核酸的概念

生物界的核酸有两大类,即脱氧核糖核酸(DNA)和核糖核酸(RNA)。这两类核酸在生物体的生命活动全过程中都起着极其重要的作用。DNA 存在于细胞核和线粒体内,携带着决定个体基因型的遗传信息。RNA 存在于细胞质和细胞核内,参与遗传信息的表达。在某些病毒中,RNA 也可以作为遗传信息的携带者。不论是 DNA 还是 RNA,其功能的发挥都与结构密切相关。核酸在执行生物功能时,总是伴随有结构和构象的变化,核酸结构和构象的微小差异与变化都可能影响遗传信息的传递和生物体的生命活动。

1868 年,瑞士外科医生 Friedrich Miescher 首次从人的脓细胞核内分离得到一种酸性物质,命名为核酸。随后人们又相继从其他种属的细胞核内分离得到类似的物质。根据核酸所含戊糖的不同,分为 DNA 和 RNA 。

这一工作成为生物化学发展的重要事件。在此之前,人们普遍认为蛋白质是遗传物质的携带者,而 DNA 仅仅起次要的作用。1952 年 Alfred Hershey 和 Martha Chase 进一步证实了 DNA 是遗传物质的携带者。他们将嗜菌体 DNA 用^{32}P 标记,将蛋白质用^{35}S 标记,经过感染细菌后发现嗜菌体 DNA 存在于细菌体内,而嗜菌体蛋白质残留在上清液中,感染嗜菌体 DNA 的细菌具有产生子代病毒的能力。这一实验证实了 Maclyn McCarty 和 Oswald Avery 在 1944 年前利用肺炎球菌作为研究体系得出的结论:DNA 是遗传信息的携带者。1953 年,科学家 Watson 和 Crick 提出了 DNA 的双螺旋结构模型,从而为核酸的研究以及分子生物学的发展奠定了基础。

2.4.2 DNA 分子的结构及功能

DNA 的结构可分为一级、二级和三级。DNA 的一级结构是指 DNA 分子中核苷酸的序列和连接方式;二级结构是指两条 DNA 单链形成的双螺旋结构、三股螺旋结构以及四股螺旋结构;三级结构则是指 DNA 在二级结构的基础上进一步扭曲盘旋形成更加复杂的超螺旋结构。DNA 是绝大部分生物的遗传物质,但是有些病毒以 RNA 作为遗传物质。

1. DNA 的一级结构

如今,DNA 作为遗传信息的携带者已经得到公认。而这些遗传信息均储存于 DNA 的一级结构中。在 DNA 的一级结构中,脱氧核糖和磷酸都是相同的,核苷酸的差异主要是碱基不同,四种不同碱基的顺序也就代表了核苷酸的顺序。因此,核苷酸序列又称为碱基序列。

大多数生物(除 RNA 病毒以外)的遗传信息都储存在 DNA 分子中。这些信息以特定的核苷酸排列顺序储存在 DNA 分子上,如果核苷酸排列顺序变化,它的生物学含义也就改变。DNA 分子主要携带两类遗传信息。一类是有功能活性的 DNA 序列携带的信息,这些信息能够通过转录过程而转变成 RNA(如 mRNA,tRNA,rRNA)的序列,其中 mRNA 的序列中又含有蛋白质多肽链的氨基酸序列信息。另一类信息为调控信息,这是一些特定的 DNA 区段,能够被各种蛋白质分子特异性识别和结合。这些特定的 DNA 区段在以后的章节中将会介绍,如各种作用元件等。

2. DNA 的二级结构

DNA 的二级结构主要是指两条多核苷酸单链结合形成的双螺旋结构。科学家 Watson 和 Crick 于 20 世纪 50 年代对这一结构进行了详细的描述。近年的研究证实双链 DNA 在生物体内可以形成各种不同的构型。

(1)双螺旋结构的特点

人们对 DNA 生物学性质的认识远远早于对其结构的了解。如前所述,早在 40 年代科学家们就已经发现 DNA 在不同菌种之间的转移可以将遗传信息从一个菌种转移到另一个菌种。许多证据表明 DNA 分子一定是由两条或更多条多核苷酸单链以某种方式组成。正是这些线索,为 Watson 和 Crick 的 DNA 双螺旋模型提供了重要的根据。Watson 和 Crick 的 DNA 双螺旋结构的特点主要包括以下几点:

①两条多核苷酸单链以相反的方向互相缠绕形成右手螺旋结构。

②在这条双螺旋 DNA 链中,脱氧核糖与磷酸是亲水的,位于螺旋的外侧,而碱基是疏水的,处于螺旋内侧。

③螺旋链的直径为 2.37 nm,每个螺旋含 10.5 个碱基对,其高度约为 3.4 nm。

④由疏水作用造成的碱基堆积力和两条链间由于碱基配对形成的氢键是保持螺旋结构稳定性的主要作用力,A 与 T 配对形成 2 个氢键,G 与 C 配对形成 3 个氢键,配对的碱基在同一平面上,与螺旋轴垂直。

⑤碱基可以在多核苷酸链中以任何排列顺序存在(图 2-6)。

两条多核苷酸单链通过碱基配对形成氢键,这不仅是保持双螺旋结构稳定的主要作用力,更重要的是其生物学含义。由于几何形状等原因,A 只能与 T 配对,G 只能与 C 配对,这种配对原则称为碱基互补配对。Erwin Chargaff 的研究结果也完全支持这一结论,即 A 与 T、G 与 C 的比值在不同生物中几乎都是 1。这就意味着在 DNA 复制过程中,以预先存在的 DNA 链作为模板就可以得到一条与其完全互补的子链,由此可以保证遗传信息的准确传递。

(2)其他类型的 DNA 级结构

Watson 和 Crick 的 DNA 双螺旋结构称为 B 型结构,是细胞内 DNA 存在的主要形式。当测定条件改变,尤其是湿度改变时,B 型 DNA 双螺旋结构会发生一些变化。例如,A 型 DNA 双螺旋结构直径为 2.55 nm,每个螺旋含 11 个碱基对,其高度约为 3.3 nm。DNA 双螺旋结构的其他构型变化还包括 C、D 和 T 型等。

在自然界原核生物和真核生物基因组中还发现了左手双螺旋 DNA,其分子螺旋的方向与右手双螺旋 DNA 的方向相反,称为 Z 型螺旋。左手双螺旋 DNA 可能参与基因表达的调控,但其确切的生物学功能尚待研究。

DNA 双螺旋结构不同构型的意义并不在于其螺旋直径及高度的变化,关键是由于这些变化而引起的表面结构的改变(图 2-7),进而影响其生物学功能。B 型 DNA 双螺旋的表面并不是完全平滑的,而是沿其长轴有两个不同大小的沟。其中一个相对较深、较宽,称为大沟;另外一个相对较浅、较窄,称为小沟。A 型螺旋也有两个沟,其中大沟更深,小沟更浅但较宽;Z 型螺旋则仅呈现一个很窄、很深的沟。DNA 双螺旋的这种表面结构有助于 DNA 结合蛋白识别并结合特定的 DNA 序列。而这种表面构型的变化对于基因组 DNA 与其 DNA 结合蛋白的特异性相互作用具有重要的意义。

3. DNA 的三级结构

DNA 双螺旋进一步盘曲形成更加复杂的结构称为 DNA 的三级结构,即超螺旋结构。超螺旋的形成如果是由双螺旋绕数减少所引起的就称为负超螺旋,反之称为正超螺旋。

生物体的闭环 DNA 都以超螺旋形式存在,如细菌质粒,一些病毒、线粒体的 DNA 等。线性 DNA 分子或环状 DNA 分子中有一条链有缺口时均不能形成超螺旋结构。真核生物染色

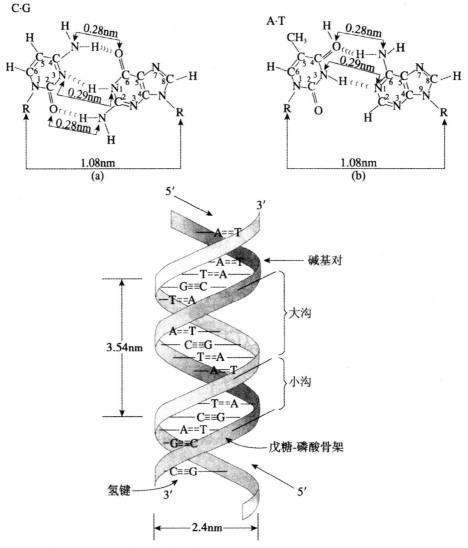

图 2-6　DNA 分子中的碱基配对及双螺旋结构模型(R 代表戊糖)

体 DNA 成线性,其三级结构是 DNA 双链进一步盘绕在以组蛋白(H2A,H2B,H3,H4 分子)为核心的结构表面构成核小体。许多核小体连接成串珠状,再经过反复盘旋折叠最后形成染色单体。染色质纤维经过几次卷曲折叠后,DNA 形成复杂的多层次超螺旋结构,其长度大大压缩。

超螺旋可能有两方面的生物学意义:

①超螺旋 DNA 比松弛型 DNA 更紧密,使 DNA 分子体积变得更小,对其在细胞的包装过程更为有利。

②超螺旋能影响双螺旋的解链程序,因而影响 DNA 分子与其他分子(如酶、蛋白质)之间的相互作用。

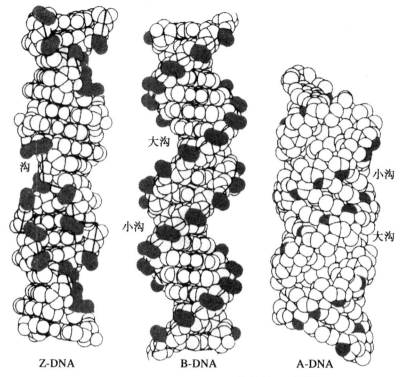

图 2-7　A^-,B^-,Z-DNA 的结构示意图

2.4.3　RNA 分子的结构与功能

RNA 的化学结构与 DNA 类似,也是由 4 种基本的核苷酸以 3′,5′-磷酸二酯键连接形成的长链。与 DNA 的不同之处是 RNA 中的戊糖是核糖而不是脱氧核糖,碱基中没有胸腺嘧啶(T)而代之以尿嘧啶(U)。RNA 分子也遵循碱基配对原则,G 与 C 配对,由于没有 T 的存在,U 取代 T 与 A 配对。RNA 分子通常是单链结构,因此 A 与 U、C 与 G 比例不一定等于 1。然而有时 RNA 分子可以形成发卡结构,在这些结构中 RNA 可以形成双链,双链之间的碱基按照 A═U、C≡G 的原则配对(图 2-8)。在 RNA 的发卡结构中,有时可以发生不完全碱基配对,G 有时也可以与 U 配对。但是这种配对不如 G≡C 配对紧密。

DNA 是遗传信息的储存体,功能较为单一。RNA 则不同,依其结构和功能不同分为信使 RNA(mRNA)、核糖体 RNA(rRNA)和转运 RNA(tRNA)三种类型。真核细胞中还有不均一核 RNA(hnRNA)和核小 RNA(snRNA)等。

1. 细胞内主要 RNA 的结构与生物学意义

(1)信使 RNA

遗传信息从 DNA 分子被抄录至 RNA 分子的过程称为转录。从 DNA 分子转录的 RNA 分子中,有一类可作为蛋白质生物合成的模板,称为信使 RNA。mRNA 约占细胞 RNA 总量的 $1\%\sim5\%$。mRNA 种类很多,哺乳类动物细胞总计有几万种不同的 mRNA。mRNA 的分子大小变异非常大,小到几百个核苷酸,大到近 2 万个核苷酸。mRNA 一般都不稳定,代谢活跃,更新迅速,寿命较短。

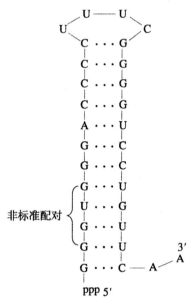

图 2-8　RNA 的发夹结构

（2）转运 RNA

转运 RNA 的作用是在蛋白质合成过程中按照 mRNA 指定的顺序将氨基酸运送到核糖体进行肽链的合成。细胞内 tRNA 种类很多,每种氨基酸至少有一种相应的 tRNA 与之结合,有些氨基酸可由几种相应的 tRNA 携带。

tRNA 分子某些部位的核苷酸序列非常保守,如 CCA(OH)、TψC、二氢尿嘧啶以及反密码子两侧的核苷酸等。在 tRNA 的二级结构中,它们都位于单链区,可以参与立体结构的形成、与其他 RNA 及蛋白质的相互作用。

（3）核糖体 RNA

核糖体 RNA(ribosomal RNA,rRNA)是细胞内含量最丰富的 RNA,占细胞总 RNA 的 80% 以上。它们与核糖体蛋白共同构成核糖体,后者是蛋白质合成的场所。

各种原核细胞核糖体的性质及特点极为相似。大肠杆菌核糖体的分子量约为 2700kD,直径约为 200Å,沉降系数为 70S,由 50S 和 30S 大、小两个亚基组成。1968 年 Masayasu Nomura 首次成功地人工合成了 30S 和 50S 亚基。这对研究核糖体的结构与功能具有重要意义。真核细胞的核糖体较原核细胞核糖体大得多。真核细胞核糖体的沉降系数为 80S,也是由大、小两个亚基构成。40S 小亚基含 18S rRNA 及 30 多种蛋白质,60S 大亚基含 3 种 rRNA (28S,5.8S,5S)以及大约 45 种蛋白质。核糖体的这些 rRNA 以及蛋白质折叠成特定的结构,并具有许多短的双螺旋区域(图 2-9)。

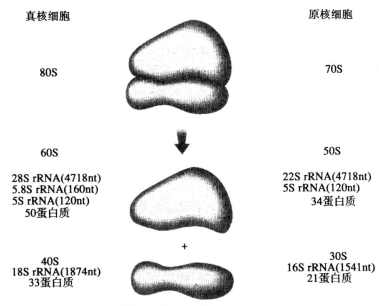

真核细胞　　　　　　　　　　　　　　　　　　　　　　原核细胞

80S　　　　　　　　　　　　　　　　　　　　　　　　70S

60S　　　　　　　　　　　　　　　　　　　　　　　　50S

28S rRNA(4718nt)　　　　　　　　　　　　　　　22S rRNA(4718nt)
5.8S rRNA(160nt)　　　　　　　　　　　　　　　5S rRNA(120nt)
5S rRNA(120nt)　　　　　　　　　　　　　　　　34蛋白质
50蛋白质

40S　　　　　　　　　　　　　　　　　　　　　　　　30S
18S rRNA(1874nt)　　　　　　　　　　　　　　　16S rRNA(1541nt)
33蛋白质　　　　　　　　　　　　　　　　　　　21蛋白质

图 2-9　真核细胞和原核细胞 rRNA 的结构

在蛋白质生物合成中,各种 RNA 本身并无单独执行功能的本领,必须与蛋白质结合后才能发挥作用。核糖体的功能是在蛋白质合成中起装配机的作用。在此装配过程中,mRNA 或 tRNA 都必须与核糖体中相应的 rRNA 进行适当的结合,氨基酸才能有序地鱼贯而入,肽链合成才能启动和延伸。

2. 细胞内其他 RNA

(1)具有催化活性的 RNA

Thornas Cech 和他的同事在研究四膜虫 26S rRNA 的剪接成熟过程中发现,在没有任何蛋白质(酶)存在的条件下,26S rRNA 前体的 414 个碱基的内含子也可以被剪切掉而成为成熟的 26S rRNA。他们进而证实 rRNA 前体本身具有酶样的催化活性,这种具有催化活性的 RNA 被命名为核酶。

(2)不均一核 RNA

不均一核 RNA 实际上是真核细胞 mRNA 的前体。这类 mRNA 前体经过一系列复杂的加工处理,变成有活性的成熟 mRNA,进入细胞质发挥其模板功能。这种加工过程的主要环节包括:

①5′端加帽。

②3′端加尾。

③内含子的切除和外显子的拼接。

④分子内部的甲基化修饰。

⑤核苷酸序列的编辑作用。

hnRNA 的代谢极为活跃,其半衰期仅为 0.4 h。大约仅有 10% 的 hnRNA 经过剪切后能够成为成熟的 mRNA,然后被转运至细胞质。

（3）小分子非编码 RNA

在真核细胞核内和胞浆内有一组小分子 RNA，长度可以在 300 个碱基以下，称为核小 RNA 和质内小 RNA。这些 RNA 通常与多种特异的蛋白质结合在一起，形成核小核蛋白颗粒和质内小核蛋白颗粒。不同的真核生物中同源 snRNA 的序列高度保守。由于序列中尿嘧啶含量较高，因此又用 U 命名，称为 U-RNA。U1、U2、U4、U5 和 U6 位于核质内，以 snRNP 的形式和其他蛋白因子一起参与 mRNA 的剪接、加工。U16 和 U24 主要存在于核仁，又称为核仁小 RNA，仅 70～100 核苷酸，与 rRNA 前体的甲基化修饰有关。scRNA 是一组功能比较复杂的小分子 RNA，目前对其功能还不是完全清楚。

还有一些非编码 RNA 被称为微小 RNA 和小干扰 RNA。miRNA 是一大家族小分子非编码单链 RNA，长度为 20～25 个碱基，由一段具有发夹环结构、长度为 70～90 个碱基的单链 RNA 前体经 Dicer 酶剪切后形成。成熟的 miRNA 与其他蛋白质一起组成 RNA 诱导的沉默复合体，通过与其靶 mRNA 分子的 3′端非编码区域互补匹配，抑制该 tuRNA 分子的翻译。目前，已经被确认的人的 miRNA 有 701 条。siRNA 是细胞内一类双链 RNA，在特定情况下通过一定的酶切机制，转变为具有特定长度（21～23 个碱基）和特定序列的小片段 RNA。双链 siRNA 参与 RISC 的组成，与特异的靶 mRNA 完全互补结合，导致靶 mRNA 降解，阻断翻译过程。这种由 siRNA 介导的基因表达抑制作用被称为 RNA 干扰。

mRNA 与 siRNA 具有许多相同之处，但也有明显的区别。

2.4.4 核酸的理化性质

核酸作为生物大分子具有一些特殊的理化性质。了解这些理化性质对于我们自如地掌握和应用核酸有极大的帮助，进而使我们能更好地揭示生命的奥秘。

1. 核酸的一般理化性质

核酸为多元酸，具有较强的酸性，在酸性条件下比较稳定，而在碱性条件下容易降解。核酸属于大分子，已知最小的核酸分子如 tRNA，其分子量也在 25 kD 以上。线形高分子 DNA 的黏度极大，在机械力的作用下容易发生断裂。因此在提取完整的基因组 DNA 时，具有一定的难度，一是提取的 DNA 不容易完全溶解，二是 DNA 容易发生断裂。而 RNA 分子远小于 DNA，黏度也比较小。但由于 RNA 酶的广泛存在，在提取时 RNA 极易发生降解。

2. 变性、复性和杂交

DNA 双链碱基之间形成氢键，相互配对而连接在一起。氢键是一种次级键，能量较低，容易受到破坏而使 DNA 双链分开。氢键的形成是自由能降低的过程，可以自发生成。局部分开的碱基对又可以重新形成氢键，使其恢复双螺旋结构。这使得 DNA 在生理条件下能够迅速分开和再形成，从而保证 DNA 生物学功能的行使。

（1）变性

双螺旋的稳定靠碱基堆积力和氢键的相互作用共同维持。如果因为某种因素破坏了这两种非共价键力，导致 DNA 两条链完全解离，就称为变性。导致变性的因素可以有温度过高、盐浓度过低及酸或碱过强等。DNA 变性是二级结构的破坏、双螺旋解体的过程，碱基对氢键断开,碱基堆积力遭到破坏,但不伴随共价键的断裂,这有别于 DNA 一级结构破坏引起的 DNA 降解过程。

DNA 变性常伴随一些物理性质的改变,如黏度降低,浮力、密度增加,尤其重要的是光密度的改变。如前所述,核酸分子中碱基杂环的共轭双键使核酸在 260 nm 波长处有特征性光吸收。在双螺旋结构中,平行碱基堆积时,相邻碱基之间的相互作用会导致双螺旋 DNA 在波长 260 nm 的光吸收比相同组成的游离核苷酸混合物的光吸收值低 40%,这种现象称为减色效应。DNA 变性后立即引起这一效应的降低,与未发生变性的相同浓度 DNA 溶液相比,变性 DNA 在波长 260 nm 的光吸收增强,这一现象称为增色效应。

利用增色效应可以在波长 260 nm 处监测温度变化引起的 DNA 变性过程(图 2-10)。DNA 的变性发生在一定的温度范围内,这个温度范围的中点称为解链温度,用 T_m 表示。当温度达到解链温度时,DNA 分子内 50% 的双螺旋结构被破坏。T_m 值与 DNA 的碱基组成和变性条件有关。DNA 分子的 GC 含量越高,T_m 值也越大。T_m 值还与 DNA 分子的长度有关,DNA 分子越长,T_m 值越大。此外,溶液离子浓度增高也可以使 T_m 值增大。

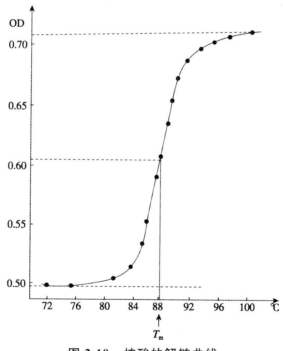

图 2-10 核酸的解链曲线

(2)复性

DNA 的变性是一个可逆过程,在适宜条件下,如温度或 pH 值逐渐恢复到生理范围,分离的 DNA 双链可以自动退火,再次互补结合形成双螺旋,这个过程称为复性。复性过程的发生主要与温度、盐浓度以及两条链之间碱基互补的程度有关。复性时互补链之间的碱基互相配对,这个过程可以分为两个阶段。首先,溶液中的单链 DNA 碰撞,如果它们之间的序列有互补关系,两条链经 GC、AT 配对,产生短的双螺旋区;然后碱基配对区沿着 DNA 分子延伸形成双链 DNA 分子。DNA 复性后,由变性引起的性质改变也得以恢复。

（3）分子杂交

复性作用表明变性分开的两个互补序列之间的反应。复性的分子基础是碱基配对。因此，不同来源的核酸变性后，合并在一起，只要这些核酸分子含有可以形成碱基互补配对的序列，复性也可以发生于不同来源的核酸链之间，形成杂化双链，这个过程称为杂交。不同来源的 DNA 可以杂交，DNA 与 RNA 以及 RNA 之间也可以杂交。杂交的一方是待测的 DNA 或 RNA，另一方是检测用的已知序列的核酸片段，称为探针。探针通常用同位素或非核素标记物进行标记，然后通过杂交反应就可以确定待测核酸是否含有与之相同的序列。杂交反应可以在液相中进行，即待测样品和探针都在溶液中（称为液相杂交）；也可以是一方固定于固相支持物上，另一方在溶液中（称为固相杂交）。滤膜杂交是固相杂交的一种，是将待测核酸分子结合到不同的滤膜上，然后同存在于液相中的标记探针进行杂交。待测核酸样品可以直接点在滤膜上（称为斑点杂交）；也可以先将核酸样品经琼脂糖凝胶电泳分离，再通过印迹技术将核酸从凝胶中按原来的位置和顺序转移到滤膜上。这样可以比较准确地保持待测核酸片段在电泳图谱中的位置，同时又可以进行分子量测定。

第3章 细 胞

3.1 细胞的基本特征

细胞的形态多种多样,有球形、星形、扁平形、立方形、长柱形、梭形等。形态的多样性与细胞的功能特点和分布位置有关。如起支持作用的网状细胞呈星形,在血液中活动的白细胞多呈球形,能收缩的肌细胞呈长梭形或长圆柱状,具有接受刺激和传导冲动的神经细胞则有多处突起呈不规则状。这些不同的形状一方面取决于对功能的适应,另一方面也受细胞的表面张力、胞质的黏滞性、细胞膜的坚韧程度以及微管和微丝骨架等因素的影响。

细胞一般都很小,直径在 $1\sim100~\mu m$ 之间,要用显微镜才能观察到。支原体是最小最简单的细胞,直径只有 $100\sim200~nm$。大多数动植物细胞在 $20\sim30~\mu m$ 之间。鸟类的卵细胞最大,鸡蛋的蛋黄就是一个卵细胞,其卵黄中含有大量的营养物质,可以满足早期胚胎发育的需要。一些植物纤维细胞可长达 $10~cm$,人体有的神经元可长达 $1~m$ 以上,这和神经细胞的传导功能相一致。可见,细胞的大小与生物的进化程度和细胞功能是相适应的。细胞的大小与细胞核质比、细胞的相对表面积及细胞内物质代谢等有密切关系。细胞的体积越小,其表面积与体积比相对就越大,越有利于代谢物质出入细胞,加快细胞的新陈代谢。一般来说,多细胞生物体的大小与细胞的数目成正比,而与细胞的大小关系不大。

按照结构的复杂程度及进化顺序,细胞可归并为两类,即原核细胞与真核细胞。真核细胞中按照细胞的营养类型,可将大部分真核细胞分为自养的植物细胞和异养的动物细胞。真菌也是真核细胞,它既有植物细胞的某些特征,如有细胞壁,又进行动物细胞的异养生长。

1. 原核细胞

原核细胞的主要特征是缺乏膜包被的细胞核。细胞较小,直径为 $1\sim10~\mu m$,内部结构较简单,主要由细胞膜、细胞质、核糖体和拟核组成(图 3-1)。拟核由一环状 DNA 分子构成,分布于细胞的一定区域,也称核区,无核膜包被,遗传信息量小。原核细胞中没有线粒体、质体等以膜为基础的具有特定结构与功能的细胞器,即使能进行光合作用的蓝藻,也只有由外膜内折形成的光合片层,能量转化反应就发生在这些膜片层上。有些原核细胞(如细菌)还有紧贴细胞膜外的细胞壁,其化学成分主要是肽聚糖,区别于以纤维素为主的植物细胞壁。

自然界中由原核细胞构成的生物称为原核生物。原核生物一般是单细胞的,主要包括支原体、细菌和蓝藻等。

2. 真核细胞

真核细胞直径为 $50\sim100~\mu m$,结构复杂。细胞内有由核膜包被的典型的细胞核,其核内具有结构复杂的染色质和核仁等。除细胞膜外,还有许多由膜包被形成的具有特定功能的细胞器,包括细胞核、线粒体、质体、内质网、高尔基体、溶酶体、微体、液泡等。此外,还有核糖体、中心体、微管、微丝等非膜结构的细胞器等。原核细胞与真核细胞在形态结构特征、细胞分裂方式等方面都存在明显的差别(表 3-1)。

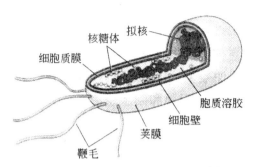

图 3-1　典型的细菌细胞形态结构模式图

表 3-1　原核细胞与真核细胞比较

项　目	原核细胞	真核细胞
代表生物	细菌、蓝藻和支原体	原生生物、真菌、植物和动物
细胞大小	较小(1～10 μm)	较大(一般 5～100 μm)
细胞膜	有(多功能性)	有
核糖体	70S(由 50S 和 30S 两个大小亚基组成)	80S(由 60S 和 40S 两个大小亚基组成)
细胞器	极少	有细胞核、线粒体、叶绿体、内质网、溶酶体等
细胞核	无核膜和核仁	有核膜和核仁
染色体	一个细胞只有一条双链 DNA,DNA 不与或很少与组蛋白结合	一个细胞有两条以上的染色体,DNA 与蛋白质联结在一起
DNA	环状,存在于细胞质	很长的线状分子,含有很多非编码区,并被核膜所包裹

　　真核细胞构成的生物体为真核生物。一些单细胞原生生物、多细胞的植物和动物,以及特殊的真菌类等含有各种真核细胞。这些真核细胞在结构上存在明显的差异,植物细胞与动物细胞(图 3-2)之间的差别可归纳为表 3-2。

表 3-2　动物细胞与植物细胞的比较

项　目	动物细胞	植物细胞	项　目	动物细胞	植物细胞
细胞壁	无	有	中心体	有	无
叶绿体	无	有	通讯连接方式	间隙连接	胞间连丝
液泡	无	有	胞质分裂方式	收缩环	细胞板
溶酶体	有	无			

无论是原核细胞还是真核细胞、动物细胞还是植物细胞(图 3-2),它们都具有共同的特性,即具有细胞质膜、DNA 和 RNA、核糖体以及以一分为二的分裂方式进行增殖,使生命得以延续。

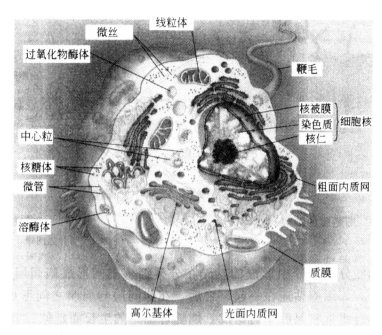

(a) 动物细胞

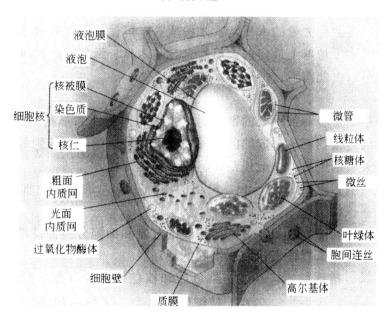

(b) 植物细胞

图 3-2 细胞结构模式图

3.2 细胞的结构与功能

3.2.1 真核细胞的结构与功能

真核细胞具有结构复杂、遗传信息量大的特点。其细胞中不仅有由膜包被的较为复杂的细胞核,还有许多由膜分隔成的各种细胞器,从而将细胞分成许多功能区,其结果是使细胞的代谢效率大大提高。

1. 细胞膜和细胞壁

(1)细胞膜

细胞膜又称质膜,是细胞表面的界膜,厚度一般为 $7 \sim 8$ nm。细胞膜主要由脂质双分子层和蛋白质构成(图 3-3)。脂质分子的特性和排列方式,以及膜上的一些作为特殊分子或离子进出细胞的载体蛋白和通道蛋白,使细胞膜对细胞内外物质的通过具有选择性,因此细胞膜是一种半透性或选择透过性膜,可有选择性地让物质通过,从而控制了细胞内外的物质交换,维持细胞内微环境的相对稳定。大多数细胞膜上还有一些识别和接收信息作用的蛋白质,即膜受体,它能接受外界信息并诱导细胞内发生相应的变化或反应,因此细胞膜具有细胞识别、免疫反应、信息传递和代谢调控等重要作用。

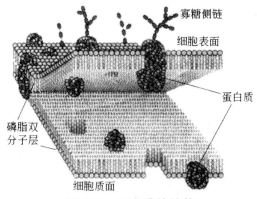

图 3-3 细胞膜的结构

真核细胞除细胞膜外,细胞质中还有许多由膜分隔成的多种细胞器,这些细胞器的膜结构与质膜相似,只是功能有所不同,这些膜称为内膜。内膜包括细胞核膜、内质网膜、高尔基体膜等。

细胞的质膜和内膜统称为生物膜。生物膜的结构和功能是现代生命科学最重要的研究领域之一,其相关内容在后文介绍。

(2)细胞壁

植物细胞在质膜外还有细胞壁,它是无生命的结构,其组成成分如纤维素等,都是细胞分泌的产物。细胞壁的功能是支持和保护细胞内的原生质体,同时还能防止细胞因吸水而破裂,保持细胞的正常形态。

细胞壁是在细胞分裂过程中形成的,先在分裂细胞之间形成胞间层(图 3-4),其主要成分是果胶质,将相邻细胞粘连在一起;之后,在胞间层与质膜之间形成有弹性的初生壁,主要由纤维素、半纤维素和果胶质等组成,能随着细胞的生长而延伸。有些细胞为了执行特殊的功能,于初生壁内侧继续积累原生质体的分泌物而形成厚而坚硬的次生壁,其成分除纤维素、半纤维素外,还含有大量的木质素、木栓质等,可使细胞具有较大的机械强度和抗张能力。植物细胞壁产生了地球上最多的天然聚合物:木材、纸与布的纤维。细胞壁的某些部位有间隙,原生质可以由此沟通,形成胞间连丝。

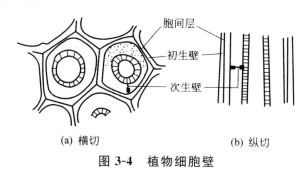

(a) 横切   (b) 纵切

图 3-4   植物细胞壁

2. 细胞核

细胞核是细胞中最显著和最重要的细胞器,是细胞遗传性和细胞代谢活动的控制中心。所有真核细胞,除高等植物韧皮部成熟的筛管和哺乳动物成熟的红细胞等极少数特例外,都含有细胞核。如果失去细胞核,一般说最终将导致细胞死亡。

细胞核的大小一般为直径 $1 \sim 10~\mu m$,最小的不到 $1~\mu m$,通常一个细胞一个核,也有部分细胞融合后形成多核细胞,如肌细胞。

细胞核主要有两个功能,一是通过遗传物质的复制和细胞分裂保持细胞世代间的连续性(遗传);二是通过基因的选择性表达控制细胞的活动。

细胞核包括核膜、核纤层、核基质、染色质和核仁等部分(图 3-5),它们相互联系和依存,使细胞核作为一个统一的整体发挥其重要的生理功能。

(1)核膜与核纤层

核膜也称核被膜,是细胞核与细胞质之间的界膜,由内、外两层膜构成。核外膜面向细胞质基质,其上常附有核糖体,有些部位还与内质网相连,因此核外膜可以看成是内质网膜的一个特化区。核内膜面向核基质,与核外膜平行排列,其表面没有核糖体颗粒。两层膜之间是间隔为 $20 \sim 40~nm$ 的核周间隙。核膜上还嵌有核孔复合物,它由核孔与周围的环状结构组成,是一些蛋白质、RNA 及核糖体亚基等出入的通道。

核纤层是核膜内表面的一层致密纤维网络结构,厚 $30 \sim 160~nm$,其成分是一种网络状蛋白,称为核纤层蛋白,对核被膜具有支持作用。

(2)染色质

染色质是细胞核中由 DNA 和蛋白质组成并可被苏木精等染料染色的物质,染色质 DNA 含有大量的基因,是生命的遗传物质,因此细胞核是细胞生命活动的控制中心。

分裂间期核内染色质分散在核液中呈细丝状,光学显微镜下不能分辨。当核进入分裂期时,这些染色质丝经过几级螺旋化,形成光镜下可见的染色体。当分裂结束,染色体便解螺旋,扩散成染色质。因此,染色质和染色体实际上是同一物质在细胞的不同时期表现出的不同形态。每一种真核生物的细胞中都有特定数目的染色体,从而保持物种的稳定性。

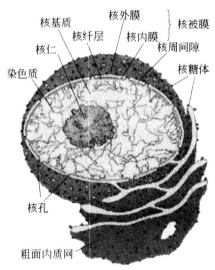

图 3-5 细胞核示意图

（3）核仁

核仁是细胞核中的纤维和颗粒结构,富含蛋白质和 RNA 及少量的 DNA。核仁是核糖体亚单位发生的场所,涉及 rRNA(核糖体中的 RNA)的转录加工和核糖体大小亚基的装配。核仁所形成的核糖体亚单位经核孔于细胞质中装配成完整的核糖体。由于核糖体是合成蛋白质的机器,只要控制了核糖体的合成和装配就能有效地控制细胞内蛋白质的合成速度,调节细胞生命活动的节奏。所以,从某种意义上说,核仁实际上控制着蛋白质合成的速度。

（4）核基质

核基质是指在细胞核内,除了核膜、核纤层、染色质及核仁以外的网络状结构体系。由于其形态与细胞质骨架很相似,故又称核骨架。核基质的主要成分是纤维蛋白,它布满于细胞核中,网孔中充满液体。核基质是核的骨架,为核中的染色体以及 DNA、RNA 代谢相关的酶类提供支撑点和锚定位点,与 DNA 复制、基因表达和染色体构建等有关。近年来,核基质的研究取得了很大进展,但仍有许多方面,如核基质的生化功能、结构组分等均有待进一步研究。

3. 内膜系统

真核细胞的细胞膜以内细胞核以外的部分均属细胞质。细胞质中有透明黏稠可流动的细胞质基质,还有各种结构复杂、执行一定功能的细胞器。其中,在结构、功能乃至发生上相关的,由膜围绕的细胞器或细胞结构称为内膜系统。内膜系统是真核细胞所特有的结构,是由膜分隔形成的具有连续功能的系统,主要包括内质网、高尔基体、溶酶体和分泌泡等(图 3-6)。

（1）内质网

内质网是由一层单位膜围成的小管、小囊和扁囊所构成的网状结构。其膜厚约 5～6 nm。通常情况下,这些小管、小囊或扁囊相互连接,形成一个连续的、封闭的网状膜系统,其内腔是相连通的(图 3-6)。

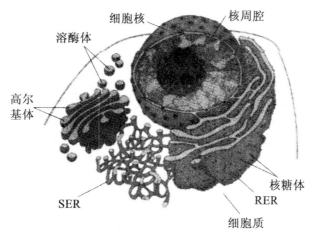

图 3-6 内膜系统模式图

内质网广泛存在于细胞质基质中,增大了细胞内的膜面积,以利于许多酶类的分布和各种生化反应高效率进行。内质网与核膜、高尔基体和溶酶体等在发生和功能上相联系。

根据内质网表面有无核糖体,可分为粗面内质网(RER)和光面内质网(SER)两种类型。粗面内质网多呈扁囊状,排列较为整齐,膜的外表面附着有大量颗粒状的核糖体,是内质网与核糖体共同形成的复合机能结构,其主要的功能是参与分泌性蛋白及多种膜蛋白的合成和运输;光面内质网多为分支小管或小囊构成,膜表面没有核糖体附着,是脂类合成和代谢的重要场所,它还可以将内质网上合成的蛋白质和脂类转运到高尔基体。此外,内质网还与糖类代谢、解毒作用、物质储运等密切相关。

(2)高尔基体

高尔基体是由一些排列有序的扁平膜囊堆叠而成,在扁平膜囊的周围常结合有一些小管、小囊和许多大小不等的囊泡。高尔基体是一种具有极性的细胞器:面向内质网,接受内质网转运泡的一面称为形成面或称顺面;面向细胞膜并释放分泌泡的一面称为成熟面或反面(图 3-7)。

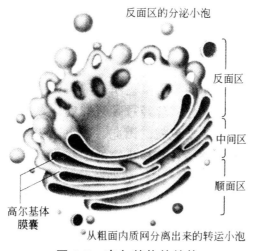

图 3-7 高尔基体的结构

高尔基体是内质网合成产物和细胞分泌物的加工、包装、分选和转运的场所。内质网上合成的蛋白质和脂类等经过膜囊包被并脱落,形成转运小泡,转运小泡与高尔基体形成面融合,并且转运泡中的物质要经过高尔基体的加工、修饰、包装和分类,之后在高尔基体的成

熟面形成各种分泌泡,分泌泡脱离高尔基体向细胞外周移动,最后将分泌物选派到细胞中的特殊部位(如溶酶体中的水解酶)或与细胞膜融合排出分泌物(如激素)。因此可以说,高尔基体是细胞内大分子运输的一个主要交通枢纽(图3-8)。此外,高尔基体内也可合成一些生物大分子(如多糖);在植物细胞中,高尔基体还与细胞分裂时新细胞膜和细胞壁的形成有关。

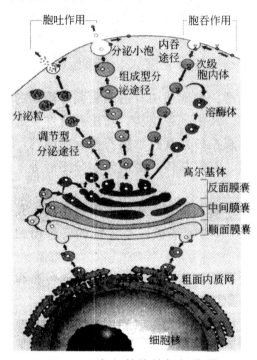

图3-8　高尔基体的枢纽作用

(3)溶酶体

溶酶体普遍存在于动物细胞中,是由一层单位膜包围的球形囊状结构,直径在 $0.25\sim$ $0.8~\mu m$ 之间。溶酶体内含有多种酸性水解酶,可催化蛋白质、核酸、脂类、多糖等生物大分子分解,能溶解和消化进入细胞的外源性物质及细胞自身一些衰老或损伤的结构,因此有人将溶酶体比喻为细胞内的"消化器官",它对细胞营养、免疫防御、消除有害物质等具有重要作用。

溶酶体来源于内质网和高尔基体分离的小泡。在正常情况下,溶酶体所含的水解酶只能在溶酶体内起作用,但是在某些异常情况下,例如当细胞受伤或死亡时,溶酶体膜破裂,而酶进入细胞质使细胞发生自溶,可及时将这些细胞清除掉,为新细胞的产生创造条件。

4. 其他细胞器

除内膜系统的细胞器外,细胞中还含有其他重要的细胞器,如线粒体、叶绿体、核糖体、液泡以及微管、微丝、中间纤维等。

(1)线粒体

线粒体是细胞中重要和独特的细胞器,除成熟的红细胞外普遍存在于真核细胞中。线粒体是细胞内糖类、脂肪、蛋白质最终氧化分解的场所,通过氧化磷酸化作用将其中储存的能量逐步释放,并转化为 ATP 为细胞提供能量,故称之为细胞的"能量工厂"。线粒体含有 DNA,可复制及合成自己的 RNA 和少量蛋白质,遗传上具有一定的自主性,属于半自主性的细胞器。

光镜下,线粒体多呈颗粒状或短柱状,通常直径为 $0.5\sim1.0~\mu m$,长度为 $2\sim3~\mu m$。线粒体的数目随细胞的不同而有差异,极少数情况下一个细胞只有一个线粒体,多数情况一个细胞中含有几十、几百到几千个线粒体。细胞中线粒体的数目与其生物代谢活动正相关,新陈代谢旺盛、需要能量多的细胞,线粒体的数目就较多。

在电镜下观察,线粒体是由双层单位膜套叠而成的封闭的囊状结构,主要由外膜、内膜、膜间隙和基质组成(图 3-9)。外膜是包围在线粒体最外面的界膜,将线粒体与周围的细胞质分开。内膜位于外膜内侧,把膜间隙与基质分开,其渗透性很差,能严格地控制分子和离子通过;内膜向线粒体腔内凸出褶叠形成嵴,嵴的存在大大扩增了内膜的表面积,有利于生化反应的进行;内膜面上有许多带柄的小颗粒即基粒,是 ATP 酶复合体,它与分布在内膜面上的电子传递系统共同完成氧化磷酸化,合成 ATP。线粒体内外膜之间封闭的腔隙为膜间隙,其中充满无定形液体,含有许多可溶性酶、底物和辅助因子等。内膜和嵴所围成的空隙内充满的较致密的胶状物质即为基质,它不仅含有催化三羧酸循环、丙酮酸和脂肪酸氧化等酶类,还含有线粒体基因组 DNA、特定的线粒体核糖体、tRNA、线粒体基因表达和蛋白质合成需要的多种酶类;基质是细胞有氧呼吸中进行三羧酸循环的场所。由此可见,线粒体含有细胞呼吸所需要的各种酶和电子传递载体,是细胞呼吸和能量代谢的中心。

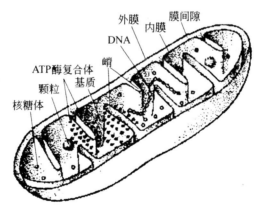

图 3-9　线粒体的三维结构模式图

(2)叶绿体

叶绿体属于质体。质体是植物细胞的细胞器,包括白色体和有色体。植物根或茎细胞中的白色体含有淀粉、油类或蛋白质。植物色彩丰富的花和果实的细胞中具有有色体,有色体富含各种色素。叶绿体是最重要的有色体,是植物进行光合作用同化 CO_2 产生有机分子的细胞器。

叶绿体的形状、大小及数目因植物种类不同而有很大差别,尤其是藻类植物的叶绿体变化更大。大多数高等植物的叶细胞中一般含有 50~200 个叶绿体,可占细胞质体积的 40%~90%。典型的叶绿体形状为透镜形,长径为 5~10 μm,短径为 2~4 μm,厚 2~3 μm,其体积大约比线粒体大 2~4 倍。

在电子显微镜下可以看到,叶绿体是由叶绿体膜或称叶绿体被膜、类囊体和基质三部分构成(图 3-10)。叶绿体表面也由内外双层单位膜组成,外膜的渗透性大,内膜则对通过的物质选择性很强,是细胞质和叶绿体基质间的功能屏障。叶绿体膜内有许多由单位膜封闭形成的扁平小囊,称为类囊体。许多圆饼状的类囊体叠在一起形成基粒;贯穿在两个或两个以上基粒之间没有发生垛叠的类囊体,称为基质类囊体。各个基粒类囊体通过基质类囊体彼此相连通,因而一个叶绿体的全部类囊体实际上是一个完整的、连续的封闭膜囊。植物光合作用的色素和电子传递系统以及 ATP 酶复合体均位于类囊体的膜上,因此类囊体是进行光合磷酸化的场所。叶绿体内膜与类囊体之间充满着胶状的基质,其主要成分为可溶性蛋白质和其他代谢活跃物质,其中核酮糖-1,5-二磷酸羧化酶(RuBP)是催化糖类合成的重要酶,因而同化 CO_2 合成有机物的暗反应在基质中进行。此外,基质中含有一套特有的核糖体、RNA 和 DNA,使得叶绿体在遗传上具有一定的自主性。

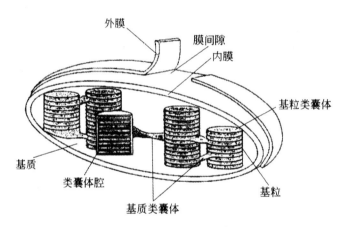

图 3-10　叶绿体的结构模式图

(3)核糖体

核糖体又称核糖核蛋白体或核蛋白体,它几乎存在于一切细胞内,目前,仅发现在哺乳动物成熟的红细胞等极个别高度分化的细胞内没有核糖体。细胞内的细胞核、线粒体和叶绿体中也含有核糖体,因此,核糖体是细胞不可缺少的重要结构。

核糖体呈不规则的颗粒状,其表面没有被膜包裹,直径为 15~30 nm,主要成分是蛋白质和 RNA,每个核糖体由大小两个亚单位组成一定的三维结构(图 3-11)。核糖体以游离核糖体(游离于细胞质基质中)和附着核糖体(附着于内质网膜和核膜上)两种形式存在,其唯一的功能是按照 mRNA 的指令由氨基酸高效且精确地合成多肽链,即核糖体是合成蛋白质的场所。

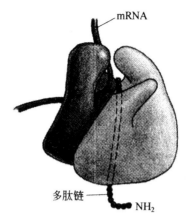

图 3-11 核糖体的结构模式图

（4）液泡

液泡是植物细胞中由一层单位膜包被的充满水溶液的囊泡。年幼的细胞中有许多分散的小液泡,随着细胞的逐渐成熟,这些小液泡不断扩大融合成一个大的中央液泡,占据了细胞总体积的 90%。

植物液泡中的液体称为细胞液,其主要成分是水,其中还溶有无机盐、可溶性蛋白、糖类、多种水解酶以及各种色素,特别是花青素等。液泡还是植物细胞代谢废物屯集的场所,这些废物以晶体状态沉积于液泡中。细胞液是高渗的,所以植物细胞才能经常处于吸涨饱满的状态。细胞液中的花青素与植物颜色有关,花、果实和叶的紫色、深红色等都决定于花青素。液泡还参与细胞中的一些生物大分子的降解,促使细胞质组成物质的再循环,与动物细胞的溶酶体有类似的功能。

（5）微体

微体是一种与溶酶体很相似的小体,也是由单层膜包围的泡状体,但所含的酶却和溶酶体不同,包括过氧化物酶体和乙醛酸体。

过氧化物酶体存在于动物、植物细胞内,含有多种氧化酶和过氧化氢酶,促使细胞内一些物质氧化和 H_2O_2 分解。细胞中大约有 20% 的脂肪酸是在过氧化物酶体中被氧化分解的。氧化反应的结果产生的对细胞有毒的 H_2O_2 则被过氧化氢酶分解而解毒,因此过氧化物酶体具有解毒作用。

乙醛酸体只存在于植物细胞内,特别是含油分高的子叶和胚乳细胞中,它能将脂类转化为糖。动物细胞中没有乙醛酸体,故不能将脂类直接转化成糖。

（6）细胞骨架

细胞骨架普遍存在于各类真核细胞中,是细胞内以蛋白纤维为主要成分的立体网络结构（图 3-12）。细胞骨架不仅在维持细胞形态、承受外力、保持细胞内部结构的有序性方面起重要作用,而且还参与细胞分裂（牵引染色体分离）、物质运输（各类小泡和细胞器可沿着细胞骨架定向转运）、白细胞的迁移、精子的游动等许多重要的生命活动。另外,在植物细胞中的细胞骨架还指导细胞壁的合成。狭义的细胞骨架是指细胞质骨架,即微管、微丝和中间纤维。细胞骨架是现代生命科学最重要的研究领域之一。

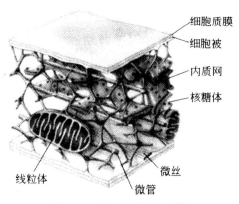

图 3-12　细胞骨架系统

综上所述,可知真核细胞是以生物膜的进一步分化为基础,使细胞内部构建成许多更为精细的具有专门功能的结构单位。真核细胞虽然结构复杂,但是可以在亚显微结构水平上划分为三大基本结构体系:以脂质及蛋白质成分为基础的生物膜结构系统,包括脂膜、核膜及各种膜围成的细胞器等;以核酸(DNA 或 RNA)与蛋白质为主要成分的遗传信息表达系统,包括染色质、核仁、核糖体等;由特异蛋白分子装配构成的细胞骨架系统,包括微管、微丝、中间纤维、核基质及核纤层等。这三大基本结构体系构成了细胞内部结构精密、分工明确、职能专一的各种细胞器,并以此为基础而保证了细胞生命活动具有高度程序化与高度自控性。

3.2.2　生物膜与物质的跨膜运输

各种细胞器的膜和核膜、质膜在分子结构上都是类似的,它们统称为生物膜。生物膜的厚度一般为 7~8 nm,真核细胞的生物膜占细胞干重的 70%~80%,其中最多的是内质网膜。生物膜是细胞进行生命活动的重要物质基础,细胞的能量转换、蛋白质合成、物质运输、信息传递、细胞运动等活动都与膜的作用有密切的关系。

1. 生物膜

(1)生物膜的结构与特性

一个多世纪以前,科学家们对膜的组成就进行了富有成就的探索。E. Overton 1895 年发现凡是溶于脂肪的物质很容易透过植物的细胞膜,而不溶于脂肪的物质不易透过细胞膜,因此推测膜是由连续的脂类物质组成。20 年后,科学家第一次将膜从红细胞中分离出来,经化学分析表明,膜的主要成分是磷脂和蛋白质。1925 年荷兰科学家 E. Gorter 和 F. Grendel 提出膜由双层磷脂分子组成。1935 年 J. Danielli 和 H. Davson 提出了"蛋白质—脂类—蛋白质"的三明治模型。1959 年 J. D. Robertson 用超薄切片技术获得了清晰的细胞膜照片,显示暗—明—暗三层结构,厚约 7.5 nm,这就是所谓的"单位膜"模型。随后冰冻蚀刻技术显示双层脂膜中存在蛋白质颗粒;免疫荧光技术证明膜中的蛋白质是流动的。据此,1972 年 Singer 等科学家提出了目前广泛认可的"流动镶嵌模型"(图 3-13)。

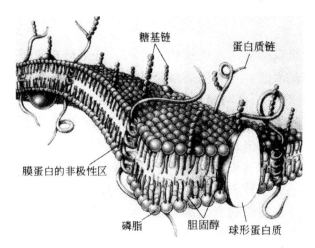

图 3-13　膜的流动镶嵌模型

（2）膜脂和膜蛋白

①膜脂。组成生物膜的脂类主要包括磷脂、糖脂和胆固醇三种，其中磷脂含量最高，约占整个膜脂的 50% 以上。每个磷脂分子具有一个由磷酸胆碱组成的极性头部，还有两条由脂肪酸链构成的非极性尾。极性的头部具有亲水性，非极性尾是疏水性的。膜中磷脂双分子的尾部相对排列，使得膜两侧的水溶性物质不能自由通过，起到了屏障作用。糖脂是寡糖分子与脂类分子结合而成的，并直接插入磷脂双分子层中。胆固醇在各种动物细胞中含量较高，它在调节膜的流动性、增强膜的稳定性以及降低水溶性物质的透性等方面起着重要作用。

②膜蛋白。生物膜的特定功能主要依靠膜上的蛋白质来完成。根据膜蛋白在膜上的存在方式，可分为内在膜蛋白和外在膜蛋白。

内在膜蛋白全部或部分插入膜内，直接与脂双层的疏水区域相互作用。许多内在膜蛋白是两亲性分子，它们的疏水区域跨越脂双层的疏水区，与其脂肪酸链共价连接，而亲水的极性部分位于膜的内外两侧，这种蛋白质跨越脂双层，也叫跨膜蛋白或整合蛋白（图 3-14）。实际上，内在膜蛋白几乎都是完全穿过脂双层的蛋白质。由于存在疏水结构域，内在膜蛋白与膜的结合非常紧密，只有用去垢剂处理才能从膜上洗涤下来。

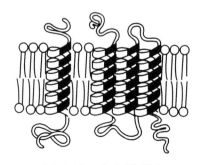

图 3-14　内在膜蛋白

外在膜蛋白分布于膜的内外表面,又称外周蛋白(图 3-15),它不直接与脂双层疏水部分相互连接,常常通过离子键、氢键和膜脂分子的极性头部结合,或通过与内在膜蛋白的相互作用间接与膜结合,其结合力较弱。大多数外在膜蛋白为水溶性蛋白,主要由亲水性氨基酸组成,只要改变溶液的离子强度甚至提高温度,外在膜蛋白就可以从膜上分离下来。

外周蛋白

图 3-15 外在膜蛋白

2. 主动运输

主动运输是由载体蛋白所介导的物质逆浓度梯度或电化学梯度由浓度低的一侧向高浓度的一侧进行跨膜转运的方式。它不仅需要载体蛋白,而且还需要消耗能量。根据主动运输过程所需能量来源的不同可归纳为由 ATP 直接提供能量和间接提供能量(协同运输)两种基本类型。

①ATP 直接提供能量的主动运输——钠-钾泵(Na^+-K^+ 泵)。在细胞质膜的两侧存在很大的离子浓度差,特别是阳离子浓度差。如海藻细胞中碘的浓度比周围海水高 200 万倍,但它仍然可以从海水中摄取碘;人红细胞中 K^+ 浓度比血浆中高 30 倍,而 Na^+ 浓度则是血浆比红细胞中高 6 倍等。一般的动物细胞要消耗 1/3 的总 ATP 来维持细胞内低 Na^+ 高 K^+ 的离子环境,神经细胞则要消耗 2/3 的总 ATP,这种特殊的离子环境对维持细胞内正常的生命活动、神经冲动的传递、维持细胞的渗透平衡以及恒定细胞的体积都是非常必要的。K^+ 和 Na^+ 的逆浓度与电化学梯度的跨膜转运是一种典型的主动运输方式,它是由 ATP 直接提供能量,通过细胞质膜上的 Na^+-K^+ 泵来完成的。

Na^+-K^+ 泵实际上就是镶嵌在质膜脂双层中具有运输功能的 ATP 酶,即 Na^+-K^+ ATP 酶,它本身是一种载体蛋白。Na^+-K^+ ATP 酶是由 2 个 α 大亚基、2 个 β 小亚基组成的 4 聚体。Na^+-K^+ ATP 酶通过磷酸化和去磷酸化过程发生构象的变化,导致与 Na^+、K^+ 的亲和力发生变化。在膜内侧 Na^+ 与酶结合,激活 ATP 酶活性,使 ATP 分解并将所产生的高能磷酸基团与酶结合,酶被磷酸化,导致构象发生变化,引起与 Na^+ 结合的部位转向膜外侧,这种磷酸化的酶对 Na^+ 的亲和力低,而对 K^+ 的亲和力高,因而在膜外侧释放出 Na^+ 并与 K^+ 结合;K^+ 与磷酸化酶结合后促使酶去磷酸化,酶的构象恢复原状,于是与 K^+ 结合的部位转向膜内侧,此时 K^+ 与酶的亲和力降低,使 K^+ 在膜内被释放,而又与 Na^+ 结合。如此反复,细胞膜不断逆浓度梯度将 Na^+ 转出细胞外、K^+ 转入细胞内。其每循环一次,消耗 1 个 ATP,转出 3 个 Na^+,转进 2 个 K^+(图 3-16)。

第 3 章 细 胞

Na$^+$—K$^+$泵通常分布在动物细胞膜上,而在植物、细菌和真菌的细胞膜上分布的是质子泵(H$^+$—泵),能将 H$^+$—泵出细胞,建立跨膜的 H$^+$电化学梯度,驱动转运溶质进入细胞。其作用原理与 Na$^+$—K$^+$泵相同。此外,与之相类似的还有钙泵等。

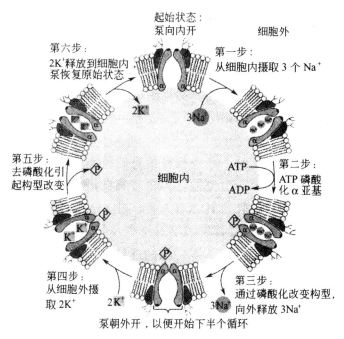

图 3-16 Na$^+$—K$^+$泵工作原理示意图

②协同运输。协同运输是一类由 Na$^+$—K$^+$泵与载体蛋白协同作用,靠间接消耗 ATP 所完成的主动运输方式,又称偶联运输。物质跨膜运输所需的直接动力来自膜两侧离子电化学浓度梯度,而维持这种离子电化学梯度则是通过 Na$^+$—K$^+$泵消耗 ATP 所实现的。动物细胞是利用膜两侧的 Na$^+$电化学梯度来驱动的,而植物细胞和细菌常利用 H$^+$电化学梯度来驱动。

协同运输可分为同向协同(共运输)和反向协同(对向运输)两种类型(图 3-17)。当物质运输方向与离子转运方向相同时,称为同向协同(共运输),如动物细胞的葡萄糖和氨基酸就是与 Na$^+$同向协同运输;否则为反向协同(对向运输)。

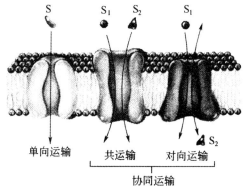

图 3-17 协同运输示意图

— 41 —

3. 胞吞作用与胞吐作用

大分子和颗粒物质(如蛋白质、多糖等)进出细胞时都是由膜包围,形成小膜泡,在转运过程中,物质包裹在脂双层膜围绕的囊泡中,因此称为膜泡运输。膜泡运输分为胞吞作用和胞吐作用(图 3-18)。

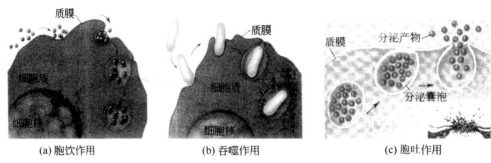

(a) 胞饮作用　　　　(b) 吞噬作用　　　　(c) 胞吐作用

图 3-18　胞吞和胞吐作用示意图

①胞吞作用。外界进入细胞的大分子物质先附着在细胞膜的外表面,此处的细胞膜凹陷入细胞内,将该物质包围形成小泡,最后小泡与细胞膜断离而进入细胞内的过程称为胞吞作用。

固态的物质进入细胞内,称为吞噬作用,吞入的小泡叫吞噬体。液态的物质进入细胞内称为胞饮作用,吞入的小泡叫胞饮泡。

②胞吐作用。大分子物质由细胞内排到细胞外时,被排出的物质先在细胞内被膜包裹,形成小泡,小泡渐与细胞膜相接触,并在接触处出现小孔,该物质经小孔排到细胞外的过程称为胞吐作用。

胞吞和胞吐作用都伴随着膜的运动,主要是膜本身结构的融合、重组和移位,这都需要能量的供应,属于主动运输。有实验证明,如果细胞氧化磷酸化被抑制,肺巨噬细胞的吞噬作用就会被阻止。在分泌细胞中,如果 ATP 合成受阻,则胞吐作用不能进行,分泌物无法排到细胞外。

质膜在完成物质跨膜运输的同时,还进行着信息的跨膜传递。质膜上的各种受体蛋白能接受各种外源性刺激,经酶的调控产生信号,再激活酶的活性,使细胞内发生各种生物化学反应和生物学效应。

3.2.3　细胞连接

细胞连接是指细胞间或细胞与细胞基质之间的连接结构。多细胞生物体中,细胞间通过细胞连接而形成组织,并使其在功能上处于高度的协调状态。动物和植物的细胞连接迥然不同。

1. 动物的细胞连接

大多数动物细胞外都覆盖有一层黏性的多糖和蛋白质,它有助于将组织中的细胞牢牢地黏在一起,并保护细胞免受酸或酶的消化。同时在许多动物组织中,相邻细胞的细胞膜之间产生特化的连接装置,构成细胞连接。动物的细胞连接主要有紧密连接、锚定连接和通讯连接三种(图 3-19)。

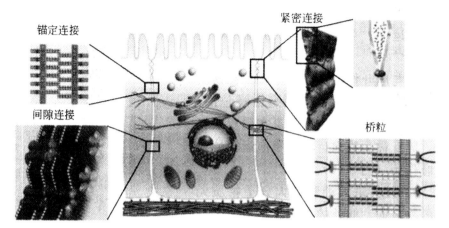

图 3-19　动物细胞连接的几种方式

(1)紧密连接

紧密连接是将相邻细胞的质膜密切地连接在一起,阻止溶液中的分子沿细胞间隙渗入体内。一般存在于上皮细胞之间。电镜观察显示,紧密连接处的相邻的细胞质膜紧紧地靠在一起,没有间隙,似乎融合在了一起。冰冻断裂复型技术显示出它是由围绕在细胞四周的焊接线网络而成。焊接线也称嵴线,一般认为它由成串排列的特殊跨膜蛋白组成,相邻细胞的嵴线相互交联封闭了细胞之间的空隙。

(2)锚定连接

锚定连接是通过细胞质骨架的中间纤维或肌动蛋白纤维将细胞与另一个相邻细胞或胞外基质连接起来的连接方式。参与连接的跨膜糖蛋白像钉子似地将相邻细胞"钉"在一起。其中与中间纤维相关的锚定连接包括桥粒和半桥粒;与肌动蛋白纤维相关的锚定连接主要有黏着带和黏着斑。锚定连接在上皮组织、心肌和了宫颈等组织中含量丰富,具有抵抗外界压力与张力的作用。锚定连接仍然可以使物质从两细胞间的空隙通过。

(3)通讯连接

通讯连接是细胞间的一种连接通道,除连接作用外,其主要功能是通过细胞间小分子物质的交流介导细胞通讯。动物细胞中常见的通讯连接有间隙连接和化学突触连接。

间隙连接是指相邻两细胞通过连接子对接形成通道,允许小分子物质直接通过这种通道从一个细胞流向另一个细胞。每个连接子由 6 个跨膜蛋白围成,中心为直径约 1.5 nm 的孔道。相邻细胞质膜上的两个连接子对接便形成一个间隙连接单位。间隙连接能够允许小分子代谢物和信号分子通过是细胞间代谢偶联的基础。间隙连接分布非常广泛,几乎所有的动物组织中都存在间隙连接。

化学突触是存在于神经元和神经元之间、神经元和效应器细胞之间的细胞连接方式。由突触前膜、突触间隙和突触后膜构成,通过释放神经递质传导神经冲动。在信息传递过程中,需要将电信号转化为化学信号,再将化学信号转化为电信号。在哺乳动物中,进行突触传递的几乎都是化学突触。

2. 植物的细胞连接

植物细胞有坚硬的细胞壁,相邻细胞壁之间有一层黏性多糖可以将细胞紧紧黏在一起。但真正将细胞连接在一起的只有胞间连丝。胞间连丝是植物细胞特有的通讯连接。除极少数特化的细胞外,高等植物细胞之间通过胞间连丝相互连接,完成细胞间的通讯联络。

胞间连丝穿越细胞壁,是由相互连接的相邻细胞的细胞质膜共同组成的直径为 20~40 nm 的管状结构,中央是由光面内质网延伸形成的链管(连丝微管)结构(图 3-20)。在链管与管状质膜之间是由胞液构成的环带,环带的两端狭窄,可能用以调节细胞间的物质交换。因此胞间连丝介导的细胞间的物质运输也是有选择性的,并且是可以调节的。正常情况下,胞间连丝是在细胞分裂时形成的,然而在非姐妹细胞之间也存在胞间连丝,而且在细胞生长过程中胞间连丝的数目还会增加。

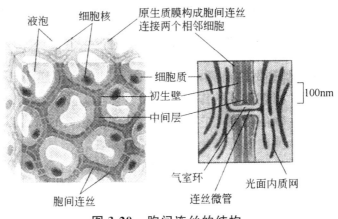

图 3-20　胞间连丝的结构

3.3　细胞的增殖与分裂

细胞的增值是通过细胞分裂的方式完成的,生物通过细胞繁殖以维持其生长、发育和繁衍后代。单细胞生物(如酵母)以细胞分裂的方式产生新的个体,导致生物个体数量的增加,保持了物种的延续;多细胞生物,包括动物和植物也是由一个单细胞(即受精卵)经过细胞的分裂和分化发育而成的,并且在其生长、生殖、新陈代谢过程中需要通过细胞分裂增加细胞数目、产生生殖细胞和替代不断衰老或死亡的细胞以及用于组织损伤的修复,如骨髓细胞不断再生出新的血细胞。

细胞分裂并非只是母细胞简单地一分为二,而是一个比较复杂的过程,它涉及到细胞内遗传物质的复制与分配、细胞周期控制等复杂过程。

3.3.1　细胞周期与有丝分裂

1. 细胞周期

细胞的生命开始于母细胞的分裂,结束于子代细胞的形成或是细胞的自身死亡。当子代细胞形成后,又将经过由小到大的生长、物质的积累,并准备下一轮的细胞分裂,如此周而复始。通常将细胞的这种周而复始的生长分裂周期称为细胞周期,即具有分裂能力的细胞,从一次分裂结束到下一次分裂结束所经历的一个完整过程称为一个细胞周期。

典型的细胞周期包括分裂间期和分裂期两部分(图 3-21)。每部分都包括几个连续的时期,细胞周期中各个时期的变化特点称为时相。

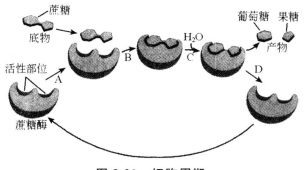

图 3-21　细胞周期

分裂间期是细胞分裂前重要的物质准备和积累阶段,是细胞代谢、DNA 复制旺盛时期,包括 DNA 合成期(S 期)以及 S 期前后两个间隔期 G_1 期和 G_2 期。

G_1 期是从上次有丝分裂完成到 DNA 复制前的一段时期。此期主要进行旺盛的物质合成,合成 rRNA、某些专一性的蛋白质(如组蛋白、非组蛋白及一些酶类)、脂类和糖类等,为进入 S 期作各种准备。

S 期即 DNA 合成期。主要进行 DNA 的复制和有关组蛋白的合成,并将合成的 DNA 和组蛋白组装成染色质。S 期是细胞周期中最重要的一个时期,其长短差异是由复制单位多少决定的。

G_2 期是为细胞进入分裂期进行物质和能量的准备,包括染色体凝集因子的合成、纺锤体形成所需的微管蛋白的合成及成熟促进因子(MPF)的合成和 ATP 能量的积累等。

分裂期包括核分裂和胞质分裂两个主要过程,分别称为 M 期和 C 期。M 期是一个涉及细胞核及其染色体分裂的复杂过程,它将遗传物质载体平均分配到两个子细胞中,使新形成的两个子细胞具有与母细胞完全相同的染色体形态和数目。C 期则是细胞质分裂形成两个新的子细胞的过程。

细胞经过分裂间期和分裂期,完成一个细胞周期,细胞数量也相应地增加一倍。在一个细胞周期内,这两个阶段所占的时间相差较大,一般分裂间期大约占细胞周期的 $90\%\sim95\%$;分裂期大约占细胞周期的 $5\%\sim10\%$。细胞的种类不同,细胞周期持续的时间也不相同。

真核细胞的分裂方式有 3 种,即有丝分裂、无丝分裂和减数分裂。有丝分裂和减数分裂是细胞的两种主要分裂形式。体细胞一般进行有丝分裂,产生两个含有相同全套染色体的子细胞。有丝分裂是真核生物进行细胞分裂的主要方式,用于增加体细胞的数量;而成熟过程中产生生殖细胞时进行减数分裂,产生在遗传上有变异的单倍体细胞,用于有性生殖,从本质上看这是一种特殊形式的有丝分裂。

2. 有丝分裂

有丝分裂是真核细胞分裂最普遍的一种形式。最初称这种分裂方式为核分裂,因为在分裂过程中出现纺锤丝和染色体等一系列变化,所以称为有丝分裂。

有丝分裂是一连续的复杂动态过程,根据染色体形态的变化特征,可分为前期、中期、后期、末期四个时期。在后期和末期亦包括了细胞质的分裂(图 3-22)。

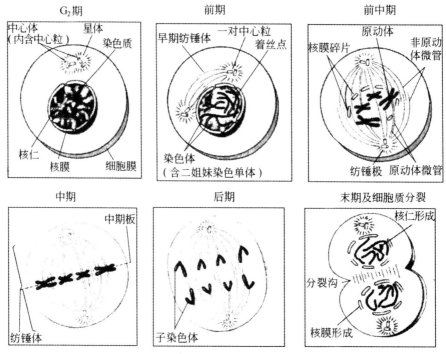

图 3-22 动物细胞有丝分裂的各个时期

(1)前期

染色质的凝聚是前期开始的第一个特征,实际上是染色质丝螺旋盘曲,逐步缩短变粗,成为光学显微镜下明显可见的染色体。此时染色体已经完成了复制,每条染色体含有两条并列的染色单体(姐妹染色单体)并由着丝粒相连。着丝粒为染色体特化的部分(也称原动体),其外侧附着有着丝点,是纺锤丝穿插的位置。之后,核仁逐渐解体,核膜逐渐消失,由微管构成的纺锤丝和蛋白质共同形成纺锤体。着丝粒与纺锤体微管相连,这些纺锤体微管从染色体的两侧分别向相反方向延伸而达到细胞两极。在动物细胞中,中心粒与纺锤体的形成、细胞两极的确定及染色体运动密切相关。植物细胞的两极则是纺锤体的两端。

(2)中期

纺锤丝牵引着染色体运动,使每条染色体的着丝粒排列在细胞中央的一个平面上。这个平面与纺锤体的中轴相垂直,类似于地球上赤道的位置,所以称为赤道板。此时染色体的形态比较固定,数目比较清晰,为观察染色体形态数目的最佳时期。

(3)后期

着丝粒分裂,两条姐妹染色单体相互分离成为两条染色体,并且依靠纺锤体微管的作用分别向细胞的两极移动。这时细胞核内的全部染色体就平均分配到了细胞的两极,使细胞的两极各有一套染色体。这两套染色体的形态和数目也是完全相同的,每一套染色体与分裂以前的亲代细胞中染色体的形态和数目也是相同的。

（4）末期

到达两极的染色体解螺旋又成为纤细的染色质,纺锤丝也逐渐消失,核仁核膜重新出现,伴随子细胞核的重建。

（5）胞质分裂

在分裂的后期或末期,随着染色体的分离,细胞质开始分裂。在动物细胞中,细胞膜在细胞的中部形成一个由微丝（肌动蛋白）构成的环带,微丝收缩使细胞膜以垂直于纺锤体轴的方向内陷,形成环沟,随细胞由后期向末期转化,环沟逐渐加深,最后把细胞缢裂成了两个子细胞。而植物细胞则是在细胞的赤道板上,形成由微管、细胞壁前体物质的高尔基体或内质网囊泡融合的细胞板,然后由细胞板逐渐形成了新的细胞壁,最终将一个细胞分裂成两个子细胞（图 3-23）。

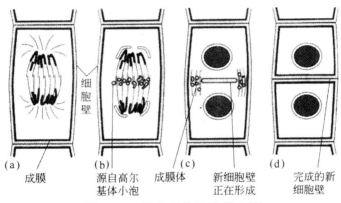

图 3-23　植物细胞的胞质分裂

可见,有丝分裂是通过纺锤丝的形成和运动,把亲代细胞的染色体经过复制以后精确地平均分配到两个子细胞中。因此,由一个亲代细胞产生的两个子细胞各具有与亲代细胞在数目和形态上完全相同的染色体,母细胞与子细胞携带的遗传信息也相同。这样保证了遗传的连续性和稳定性,对于生物的遗传具有重要的意义。

3. 细胞周期的控制

从细胞增殖的角度来看,细胞可分为周期性细胞、G_0 期细胞和终端分化细胞 3 类。周期性细胞是能持续进行正常分裂的细胞（如造血干细胞）,G_0 期细胞是暂时不进行分裂但具潜在分裂能力的细胞（如肝细胞、肾细胞、淋巴细胞）,终端分化细胞是终生处于 G_1 期而不再分裂的细胞（如神经细胞、红细胞）。在胚胎发育早期,所有的细胞均为周期性细胞,随着发育成熟,某些细胞进入了 G_0 期,某些细胞分化后丧失分裂能力。

周期性细胞能持续进行细胞分裂,沿细胞周期 $G_1 \rightarrow S \rightarrow G_2 \rightarrow M \rightarrow C$ 持续运转而不断产生新细胞。细胞在此单向有序的各时相停留多少时间以及是否能顺利进入下一个时相主要取决于细胞周期的控制系统。在典型的细胞周期中,控制系统是通过细胞周期的检验点来进行调节的。控制系统中有三个检验点是至关重要的，即 G_1 期检验点（靠近 G_1 末期）、G_2 期检验点（在 G_2 期结束点）、M 期检验点（在分裂中期末）。在每一个检验点，由细胞所处的状态和环境决定细胞能否通过此检验点，进入下一阶段。

研究表明，周期性细胞能否顺利通过 G_1 期和 G_2 期检验点进入下一时相，关键取决于细胞内部周期蛋白和周期蛋白依赖性激酶(cyclin-dependent kinase，Cdk)组成的引擎分子的周期性变化。周期蛋白是在细胞周期中呈周期性地合成和降解并起调控作用的特殊蛋白，它能激活 Cdk，引导 Cdk 作用于不同底物。目前从酵母和各类动物中分离出的周期蛋白有 30 余种，在脊椎动物中为 A1-2、B1-3、C、D1-3、E1-2、F、G、H 等。Cdk 是一种蛋白激酶家族，目前已经发现并命名的 Cdk 包括 Cdk1、Cdk2、Cdk3、Cdk4、Cdk5、Cdk6、Cdk7 和 Cdk8 等。Cdk 活性受到多种因素的综合调节，而周期蛋白与 Cdk 结合是 Cdk 活性表现的先决条件(图 3-24)。如 G_2 期的周期蛋白与 Cdk 家族成员结合后，可导致 Cdk 一级结构 N 端的第 160 位苏氨酸残基磷酸化，使其成为有活性的引擎分子，在被激活的引擎分子作用下，周期性细胞便可通过 G_1 期或 G_2 期检验点的检查，进入下一时相。

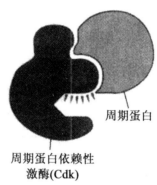

周期蛋白依赖性
激酶(Cdk)

周期蛋白

图 3-24　周期蛋白-Cdk 复合的组成

不同的生物细胞中，每一种 Cdk 结合不同类型的周期蛋白，分别在细胞周期不同时相的检验点产生作用。例如：在酵母细胞中，当细胞进入 G_1 期到达 G_1 期检验点时，检验点通过比较细胞质体积与基因组的大小，决定是否让新合成的 G_1 周期蛋白与 Cdk 结合，激活称为启动点激酶的二聚体引擎分子。当细胞的体积增大到一定程度而 DNA 总量仍保持稳定，G_1 周期蛋白便与 Cdk 结合，激活启动点激酶，使周期性细胞通过 G_1 期检验点进入 S 期，DNA 的复制开始启动，同时 G_1 周期蛋白便解离和自我降解。完成了 DNA 复制后进入 G_2 期的细胞首先积累 M 周期蛋白，该周期蛋白与 Cdk 结合形成的二聚体为成熟促进因子(MPF，又称有丝分裂促进因子)。MPF 的磷酸化可增强催化 MPF 磷酸化的酶活性，促进细胞内被激活的 MPF 浓度急剧增加，最终导致细胞通过 G_2 期检验点进入 M 期。细胞进入 M 期以后，MPF 可进一步催化核小体组蛋白 H_1 磷酸化而导致染色体凝缩，再使核纤层蛋白和微管结合蛋白磷酸化，促进核膜解体和纺锤体组装及染色单体的分离等，从而保证一系列有丝分裂事件的正常进行。由于 MPF 本身会使二聚体上的周期蛋白自我降解，因此随着有丝分裂的进行，活性 MPF 的浓度降低，当 MPF 的浓度降低到一定程度，M 期结束，有丝分裂过程完成，细胞又开始下一次以 G_1 期为起点的周期循环。

多细胞真核生物的细胞周期控制要比酵母细胞复杂得多，除周期蛋白和 Cdk 之外，还涉

48

及到细胞生长因子的作用、信号转导通路等多方面复杂过程。另外,肿瘤细胞的形成与细胞周期控制密切相关。

3.3.2　减数分裂及配子的形成

减数分裂是一种特殊的有丝分裂,是发生在有性生殖特定时期的一种特殊细胞分裂。动植物的生殖细胞或配子(精子和卵细胞)就是由配子母细胞经过减数分裂而产生的。减数分裂的特点是 DNA 复制一次,细胞连续分裂两次,结果子细胞内染色体数目减少一半,成为单倍性的生殖细胞。

减数分裂过程中相继的两次分裂分别称为减数分裂Ⅰ和减数分裂Ⅱ(图 3-25)。染色体只在第一次减数分裂前的间期复制了一次,在两次分裂之间的短暂间歇期内不进行 DNA 的合成,因而也不发生染色体的复制。

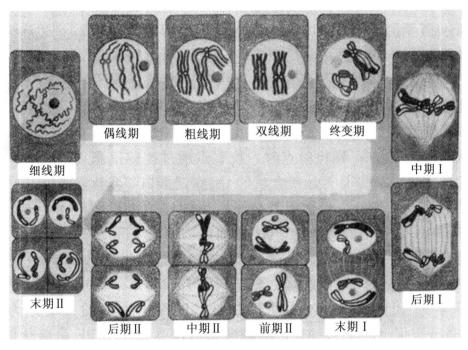

图 3-25　植物细胞的减数分裂图解

1. 减数分裂期Ⅰ

减数分裂期Ⅰ与体细胞有丝分裂期有许多相似之处。其过程也可划分为前期Ⅰ、中期Ⅰ、后期Ⅰ、末期Ⅰ和胞质分裂Ⅰ等阶段。但减数分裂期Ⅰ又有其鲜明的特点,呈现许多减数分裂的特征性变化,主要表现是一对同源染色体在分开前要通过配对发生交换和重组,并分别进入两个子细胞;另外,在染色体组中,同源染色体的分离是随机的,也就是说染色体组要发生重组合。

(1)前期Ⅰ

前期Ⅰ变化最为复杂,呈现出减数分裂的许多特征,包括细线期、偶线期、粗线期、双线期、终变期等 5 个阶段。

①细线期：发生染色质凝集，染色质纤维逐渐折叠螺旋化，变短变粗，在显微镜下可以看到细纤维样染色体结构。复制后的每条染色体都含有两条姐妹染色单体，且并列在一起由同一个着丝粒连接着。

②偶线期：染色质进一步凝集。来自父本、母本各自相对应的染色体，其形态结构相似，称为同源染色体。此时同源染色体两两靠拢进行配对，也称为联会。配对后的同源染色体之间形成一个复合结构即联会复合体。

③粗线期：染色体进一步浓缩，变粗变短，每对同源染色体含有四条染色单体，形成明显的四分体；在此过程中，同源染色体仍紧密结合，并发生等位基因之间部分 DNA 片段的交换和重组，产生新的等位基因的组合，这在遗传学上有着重要意义。

④双线期：染色体长度进一步变短，在纺锤丝牵引下，配对的同源染色体将彼此分离，但仍有几处相连。同源染色体的四分体结构变得清晰可见，且在非姐妹染色单体之间的某些部位上，可见相互间有接触点，称为交叉。交叉被认为是粗线期交换发生的细胞形态学证据。

⑤终变期：染色体凝集成短棒状结构，同源染色体交叉的部位逐步向染色体臂的端部移动，此过程称为端化。最后，四分体之间只靠端部交叉使其结合在一起，姐妹染色单体通过着丝粒相互联结。

当前期即将结束时，中心粒已经加倍，中心体移向两极，并形成纺锤体，核被膜破裂和消失。

（2）中期Ⅰ

分散于核中的四分体在纺锤丝的牵引下移向细胞中央，排列在细胞的赤道板上。此时同源染色体的着丝粒只与从同一极发出的纺锤体微管相联结。

（3）后期Ⅰ

同源染色体在两极纺锤体的作用下相互分离并逐渐向两极移动，移向两极的同源染色体均是含有两条染色单体的二价体。这样，到达每个极的染色体的数量为细胞内染色体总数量的一半。因此，减数分裂过程中染色体数目的减半发生在减数第一次分裂中。

不同的同源染色体对向两极的移动是随机的、独立的，所以父方、母方来源的染色体此时会发生随机组合，即染色体组的重组，这种重组有利于减数分裂产物的基因组变异。

（4）末期Ⅰ

胞质分裂Ⅰ和减数分裂间期。染色体到达两极后逐渐进行去凝集。在染色体的周围，核被膜重新装配，形成两个子细胞核。细胞质也开始分裂，完全形成两个间期子细胞，它们虽具有一般间期细胞的基本结构特征，但不再进行 DNA 复制，也没有 G_1 期、S 期和 G_2 期之分。间期持续时间一般较短，有的仅作短暂停留或者进入末期后不是完全恢复到间期阶段，而是立即准备进行第二次减数分裂。

2. 减数分裂期Ⅱ

减数第一次分裂结束后，紧接着开始减数第二次分裂。第二次减数分裂过程与有丝分裂过程非常相似，即经过分裂前期Ⅱ、中期Ⅱ、后期Ⅱ、末期Ⅱ和胞质分裂Ⅱ等几个过程。每个过程中细胞形态变化也与有丝分裂过程相似。

经过这次分裂,共形成 4 个子细胞。在雄性动物中,4 个子细胞大小相似,称为精子细胞,将进一步发展为 4 个精子。而在雌性动物中,第一次分裂为不等分裂,即第一次分裂后产生一个大的卵母细胞和一个小的极体,称为第一极体。第一极体将很快死亡解体,有时也会进一步分裂为两个小细胞(极体),但没有功能。接着,卵母细胞进行减数第二次分裂,也为不等分裂,形成一个卵细胞和一个第二极体。第二极体也没有功能,很快解体。因此,雌性动物减数分裂仅形成一个有功能的卵细胞(图 3-26)。高等植物减数分裂与动物减数分裂类似。

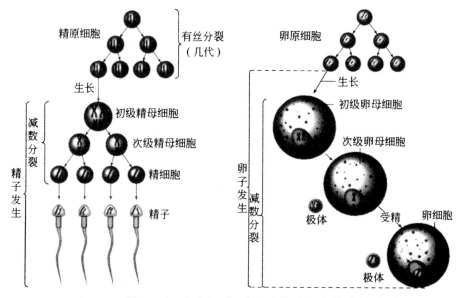

图 3-26　精子(左)和卵细胞(右)形成过程中的减数分裂

在生物体的有性生殖过程中,精子和卵细胞通常要融合在一起才能发育成新个体。当精细胞核与卵细胞核相遇,彼此的染色体汇合在一起后,受精卵中的染色体数目又恢复到体细胞中的数目,其中有一半的染色体来自精子(父方),另一半来自卵细胞(母方)。因此减数分裂的意义在于,既有效地获得父母双方的遗传物质,保持后代的遗传性,又可以增加更多的变异机会,确保生物的多样性,增强生物适应环境变化的能力。对于进行有性生殖的生物来说,减数分裂和受精作用对于维持每种生物前后代体细胞中染色体数目的恒定,对于生物的遗传、生物的进化变异和生物的多样性都具有重要意义。

减数分裂与有丝分裂的共同点都是通过纺锤体与染色体的相互作用进行细胞的分裂,但两者之间有许多差异:有丝分裂是体细胞的分裂方式,减数分裂是性母细胞产生配子的过程(生殖细胞也有有丝分裂);有丝分裂中 DNA 复制一次,细胞分裂一次,染色体保持不变($2n \rightarrow 2n$),而减数分裂中 DNA 复制一次,细胞分裂两次,染色体数目减半($2n \rightarrow n$);有丝分裂中每个染色体是独立活动,减数分裂中染色体要配对联会、交换和交叉等。

3. 无丝分裂

无丝分裂比较简单,分裂过程不出现染色体和纺锤体等结构。细胞分裂时,先是核仁拉长分裂为二,接着细胞核拉长,核仁向核的两端移动,然后核由中部缢裂而成两个子细胞核,最后细胞质也从中部收缩一分为二,于是一个细胞分裂为两个子细胞(图3-27)。

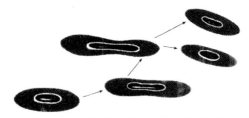

图 3-27   蛙的红细胞的无丝分裂

无丝分裂常出现在低等生物和高等动植物生活力旺盛、生长迅速的器官和组织中。无丝分裂的速度快,物质和能量消耗少,细胞分裂时仍进行正常的生理活动。另外,当细胞处于不利环境时,以无丝分裂作为一种适应性分裂而使细胞得以增殖。

3.4   细胞分化、衰老与死亡

3.4.1   细胞的分化与全能性

1. 细胞分化

(1)细胞分化的概念

多细胞有机体在个体发育过程中,由同一种相同的细胞类型经细胞分裂后逐渐在形态、结构和生理功能上形成稳定性差异,产生不同的细胞群的过程称为细胞分化。细胞分化是生物界中普遍存在的一种生命现象。对多细胞生物来说,仅仅有细胞的增殖而没有细胞的分化,生物体是不能进行正常的生长发育的。也正是由于细胞的分化,才导致了组织、器官和系统的形成以及生物体的复杂化。

多细胞生物的发育起点是一个细胞(受精卵),细胞分裂只能增殖出许多相同的细胞,只有经过细胞分化才能形成胚胎、幼体,并发育成成体。细胞的分化是一个渐变的过程,在胚胎发育的早期,细胞外观上尚未出现明显变化前,各个细胞彼此相似,但是细胞分化结果就已经确定,各类细胞将沿着特定类型进行分化的能力已经稳定下来,以后依次渐变,一般不能逆转。例如在胚胎早期先有外、中、内三胚层的发生,然而在细胞形状上并没有什么差别。但是,各个胚层却预定要分化出一定的组织,例如中胚层将分化出肌细胞、软骨细胞、骨细胞和结缔组织的成纤维细胞等。

(2)细胞分化机制

通过体细胞的有丝分裂,细胞的数量越来越多,同时这些细胞又逐渐向不同方向发生了分化。从分子水平看,分化细胞间的主要差别是合成的蛋白质的种类不同,如红细胞合成血红蛋白、胰岛细胞合成胰岛素等。而蛋白质是由基因编码的,所以合成蛋白质的不同,主要是表达的基因不同,细胞分化的分子基础在于基因表达的控制。因此,细胞分化是基因选择性表达的结果,不同类型的细胞在分化过程中表达一套特异的基因,其产物不仅决定细胞的形态结构,而且执行各自的生理功能。

根据基因同细胞分化的关系,可以将基因分为两大类。一类是管家基因,是维持细胞最低限度功能所不可缺少的基因,如编码组蛋白基因、核糖体蛋白基因、线粒体蛋白基因、糖酵解酶的基因等。这类基因在所有类型的细胞中都进行表达,因为这些基因的产物对于维持细胞的基本结构和代谢功能是必不可少的;另一类是组织特异性基因或称奢侈基因,这类基因与各类细胞的特殊性有直接的关系,是在各种组织中进行不同的选择性表达的基因,如表皮的角蛋白基因、肌细胞的肌动蛋白基因和肌球蛋白基因、红细胞的血红蛋白基因等。

细胞分化的关键是细胞按照一定程序发生差别基因表达,开放某些基因,关闭某些基因。另外,分化细胞间的差异往往是一群基因表达的差异,而不仅仅是一个基因表达的差异。在基因的差异表达中,包括结构基因和调节基因的差异表达,差异表达的结构基因受组织特异性表达的调控基因的调节。此外,细胞分化还受细胞内外环境等诸多因素的影响。

2. 细胞的全能性

由于已分化的细胞一般都有一整套与受精卵相同的染色体,即分化细胞保留着全部的核基因组,携带有本物种相同的 DNA 分子,能够表达本身基因库中的任何一种基因。因此,已分化的细胞仍具有发育成完整新个体的潜能,即保持着细胞的全能性。也就是说在适合的条件下,有些已分化的细胞仍具有恢复分裂、重新分化发育成完整新个体的能力。

高度分化的植物细胞仍然具有全能性,例如花药离体培养及胡萝卜根组织的细胞在适宜的条件下可以发育成完整的新植株(图 3-28),这不仅是细胞全能性的有力证据,重要的是已广泛地应用在植物基因工程的实践中。

1997 年,人们将羊的乳腺细胞的细胞核植入去核的羊卵子中,成功地克隆了“多莉”羊,进一步证明了即使是终末分化的动物细胞,其细胞核也具有全能性。然而与植物细胞不同,高等动物的体细胞至今仍不能形成一个完整的个体,它不仅显示高等动物细胞分化的复杂性,也说明已分化细胞的细胞核必须经过重新编程处理,才能重现其全能性。

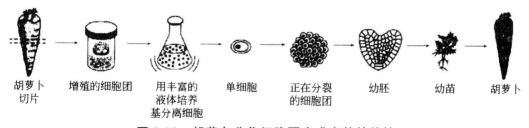

胡萝卜　　增殖的细胞团　　用丰富的　　单细胞　　正在分裂　　幼胚　　幼苗　　胡萝卜
切片　　　　　　　　　　液体培养　　　　　　的细胞团
　　　　　　　　　　　基分离细胞

图 3-28　胡萝卜分化细胞再生成完整的植株

3.4.2　细胞的衰老与凋亡

1. 细胞衰老

(1)细胞衰老及特征

细胞也同生物体一样,有一定的寿命,在生命后期能力自然减退直至最后丧失的不可逆过程,即为细胞衰老。在生物体内,大多数细胞都要经历未分化、分化、衰老到死亡的历程。因此,细胞总体的衰老反应了机体的衰老,而机体的衰老是以总体细胞的衰老为基础的。生物体内的细胞不断地衰老与死亡,同时又有细胞的增殖与新生进行补充。这不仅发生在胚胎发育过程中,在成年体内的各组织器官中也有细胞的死亡。所以,细胞的衰老和死亡是正常的发育过程,也是生物体发育的必然结果。

细胞衰老过程是细胞的生理与生化发生复杂变化的过程,如呼吸速率下降、酶活性降低,最终反应在细胞的形态、结构和功能上发生了变化,衰老细胞具有的主要特征有:水分减少,导致细胞硬度增加,新陈代谢的速度减慢而趋于老化;色素逐渐积累增多,阻碍了细胞内物质的交流和信息的传递;细胞膜的流动性降低,物质运输功能下降,细胞的兴奋性降低;线粒体体积增大而数量减少,严重影响细胞的有氧呼吸;核膜内折,染色质固缩化,染色体端粒的缩短以及内质网上核糖体脱落、高尔基体崩溃等。

(2)细胞衰老的理论

近十余年来,随着细胞生物学和分子生物学的飞速发展,人们开始从分子层次探讨细胞衰老的原因和本质。虽然细胞衰老机制的研究是当今生命科学研究的一个热点领域,也取得了不少进展,但是由于衰老的原因非常复杂,许多研究至今还是停留在假说阶段。

此外,还有自身免疫学说、线粒体 DNA 与衰老学说、代谢废物累积学说等。

2. 细胞凋亡

(1)细胞凋亡的概念及生物学意义

细胞凋亡也称为程序性细胞死亡,是指为了维持细胞内环境稳定,由基因控制的细胞自主的有序性死亡。它涉及一系列基因的激活、表达以及调控等的作用,是一个由基因决定的自动结束生命的过程,因而具有生理性和选择性。

细胞凋亡普遍存在于动物和植物的生长发育过程中,对于多细胞生物个体发育的正常进行起着非常重要的作用,在生物体的发育过程中,在成熟个体的组织中,细胞的自然更新就是通过细胞凋亡来完成的。例如在健康人体的骨髓和肠组织中,细胞发生凋亡的数量是惊人的,每小时约有 10 亿个细胞凋亡。在胚胎发育过程中,细胞凋亡对形态建成也起着重要的作用,如手和足的成形过程实际上就伴随着细胞的凋亡,手指和脚趾在发育的早期是连在一起的,通过细胞凋亡使一部分细胞进入自杀途径才逐渐发育为成形的手和足。

生物发育成熟后一些不再需要的结构也是通过细胞凋亡加以缩小和退化,例如蝌蚪的尾巴就是靠细胞凋亡消除的。

细胞凋亡不仅参与形态的建成,而且能够调节细胞的数量和质量。例如在神经系统的发育过程中,神经细胞必须通过竞争获得生存的机会。在胚胎中产生的神经细胞一般是过量的,只有通过竞争获得足够生存因子的神经细胞才能生存下去,而其他的神经细胞将会经过细胞凋亡而消失。在淋巴细胞的克隆选择过程中,细胞凋亡更是起着关键的作用。当然,细胞凋亡的失调(即不恰当的激活或抑制)也会导致疾病,如各种肿瘤、艾滋病以及自身免疫病等。

(2)细胞凋亡的特征

形态学观察细胞凋亡的变化是多阶段的。首先出现的是细胞体积缩小,连接消失,与周围的细胞脱离,然后是细胞质密度增加,核 DNA 在核小体连接处断裂成核小体片段,并浓缩成染色质块,随着染色质不断凝聚,核纤层断裂消失,核膜在核孔处断裂成核碎片。整个细胞通过发芽、起泡等方式形成一些由完整核膜和质膜包被的球形突起,并在其基部绞断而脱落,从而产生了大小不等的内含胞质、细胞器及核碎片的凋亡小体。最后,凋亡小体被巨噬细胞清除,其内含物不泄漏,不会引起周围细胞的炎症损伤(图 3-29)。

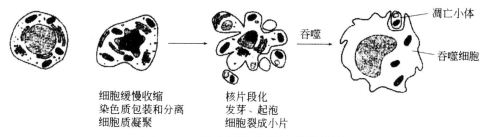

细胞缓慢收缩　　　　核片段化
染色质包装和分离　　发芽、起泡
细胞质凝聚　　　　　细胞裂成小片

图 3-29　凋亡细胞的形态结构变化

可见细胞凋亡有典型的形态学与生物化学特征,其中包括细胞体积缩小、胞质皱缩、DNA 在核小体间断裂并浓缩成染色质块以及凋亡小体的出现等。

(3)细胞凋亡与坏死

细胞死亡的一般定义是细胞生命现象不可逆的停止。细胞死亡有两种形式:一种为坏死性死亡,通常是由细胞损伤或细胞毒物作用而造成的细胞崩溃裂解;另一种为程序性死亡即细胞凋亡,是细胞在一定的生理或病理条件下按照自身的程序结束其生存。

细胞坏死与凋亡有着本质的区别(图 3-30),坏死细胞的早期变化是细胞和线粒体肿胀,继而细胞膜发生裂解渗漏使内容物(多为蛋白水解酶)释放到胞外,导致周围组织的炎症反应,并在愈合过程中常伴随组织器官的纤维化形成瘢痕。

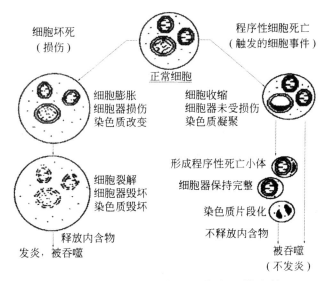

图 3-30　细胞的两种死亡方式及其比较

3.5　干细胞与肿瘤

3.5.1　干细胞

干细胞(stem cell)是一类具有自我更新能力和高度分化潜能的原始未分化细胞。它能够无限地增殖分裂,也可以在较长时间内处于静止状态。它具有形成完整个体的分化潜能或分化成组织器官的潜能。在特定的条件下,它可以分化成不同的功能细胞,形成多种组织和器官。干细胞的这种自我更新及多功能的特点,使其成为组织再生的基础,是机体或组织器官的起源细胞。

1. 干细胞的分类

根据干细胞的分化潜能可以将它分为全能干细胞、多能干细胞和专能干细胞三类。全能干细胞具有形成完整个体的分化潜能,如胚胎干细胞可以无限增殖并分化成为全身 200 多种细胞类型,并进一步形成机体的所有组织、器官;多能干细胞具有分化出多种细胞组织的潜能,但却失去了发育成完整个体的能力,发育潜能受到一定的限制,如骨髓多能造血干细胞可以分化出至少 12 种血细胞,但不能分化出造血系统以外的其他细胞;专能干细胞正常条件下仅仅产生一种细胞类型,如上皮组织基底层的干细胞。

根据个体发育阶段,干细胞可以分为胚胎干细胞和成体干细胞。它们均具有自我复制和更新能力,并能分化成特定细胞类型。胚胎的分化形成和成年组织的再生是干细胞进一步分化的结果。

(1)胚胎干细胞

胚胎干细胞是胚胎发育早期的未分化细胞,具有与早期胚胎细胞相似的形态特征,具有正常和稳定的染色体组型,有很强的自我更新能力。胚胎干细胞的分化和增殖构成个体发育的基础,即由单个受精卵发育成为具有各种组织器官的个体。胚胎干细胞是全能的,能在体外无限增殖并长期维持未分化状态,具有分化为几乎全部组织和器官的能力。目前人类胚胎干细胞已可成功地在体外培养。研究和利用胚胎干细胞是当前生物工程领域的核心问题之一。

(2)成体干细胞

成体干细胞也叫组织干细胞,是在机体内担负着构建某种细胞组织功能的细胞。成体干细胞具有两个基本特性:一是产生新的干细胞并保持增殖潜能,使组织能维持终生更新;二是具有发育为成熟的组织特异性细胞类型的能力,在特定的条件下形成新的功能细胞。成年人的许多组织、器官,比如表皮和造血系统都具有修复和再生的能力,虽然成年人组织器官中储备的干细胞数量很少,却可以在外伤、疾病或老年时通过分化和增殖维持组织正常功能。干细胞的更新和组织的修复再生,使得组织和器官能保持生长和衰退的动态平衡。

研究发现成体干细胞除了在特定的部位分化形成特异性的组织外,同样具有分化为其他细胞或组织的潜能:一种组织的干细胞有可能转化成另一种组织类型的细胞,例如骨髓干细胞能转化成肝、肌肉、神经等其他组织类型的细胞。这说明成体干细胞也具有多潜能性,受损组织有可能用体内其他组织的干细胞来修复。

在胎儿、儿童或成年人的骨髓、肌肉、神经、上皮、胰腺、肝脏等组织中,均存在有成体干细胞,如造血干细胞、间质干细胞、神经干细胞、皮肤干细胞等。造血干细胞是最早被发现的人类干细胞,在胚胎发育的过程中,造血干细胞是从卵黄囊全能间叶细胞分化而来的最原始造血细胞。近年发现脐血中亦含丰富的造血干细胞,而成人造血干细胞主要分布在骨髓中,外周血中也有一定量的造血干细胞。神经干细胞是从神经组织中发现的,在成人体内多处于静息状态,由于它们在一些生长因子的刺激下才能维持干细胞的特性,因此被称为生长因子维系的神经干细胞。骨髓中除了含有能分化发育成各种血细胞的造血干细胞外,还含有产生非造血组织的间充质干细胞。在不同的理化环境和细胞因子的诱导下,它具有分化成为成骨细胞、软骨细胞、脂肪细胞、肌肉细胞甚至神经元细胞等的多种分化潜能。在哺乳动物组织中大约半数以上的分化组织是由上皮细胞组成的,上皮干细胞是存在于上皮组织中维持新旧更替和组织修复的一类干细胞。

2. 干细胞的应用

人们研究干细胞增殖和分化机制的最终目的是应用干细胞治疗疾病。由于体外培养的成功,干细胞日益显示出对人类健康的潜在价值,是有望成为取代患者体内损坏的细胞组织甚至器官的新来源。干细胞在帮助人类了解自身的形成过程、认识遗传物质对正常发育过程的调控、揭示人类疾病机理等方面也显示出巨大的研究价值。

(1)用于生产转基因动物

利用干细胞特别是胚胎干细胞作为载体,体外定向改造胚胎干细胞,从而获得稳定、满意的转基因胚胎干细胞系,可以生产转基因动物,制备各种人类疾病的实验模型。同时也提供了新型的药理、毒理及药物代谢等细胞水平的研究手段,以便于找到有效的疾病治疗方法,这将极大地推动肿瘤、免疫以及遗传病等问题的研究。

(2)用于移植治疗

移植治疗目前已经成为治疗疾病的一个重要手段,如器官移植、细胞移植等。由于干细胞具有能在体外增殖分化的特性,不但为移植提供了一种新的干细胞来源,而且有可能在体外"工厂化"地大批量生产干细胞或定向发育为组织和器官,也可以利用基因工程技术作为载体实行基因治疗。组织和器官的移植研究进入了新的阶段。在临床治疗中,造血干细胞应用最早,通过给完全丧失造血功能的患者输入造血干细胞获得了很好的治疗效果。应用角膜上皮干细胞在体外重建人工角膜上皮组织治疗眼表疾病也具有可行性,并已取得了初步成功。干细胞的移植是治疗血液系统疾病、先天性遗传疾病以及多发性和包括转移性恶性肿瘤疾病的最有效方法。

3.5.2　癌细胞

癌细胞实际上是一些细胞不能正常地完成分化,不受有机体控制而连续进行分裂的恶性增殖细胞。具体地说,动物体内细胞分裂调节失控而无限增殖的细胞称为肿瘤细胞;具有侵袭和转移能力的肿瘤称为恶性肿瘤;上皮细胞来源的恶性肿瘤称为癌。目前癌细胞已作为恶性肿瘤细胞的通用名称。

1. 癌细胞的特征

癌细胞的主要特征概述如下。

(1)无限地分裂增殖

在适宜的条件下,癌细胞能够无限增殖,细胞的生长与分裂失去了控制。在人的一生中,体细胞能够分裂50～60次,而癌细胞却不受限制,可以长期增殖下去形成恶性肿瘤。结果破坏了正常组织的结构与功能,打破了正常机体中稳定的动态平衡。

(2)癌细胞的形态结构发生了变化

癌细胞细胞核的显著变化就是染色体的变化。正常细胞在生长和分裂时能够维持二倍体的完整性,而癌细胞常常出现非整倍性,有染色体的缺失或增加。一般而言,正常细胞中染色体整倍性的破坏会激活导致细胞凋亡的信号,引起细胞的程序性死亡。但是癌细胞染色体整倍性的破坏,对细胞凋亡的信号已不再敏感。这也是癌细胞区别于正常细胞的一个重要指标。

(3)癌细胞膜上的糖蛋白等物质减少

一些恶性肿瘤常常会合成和分泌一些蛋白酶,降解细胞的某些表面结构,使细胞表面蛋白减少,从而降低了细胞彼此之间的黏着性。正因为癌细胞失去了黏着特性,导致癌细胞具有在有机体内分散和转移的能力。这是癌细胞的基本特征。

(4)癌细胞的间隙连接减少

细胞间失去了间隙连接,相互作用改变,癌细胞之间的通信连接有了缺陷。这样,同一组织内的细胞间就失去了通信联系,逃避了免疫监视作用,丧失了防止天然杀伤细胞的识别和攻击能力,整个组织失去了协调性。

(5)细胞死亡特性改变

当正常细胞在生长因子不足、受到毒性物质伤害、受到 X 射线照射、DNA 损伤等不良因素情况时,就会启动程序性细胞死亡,让这些细胞进入死亡途径,避免分裂产生缺陷细胞。但是,癌细胞丧失了程序化死亡机制,这也是导致癌细胞过渡增殖的主要原因之一。

(6)失去生长的接触抑制

正常细胞在体外培养时,细胞通过分裂增殖形成彼此相互接触的单层,只要铺满培养皿后就停止分裂,此现象称接触抑制或称作对密度依赖性生长抑制。在相同条件下培养的恶性细胞对密度依赖性生长抑制失去敏感性,因而不会在形成单层时停止生长,而是相互堆积形成多层生长的聚集体。这说明恶性细胞的生长和分裂已经失去了控制,调节细胞正常生长和分裂的信号对于恶性细胞已不再起作用。

2. 癌基因与抑癌基因

大量的研究表明,环境中的化学致癌物质、放射性物质、病毒等是导致癌症发生的主要因素。现代分子生物学的研究进一步证实,控制细胞生长与分裂的基因可以发生随机突变,这些突变在更多的情况下是一些环境因素作用的结果。现已知癌的发生涉及两类基因,即抑癌基因(肿瘤抑制基因)与癌基因。

抑癌基因是细胞的制动器,它们编码的蛋白质抑制细胞生长,并阻止细胞癌变。在正常的二倍体细胞中,每一种肿瘤抑制基因都有两个拷贝,只有当两个拷贝都丢失了或两个拷贝都失活了才会使细胞失去增殖的控制,只要有一个拷贝是正常的,就能够正常调节细胞的周期。从该意义上说,抑癌基因的突变是功能丧失性突变。

　　癌基因是细胞加速器,它们编码的蛋白质使细胞生长不受控制,并促进细胞癌变。大多数癌基因都是由于细胞生长和分裂有关的正常基因(原癌基因)突变而来。现代研究表明,在生物体细胞中,普遍存在着原癌基因,在正常情况下,原癌基因处于抑制状态,表达水平较低,但却是正常细胞生长、增殖必不可少的,但在某些致癌因子的影响下(如紫外线照射),使原癌基因过度表达或蛋白质产物功能改变,就有可能从抑制状态转变为激活状态成为癌基因,结果正常的细胞就会发生癌变(图 3-31)。癌症作为人类健康的"杀手",是一种死亡率很高的疾病,其发生的原因和机理很复杂,迄今仍是医学界面临的重大课题。

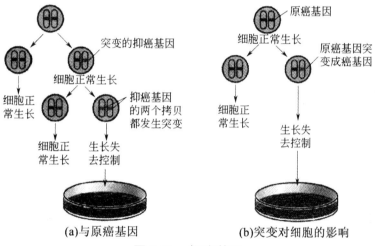

图 3-31　抑癌基因

第4章　生物的生殖与发育

4.1　生物生殖的基本类型

4.1.1　无性生殖

无性生殖是指不涉及性别,没有配子参与,不经过受精过程,直接由母体形成新个体的繁殖方式。后代的遗传物质来自一个亲本,有利于保持亲本的性状为无性生殖的优点所在。进行无性生殖的生物,基因突变和染色体变异为变异的来源。在无性生殖过程中没有基因重组。分裂生殖、出芽生殖、孢子生殖和营养生殖等为无性生殖的常见方式,如图4-1所示。

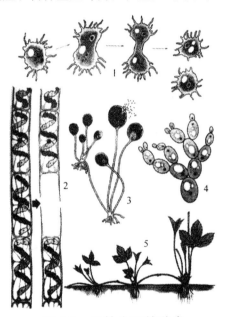

图 4-1　无性生殖的种类

1—分裂生殖;2—断裂生殖;3—孢子生殖;4—出芽生殖;5—营养生殖

1. 分裂生殖

由一个生物个体直接分裂成两个新个体,这两个新个体的大小、形状基本相同将这种生殖方式称为分裂生殖又称为裂殖。分裂生殖是单细胞生物最常见的一种生殖方式。眼虫为纵裂生殖,纵裂生殖是先从中粒或基体开始,由每个中粒产生一个新的基体及一根鞭毛,每根新鞭毛与老鞭毛根部愈合,此时核进行有丝分裂,但核膜不消失,也不形成纺锤体,接着细胞质由前端向后端分裂并复制新的细胞器,最后形成两个相似的子细胞。

2. 出芽生殖

从母体上长出芽,芽体逐渐长大,形成与母体一样的个体,并从母体上脱落下来,成为完整的新个体,这种由芽发育成新个体的生殖方式统称为出芽生殖。出芽生殖方式存在广泛,酵母菌和水螅的出芽生殖为其典型的例子。酿酒酵母菌在出芽生殖时,细胞核先进行分裂,然后一个子核进入细胞表面突出的芽体内,形成子细胞。水螅在水温适宜、食物充沛的春秋季节,通常进行出芽生殖。水螅出芽生殖的过程如下:

首先是水螅体壁向外突起,逐渐长大,形成芽体。芽体的消化腔和母体是连通的,芽体逐渐长大,形成口和触手。最后,基部收缩,与母体脱离,独立生活。

也有的水螅芽体形成后不脱离母体,然后芽体又形成芽体,如此继续便形成了一"株"水螅。"出芽生殖"中的"芽"是指在母体上长出的芽体。

3. 孢子生殖

孢子生殖是指有些生物个体生长到一定程度后能够产生一种细胞,这种细胞不经过两两结合,就可以直接形成新个体。其细胞叫做孢子。藻类、真菌及其他低等植物的主要生殖方式就是孢子生殖。

孢子生殖中的"孢子"是无性孢子,和体细胞有着相同的染色体数或 DNA 数。因此,无性孢子只可能通过有丝分裂或无丝分裂来产生。

4. 营养生殖

营养生殖是指由个体的营养器官产生出新个体的生殖方式。在自然状态下进行的营养繁殖,叫做自然营养繁殖。在人工协助下进行的营养繁殖,叫做人工营养繁殖。营养生殖能够使后代保持亲本的性状,因此,人们常用分根、扦插、嫁接等人工的方法来繁殖花卉和果树。营养生殖是利用植物的营养器官来进行繁殖,它是高等植物的一种无性生殖方式,低等的植物细胞不可能进行营养生殖。

断裂生殖是指由一个生物体自身断裂成两段或多段,每一段发育成一个新个体的繁殖方式。断裂生殖是生物体的再生作用,是生物修复机体损失的一种生理过程。

4.1.2 有性生殖

经过两性生殖细胞结合,产生合子,由合子发育成新个体的生殖方式称为有性生殖。进行有性生殖方式的生物,其生活周期中通常包括二倍体时期与单倍体时期的交替。二倍体细胞通过减数分裂产生单倍体细胞,单倍体细胞通过受精形成新的二倍体细胞。子代的遗传物质来自 2个亲本,具有 2 个亲本的遗传性,因此具有更大的生活力和变异性为有性生殖的优点所在。

1. 融合生殖

有配子融合过程的有性生殖称为融合生殖,主要有接合生殖与配子生殖等。

(1)接合生殖

接合生殖是指由两个亲本细胞互相靠拢形成接合部位,通过暂时形成的原生质桥单向地转移遗传信息,供体的部分染色体可以转移到受体的细胞中并导致基因重组,而生成接合子,由接合子发育成新个体的生殖方式。接合生殖是最原始的融合生殖。

草履虫接合生殖(图 4-2)时,每个虫体的大核消失,每个小核减数分裂生成 4 个核,其中 3 个核消失,留下的一个核分成动核和静核;动核通过接合膜交换,分别与对方的静核融合;融合后的小核经过二次有丝分裂形成 4 个核,其中 2 个核融合成 1 个大核;接合结束后,2 个虫体分开,各自经历三次核分裂和两次胞质分裂,形成 4 个新个体。

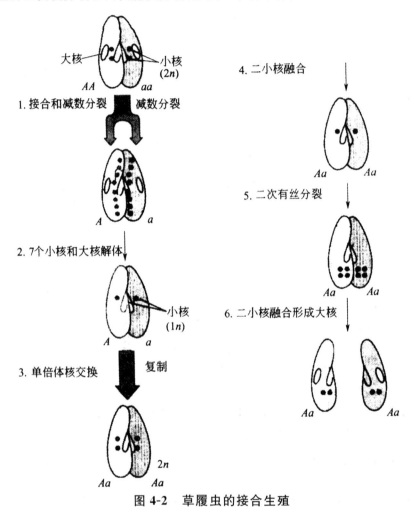

图 4-2　草履虫的接合生殖

(2)配子生殖

由营养个体产生的特化的生殖细胞称为配子,配子生殖是指配子经过两两配合后发育成新的个体,如在一定时间内找不到适当的配子配合便会死亡的生殖方式。按配子的大小、形状和性表现可分为同配生殖、异配生殖和卵式生殖三种类型。

1)同配生殖

同配生殖是指由大小、形态、结构和运动能力完全相同的两种配子相结合而进行的生殖。同配生殖的配子没有性的区分。

2）异配生殖

异配生殖是指由两种异形配子相结合而进行的生殖。异配生殖有生理和形态的异配生殖两种类型。

a. 生理的异配生殖

参加结合的配子形态上并无区别，但交配型不同，在相同交配型的配子间不发生结合，只有不同交配型的配子才能结合，且具有种特异性。

b. 形态的异配生殖

参加结合的配子形状相同，但大小和性表现不同。大的不太活泼的为雌配子，小的活泼的为雄配子，这说明已开始了性在形态上的分化。

3）卵式生殖

随着生物的进化，雄配子向着运动的方向发展，体型变小，运动器官发达，成为精子；雌配子向着静止的方向发展，体型变大，细胞质内储藏着丰富的营养物质，运动器官退化，成为卵子。卵式生殖是指由精子和卵子经过受精作用而形成受精卵，再由受精卵发育成为新个体的生殖方式。卵式生殖是在异型配子的基础上进化而来的，是高等动物唯一的自然繁殖方式。

上述各种有性生殖方式，都要通过双亲遗传物质的融合过程，因而称为融合生殖。配子是减数分裂形成的，因而其染色体数目仅有体细胞的一半，称为单倍体(n)。通过两性配子结合形成合子，合子核中的染色体又恢复到原来的数目($2n$)。下一代个体中的染色体，一半来自父本，另一半来自母本。配子生殖的进化趋势是由同配到异配，最后发展为卵配生殖。在原生动物和单细胞植物中，所有个体或营养细胞都可能直接转变为配子或产生配子，而在高等动物中，生殖细胞是由特殊的性腺产生的。由于在减数分裂和形成受精卵的过程中发生了遗传信息的重组，因而下一代个体会产生各不相同的个体特性。由此原理可以推论，交配和重组能使后代的变异性增大，对生存环境适应性增大。

2. 无融合生殖

雌雄配子不发生核融合的一种生殖方式称为无融合生殖。无融合生殖尽管发生于有性器官中，却无两性细胞的融合。

（1）动物的无融合生殖

1）单性生殖

单性生殖是指配子不经过受精而发育成新个体的生殖方式。主要是指由雌配子直接发育成新个体的孤雌生殖。孤雌生殖在动植物中是一种常见的繁殖方式。

2）幼体生殖

幼体生殖是指少数动物尚处于幼体阶段就能繁殖下一代的现象。

（2）植物的无融合生殖

无融合生殖在植物界是普遍存在的，在被子植物的36个科440种中都有发现无融合生殖现象，形式多种多样。

植物不经过雌雄配子融合而产生胚、种子进而繁衍后代的现象称为无融合生殖。以种子形式而并非单倍体营养器官进行繁殖。它分为如下两类：

第一类，减数胚囊中的无融合生殖，包括孤雌生殖、孤雄生殖和无配子生殖三种形式；

第二类，未减数胚囊中的无融合生殖，包括二倍体孢子生殖和体细胞无孢子生殖两种形式。

如果根据无融合生殖发生完全程度，可把它分为专性无融合生殖、兼性无融合生殖，前者产生的后代不分离；后者以某种频率发生有性生殖和无融合生殖。在植物中，大多数以进行兼性无融合生殖为主，只有少数植物进行专性无融合生殖。

基因的重组和分离会受到无融合生殖方式的阻碍。无融合生殖方式在植物育种工作中有着重要的应用价值。对于单倍体无融合生殖，通过人工或自然加倍染色体，就可以在短期内得到遗传上稳定的纯合二倍体，可以缩短育种年限。对于二倍体无融合生殖，可利用它固定杂种优势，提高育种效率。

4.1.3 无性生殖与有性生殖比较

无性生殖不经过两性生殖细胞的结合，由母体直接产生新个体；有性生殖要经过两性生殖细胞的结合，成为合子，由合子发育成新个体为无性生殖和有性生殖的根本区别所在。

无性生殖的优点：

①子代继承下来的遗传信息与亲代基本相同，有利于保存亲代的优良特性。

②无性生殖通常不经过复杂的有性过程和胚胎发育阶段，繁殖得很快。

③对于生物保持其固有的性状和快速地繁衍优异种群都是十分有利的。

无性生殖的缺点：

由于无性生殖的后代来自同一个基因型的亲体，遗传变异较小，因此对于外界环境变化的适应性受到了一定的限制。

有性生殖的优点：

①子代基因来自两个不同的亲代，故具有基因变化的特点。

②基因组合的广泛变异能增加子代适应自然选择的能力。

③能够促进有利突变在种群中的传播。

有性生殖与无性生殖相比具有更大的生活力和变异性。从进化的观点看生物的生殖方式是由无性生殖向有性生殖的过渡。常见的无性生殖的种类特征，如表4-1所示，常见的有性生殖的种类特征，如表4-2所示。

表4-1 常见的无性生殖

生殖的方式	特 征	举 例
分裂生殖	由一个生物个体直接分裂成两个新个体，这两个新个体的大小、形状基本相同	草履虫、变形虫、细菌
出芽生殖	母体上长出芽体，由芽体发育成和母体一样的新的个体	酵母菌、水螅
孢子生殖	真菌和一些植物细胞，能够产生一些无性生殖细胞——孢子，在适宜的条件下，孢子萌发成新的个体	青霉、曲霉、铁线蕨
营养生殖	由植物的营养器官的一部分，在与母体脱落后，发育成一个新的个体	马铃薯的块茎、蔗的根、秋海棠的叶

表 4-2　有性生殖的种类

名　称	特　征	举　例
同配生殖	结合成合子的两个配子,形态和大小相同	低等的动、植物,如藻类、真菌
异配生殖	结合成合子的两个配子,形态、大小不同,一个稍大一些,一个稍小	绿藻、原生动物
卵式生殖	一些由精子和卵细胞结合而成,精子特别小,而卵细胞特别大	高等动物、高等植物
单性生殖	在进行有性生殖的动物中,卵细胞不经受精,单独发育成子代的生殖方式	蜜蜂(雄蜂)、蚜虫、水蚤、蒲公英

4.2　被子植物的生殖与发育

现代植物中最高级、种类最多和分布最广的类群就是被子植物又称有花植物。花发育完善,有根、茎、叶、花、果实等器官为被子植物最大的特点,各个器官的形态与构造复杂多样,能适应各种各样的生存环境。被子植物的有性生殖器官为花,由花柄、花托、花被(花萼与花冠)、雄蕊群和雌蕊群所构成。花的出现代表着植物繁殖部分的一个高度进化与特征。在所有植物里是最复杂最精妙的繁殖就是被子植物的繁殖。被子植物通过有性生殖产生新个体,这是在花中进行的,是从精子、卵子的形成,经过受精作用,最后形成胚和胚乳的整个过程。经过有性生殖过程,花的一定部位形成果实和种子。

裸子植物的"花"发育不完全,胚珠是裸露在外的,直接发育成种子;而被子植物的胚珠则被封闭在雌蕊的子房内,发育成种子后被果肉包裹着,其为被子植物与裸子植物的区别。下面介绍被子植物生殖和发育的全过程。

4.2.1　花粉粒的产生

一个雄蕊由花丝和花药组成,花药里产生花粉粒。成熟的花粉粒在内部结构上有如下两种形式:

一种是含有一个营养细胞和一个生殖细胞;

另一种是含有一个营养细胞和两个精子。

精子是由生殖细胞分裂形成的,生殖细胞的分裂可能在花粉粒中进行,也可能是在花粉萌发后长出的花粉管中进行。

1. 从孢原细胞到小孢子

将早期花药横切,如图 4-3 所示,可看到花药里面有一些较大的细胞,称其为孢原细胞。孢原细胞有丝分裂产生的细胞,外侧的几层和花药的表皮细胞共同构成花药的壁,较里层的继续多次有丝分裂,产生大量细胞,称为花粉母细胞或小孢子母细胞。紧靠在小孢子母细胞外围的一层细胞构成绒毡层。以后绒毡层细胞彼此融合而成黏稠的胶状液,为花粉粒的发育提供营养物质。小孢子母细胞发生减数分裂,每个小孢子母细胞($2n$)产生 4 个单倍体的小孢子(n)。花粉粒是从小孢子开始的,所以花药又可以称为小孢子囊。

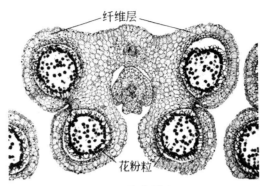

图 4-3　花药横切面

2. 从小孢子到雄配子体

成长的小孢子成圆形。每一小孢子经一次有丝分裂产生一个大的、占有大部分细胞质和细胞器的营养细胞和一个小的、只围以薄层细胞质的生殖细胞。营养细胞的液泡小，细胞质富含营养物质，供给花粉粒继续发育的需求。生殖细胞无细胞壁，完全处在营养细胞之中，利用营养细胞的供应而分裂成雄配子或精子2个细胞。到现在为止，一个含有3个细胞的成熟花粉粒，即雄配子体(n)就形成了。另一些植物，如棉花、桃、李、百合等的花粉粒只有2个细胞，它们的生殖细胞不分裂，需要等到花粉粒传到柱头上才分裂成2个精子，如图4-4所示。

花粉粒的表面有小孔，数目不定，花粉发育时所生成的花粉管就是从小孔伸出的。花粉粒很小，直径一般在15～50 pm之间，易为风力传送，或被昆虫等携带。不同植物有不同形态的花粉粒。花粉学在古植物学中以及在地层的鉴定上都是重要的依据。

4.2.2　胚囊的形成

1. 从孢原细胞到大孢子

胚珠在子房中发育。在珠心顶部靠近珠孔的一端有一个细胞核很大、原生质很浓厚的大细胞，称为孢原细胞。孢原细胞或直接发育为大孢子母细胞，或横分裂一次生成2个细胞，如图4-5所示。上面一个参加到珠心的基本组织中，下面一个成为大孢子母细胞，和花药中有很多小孢子母细胞不同，每一胚珠只有一个大孢子母细胞。

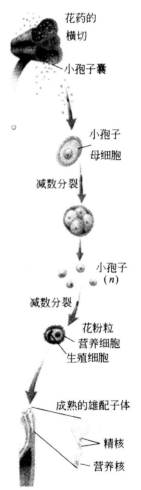

图 4-4　雄配子体的形成

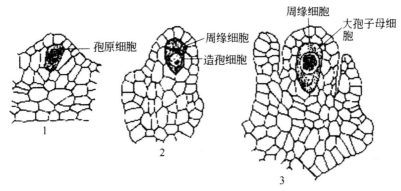

图 4-5　大孢子母细胞的发育

1,2—孢原细胞横分裂一次生成周缘细胞和造孢细胞;3—造孢细胞发育成大孢子母细胞

大孢子母细胞发生减数分裂,一个大孢子母细胞产生 4 个排成一直行的单倍体(n)细胞,其中顶端靠近珠孔的 3 个细胞退化,只有最深处的一个发育成大孢子,所以胚珠实际是一个大孢子囊。

2. 从大孢子到胚囊

单倍体的大孢子在珠心中逐渐长大,细胞核连续分裂 3 次而成 8 核(n),分别排列到靠近孔的一端和相反的一端,每端各 4 个。然后,两端各有一核移向细胞中心,共同构成含有两核的中央细胞。留在珠孔一端的 3 个核也各自围以细胞质而成为 3 个细胞,其中一个较大,为卵细胞,另外 2 个较小,称之为助细胞,远端的 3 个核也发展成细胞,为反足细胞,这个含 8 个细胞核,或由 7 个细胞构成的结构称为胚囊,或称为雌配子体。此时胚囊和它的前身——大孢子相比,已经长得很大了。一般种子植物胚囊的发育过程都是经历上述的模式。

胚囊中各细胞对卵细胞的发育都有作用。中央细胞发展成胚乳,为胚的发育提供养分。助细胞接近卵细胞,可能有吸收营养物,并将营养物传送给卵细胞的作用。

4.2.3　开花及传粉

传粉是指花药及胚囊成熟后,花冠张开,露出雄蕊和雌蕊。花药破开,花粉粒可被风力吹走,散落到柱头上,或被蜂、蝶等动物带到柱头上的过程。开花植物有性生殖的一个必要过程就是传粉。花粉只有达到柱头之后,经柱头的刺激才能继续发育,实现受精。

1. 自花传粉和异花传粉

自花传粉是指花粉落到同一朵花的柱头上,使胚珠中的卵受精。植物的自花传粉是在不具备异花传粉的条件下长期适应的结果。异花传粉是指不同植株之间的传粉,或同一植株的不同花之间的传粉。异花传粉增加了后代的遗传变异和对环境的适应能力,异花传粉的后代具有生活力强、高大、结实率高、抗逆性强的优点。自花传粉自体受精存在缺点的原因:自花传粉植物所产生的两性配子是处在同一环境条件下,两配子的遗传性缺乏分化作用,差异很小,所以融合后产生的后代生活力和适应性小。异花传粉、异体受精之所以有益,其原因在于异花传粉由于雌、雄配子是在彼此不完全相同的生活条件下产生的,遗传性具较大差异,融合后产生的后代,从而具有较强的生活力和适应性。自花传粉作为一种原始的传粉形式,之所以被保存了下来,这是因为对某些植物来说仍是有利的。在异花传粉缺乏必需的媒介力量,而使传粉不能进行的时候,自花传粉弥补了该缺点。

2. 风媒和虫媒

植物进行异花传粉,必须依靠各种外力的帮助,最为普遍的是风和昆虫。各种不同外力传粉的花,往往产生一些特殊的适应性结构,从而保证传粉成功。

(1)风媒花

风媒是指靠风力传送花粉的传粉方式,借助这类方式传粉的花,称风媒花。据估计,约有 $\frac{1}{10}$ 的被子植物是风媒的,大部分禾本科植物和木本植物中的栎、杨、桦木等都是风媒植物。风媒植物的花多密集成穗状花序、葇荑花序等,能产生大量花粉,同时散放。花粉一般质轻、干燥、表面光滑,容易被风吹送。禾本科植物如小麦、水稻等的花丝特别细长,受风力的吹动,使大量花粉吹散到空气中去。风媒花的花柱往往较长,柱头膨大呈羽状,高出花外,增加接受花粉的机会。多数风媒植物有先叶开花的习性,开花期在枝上的叶展开之前,散出的花粉受风吹送时,可以不致受枝叶的阻挡。

(2)虫媒花

虫媒是指靠昆虫为媒介进行传粉的方式,借助这类方式传粉的花,称虫媒花。多数有花植物是依靠昆虫传粉的,蜂类、蝶类、蛾类、蝇类等为常见的传粉昆虫,这些昆虫来往于花丛之间,或是以花朵为栖息场所,或是为了在花中产卵,或是采食花粉、花蜜作为食料。在这些活动中,就将花粉传送了出去。

适应昆虫传粉的花,一般具有以下特征:

①虫媒花多具特殊的气味以吸引昆虫。不同植物散发的气味不同,所以趋附的昆虫种类也不一样。

②虫媒花有各种鲜艳色彩。一般昼间开放的花多呈红、黄、紫等颜色,而晚间开放的多为纯白色,只有夜间活动的蛾类能识别。

③虫媒花在结构上也常和传粉的昆虫间形成互为适应的关系。

虫媒花的花粉粒一般比风媒花的要大;花粉外壁粗糙,多有刺突;花药裂开时不为风吹散,而是粘在花药上;昆虫在访花采蜜时容易触到,附于体周;雌蕊的柱头也多有黏液分泌,花粉一经接触,即被粘住。

3. 其他传粉方式

水生被子植物中的金鱼藻、黑藻等都是借水力来传粉,这类传粉方式称水媒。例如苦草属植物是雌雄异株的,它们生活在水底,当雄花成熟时,大量雄花自花柄脱落,浮升水面开放,同时雌花花柄迅速延长,把雌花顶出水面,当雄花飘近雌花时,两种花在水面相遇,柱头和雄花花药接触,完成传粉和受精过程,以后雌花的花柄重新卷曲成螺旋状,把雌蕊带回水底,进一步发育成果实和种子。

4. 人工辅助授粉

异花传粉通常容易受到环境条件的限制,得不到传粉的机会,从而降低传粉和受精的机会,使果实和种子的产量受到影响。在农业生产上常采用人工辅助授粉的方法,从而克服由于条件不足而使传粉得不到保证的缺陷,达到预期的产量。在品种复壮的工作中,也需要采取人工辅助授粉,以达到预期的目的。人工辅助授粉可以大量增加柱头上的花粉粒,使花粉粒所含的激素相对总量有所增加,酶的反应也相应有了加强,起到促进花粉萌发和花粉管生长的作用,受精率可以得到很大提高。

人工辅助授粉的具体方法在不同作物上有所不同,一般是先从雄蕊上采集花粉,然后撒到雌蕊柱头上,或者将收集的花粉在低温和干燥的条件下加以储藏,留待以后再用。

4.2.4　花粉发育和受精

1. 花粉粒在柱头上的萌发

花粉粒的萌发是指落在柱头上的花粉粒,被柱头分泌的黏液所粘住,以后花粉的内壁在萌发孔处向外突出,并继续伸长,形成花粉管的过程。促使花粉粒萌发并长成花粉管的因素是多方面的,包括柱头的分泌物和花粉本身储存的酶和代谢物。柱头分泌的黏性物质可以促使花粉萌发,并防止花粉由于干燥而死亡。由于分泌物的组成成分随植物种类而不同,因而对落在柱头上的各种植物花粉产生的影响也不同。

落到柱头上的花粉虽然很多,然而并不是所有的都能萌发;任何一种植物开花时可以接受本种植物的花粉,同时也可能接受不是同种植物的花粉。不管是同种的(种内)或不同种的(种间),只有交配的两亲本在遗传性上较为接近,才有可能实现亲和性的交配。

在自交和杂交过程中由于受精的不亲和性,导致不孕,给育种工作造成困难,所以近期来在克服不亲和性的障碍方面进行了研究,已有多种措施可以采用。

2. 花粉管的生长

落在柱头上的花粉,如果与柱头的生理性质是亲和的,经过吸水和酶的促进作用后,便开始萌发,形成花粉管。由于花粉粒的外壁性质坚硬,包围着内壁四周,只有在萌发孔的地方留下伸展余地,所以花粉的原生质体和内壁在膨胀的情况下,一般向着一个萌发孔突出,形成一个细长的管子,称为花粉管。虽然有些植物的花粉具几个萌发孔,可以同时长出几个花粉管,但只有其中的一个能继续生长下去,其余都在中途停止生长(图 4-6)。

花粉管有顶端生长的特性,它的生长只限于前端 3～5 pm 处,形成后能继续向下引伸,先穿越柱头,然后经花柱而达子房。与此同时,花粉粒细胞的内含物全部注入花粉管内,向花粉管顶端集中,若是三细胞型的花粉粒,营养核和 2 个精子全部进入花粉管中,而二细胞型的花粉粒在营养核和生殖细胞移入花粉管后,生殖细胞便在花粉管内分裂,形成 2 个精子。花粉管通过花柱到达子房的途径:

①一些植物的花柱中间成空心的花柱道,花粉管在生长时沿着花柱道表面下伸,到达子房。

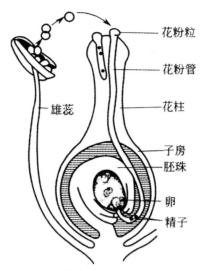

花粉粒

花粉管

花柱

子房
胚珠

卵
精子

雄蕊

图 4-6　松属的传粉作用和花粉管的生长

②花柱并无花柱道,而为特殊的引导组织或一般薄壁细胞所充塞,花粉管生长时需经过酶的作用,将引导组织或薄壁组织细胞的中层果胶质溶解,花粉管经由细胞之间通过。

花粉管在花柱中的生长,除利用花粉本身储存的物质作营养外,也从花柱组织吸取养料,作为生长和建成管壁合成物质之用。花粉管的生长集中在尖端部分,离花粉管顶端越远的部分越见衰老。

花粉萌发和花粉管的生长速度在不同植物种类和外因条件的变化有所不同,所以从传粉到受精的时间也有所差异。木本植物的花粉管生长较慢;通常农作物的花粉萌发和生长速度则较快。这些差异要由遗传性决定。但除此之外,如花粉质量的好坏、传粉时气温的高低和空气的相对湿度等因素的影响也可使速度有所改变。

花粉管到达子房以后,或者直接伸向珠孔,进入胚囊,或者经过弯曲,折入胚珠的珠孔,再由珠孔进入胚囊,统称为珠孔受精。也有花粉管经胚珠基部的合点而达胚囊的,称为合点受精。珠孔受精是一般植物所有,合点受精是少见的现象,榆、胡桃的受精即属该类型。此外,也有穿过珠被,由侧道折入胚囊的,称中部受精,这种受精十分少见。无论花粉管在生长中取道哪一条途径,最终总能准确地伸向胚珠和胚囊,一般认为在雌蕊某些组织,如珠孔道、花柱道、引导组织和助细胞等存在某种化学物质,以诱导花粉管的定向生长,为该现象产生的原因所在。

3. 双受精过程

花粉管经过花柱,进入子房,直达胚珠,然后穿过珠孔,进而伸向胚囊。在珠心组织较薄的胚珠里,花粉管可立即进入胚囊,但在珠心较厚的胚珠里,花粉管需先通过厚实的珠心组织,才能进入胚囊。

不同植物,尽管其花粉管进入胚囊的途径不同,然而都与助细胞存在一定关系。有从卵和助细胞之间进入胚囊的;有穿入 1 个助细胞中,然后进入胚囊的;或是破坏 1 个助细胞作为进入胚囊通路的;或是从解体的助细胞进入的。花粉管进入胚囊后,管的末端即行破裂,将精子及其他内容物注入胚囊。

　　花粉管中的两个精子释放到胚囊中后,接着发生精子和卵细胞以及精子和 2 极核的融合。2 精子中的 1 个和卵融合,形成受精卵,将来发育为胚。另 1 个精子和 2 个极核融合,形成初生胚乳核,以后发育为胚乳。被子植物有性生殖的特有现象是双受精即卵细胞和极核同时和 2 个精子分别完成融合,如图 4-7 所示。

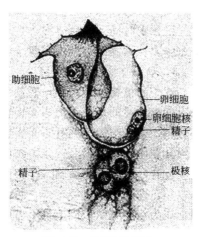

图 4-7　双受精现象

　　与卵细胞结合的精子,在进入卵细胞与卵核接近时,精核的染色体贴附在卵核的核膜上,然后断裂分散,与此同时出现 1 个小的核仁,后来精核和卵核的染色质相互混杂在一起,雄核的核仁也和雌核的核仁融合在一起,此时受精过程结束。另 1 个精子和极核的融合过程与上述两配子的融合是基本相似的,精子初时也呈卷曲的带状,以后松开与极核表面接触,2 组染色质和 2 核仁合并,整个过程完成。精子和卵的结合与精子和极核结合相比较为缓慢,因此精子和次生核的合并完成得较早。

　　被子植物的双受精使 2 个单倍体的雌、雄配子融合在一起,形成 1 个二倍体的合子,恢复了植物原有的染色体数目;其次,双受精在传递亲本遗传性,加强后代个体的生活力和适应性方面是具有较大的意义的。精、卵融合形成具双重遗传性的合子。因为配子间相互同化,从而形成后代,后代可能存在一些新的变异。通过受精的极核发展成的胚乳是三倍体的,同样兼有父本、母本的遗传特性,作为新生一代胚期的养料,可以为巩固和发展这一特点提供物质条件。

　　4. 受精的选择作用

　　只有能和柱头的生理、生化作用相协调的花粉粒,才能萌发,卵细胞也只能和生理、生化相适应的精子融合在一起。从而可知,被子植物的受精过程是具有选择性的,这种对花粉和精子的选择性是植物在长期的自然选择作用下保留下来的,也是被子植物进化过程中的一个重要现象。因此,尽管雌蕊柱头上可以留有不同植株和不同植物种类的花粉,但是,只有适合于这一受精过程的植物花粉,才能产生效果。

　　达尔文曾经指出,受精作用若不存在选择性,就不可能避免自体受精和近亲受精的害处,也不可能得到异体受精的益处。实践证明,如果利用不同植株,甚至不同种类的混合花粉进行授粉,只有最适合于柱头和胚囊的花粉有尽先萌发的可能,避免了接受自己花上的花粉粒。因此,利用混合授粉、人工辅助授粉从而达到提高产量的目的,克服自交和远缘杂交的不亲和性,提高后代对环境的适应能力,已受到广泛的重视。选择受精的理论为选种和良种繁育工作奠定了基础。

在被子植物中,双精入卵和多精入卵的例外情形也有发现,附加精子进入卵细胞后,改变了卵细胞的同化作用,使胚的营养条件和子代的遗传性发生变化。

4.2.5 胚的发育

受精之后,子房和胚珠继续发育而成果实和种子。花的其他部分都逐渐萎蔫、脱落。$3n$ 的胚乳核连续分裂而产生很多含有丰富营养物质的胚乳细胞,它们只为胚的发育提供营养物质,并不参与胚的形成。受精卵或合子要经过一段休眠时间才开始分裂、生长、分化而成胚,原胚是指胚在没有出现器官分化的阶段。双子叶植物和单子叶植物在原胚发展为胚的过程,存在差异。

1. 双子叶植物胚的发育

双子叶植物的合子经短暂休眠后,不均等地横向分裂为 2 个细胞,靠近珠孔端的是基细胞,远离珠孔的是顶端细胞。基细胞略大,经连续横向分裂,形成一列由 6～10 个细胞组成的胚柄,这些细胞之间通过胞间连丝沟通。电子显微镜观察胚柄细胞壁有内突生长,犹如传递细胞,细胞内含有未经分化的质体。顶端细胞先要经过两次纵分裂成为 4 个细胞,也就是四分体时期;然后各个细胞再横向分裂一次,成为 8 个细胞的球状体,也就是八分体时期。八分体的各细胞先进行一次平周分裂,再经各个方向的连续分裂,从而成为一团组织。上述各个时期都属原胚阶段。以后由于这团组织的顶端两侧分裂生长较快,形成 2 个突起,迅速发育,成为 2 片子叶,又在子叶间的凹陷部分逐渐分化出胚芽。与此同时,胚根原细胞和球形胚体的基部细胞也不断分裂生长,一起分化为胚根。胚根与子叶间的部分即为胚轴。该阶段的胚体,在纵切面看,有点像心脏形。不久,由于细胞的横向分裂,使子叶和胚轴延长,而胚轴和子叶由于空间的限制也弯曲成马蹄形,如图 4-8 所示。至此,一个完整的胚体已经形成,胚柄也就退化消失。

2. 单子叶植物胚的发育

单子叶植物胚的发育与双子叶植物胚的发育情况存在异同。下面我们以小麦胚的发育为例,如图 4-9 所示,说明单子叶植物胚的发育过程。

小麦合子的第一次分裂是斜向的,分为 2 个细胞,接着 2 个细胞分别各自进行一次斜向的分裂,成为 4 细胞的原胚。以后,4 个细胞又各自不断地从各个方向分裂,增大了胚体的体积。在 16—32 细胞时期,胚呈现棍棒状,分化为胚柄,整个胚体周围由一层原表皮层细胞所包围。经过不久,在棒状胚体的一侧出现一个小形凹刻,就在凹刻处形成胚体主轴的生长点,凹刻以上的一部分胚体发展为盾片。因为此部分生长较快,所以很快突出在生长点之上。生长点分化后不久,出现了胚芽鞘的原始体,成为一层折叠组织,罩在生长点和第一片真叶原基的外面。同时,在胚体的子叶相对的另一侧,形成一个新的突起,并继续长大,成为外胚叶。由于子叶近顶部分细胞的居间生长,所以子叶上部伸长很快,不久成为盾片,包在胚的一侧。胚芽鞘开始分化出现的时候,就在胚体的下方出现胚根鞘和胚根的原始体,由于胚根与胚根鞘细胞生长的速度不同,所以在胚根周围形成一个裂生性的空腔,随着胚的长大,腔也不断地增大。至此,小麦的胚体已基本上发育形成。在结构上,它包括一张盾片,位于胚的内侧,与胚乳相贴近。茎顶的生长点以及第一片真叶原基合成胚芽,外面有胚芽鞘包被。相对于胚芽的一端是胚根,外有胚根鞘包被。在与盾片相对的一面,可以见到外胚叶的突起。有的禾本科植物如玉米的胚,不存在外胚叶。

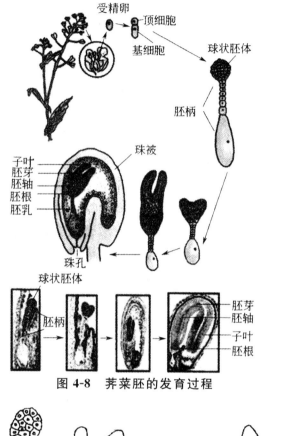

图 4-8 荠菜胚的发育过程

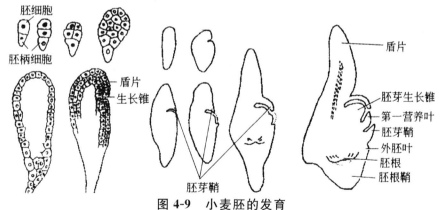

图 4-9 小麦胚的发育

4.2.6 种子和果实

1. 种子

胚珠发育而成种子。胚珠中的胚继续发育长大,占据胚珠的大部分。珠被发育成种皮。通过观察成熟的种子,可发现其上有保留下来的珠孔。种皮多含石细胞和纤维等机械组织,大多干而有韧性。有些植物的种皮是肉质的,石榴种子外面的可食部分其实是种皮。

　　成熟种子的组成包括三部分:胚、胚乳和种皮。种子最重要的部分是胚,它是新植物的原始体,来自受精卵。发育完全的胚的组成包括四部分:胚芽、胚根、胚轴和子叶,如图 4-10 所示。然而,被子植物的种子,即在合子发育成种子的过程中,某些结构发生了变化,产生了四种不同类型的种子。按照胚中子叶数目分为单子叶种子和双子叶种子。在这两种类型中,按照成熟种子内胚乳的有无,将种子分为有胚乳种子和无胚乳种子两类。少数植物种子在形成的过程中,胚珠中的一部分珠心组织保留下来,在种子中形成类似胚乳的营养组织,称外胚乳,外胚乳与胚乳来源不同,然而在其功能上却是相同的。

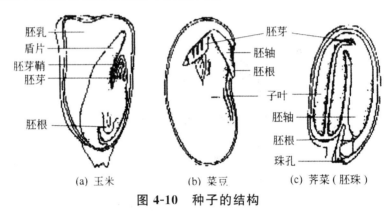

图 4-10　种子的结构

2. 果实

　　胚珠在继续发育的过程中,能分泌物质,刺激包在胚珠外面的子房壁发育成为果皮。真果是指单纯由子房发育成的果实。真果结构包括两部分:果皮和种子。果皮由子房壁发育形成,包在种子的外面,一般又可分为三层:外果皮、中果皮、内果皮,由于各层质地不同而形成不同的果实类型,如图 4-11 所示。

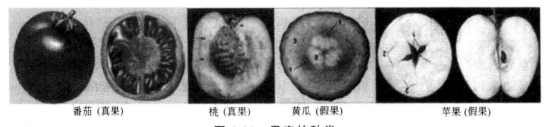

图 4-11　果实的种类

　　种子和果实都是植物的繁殖器官。通常,种子是卵受精后,直接由胚珠发育而成,没有子房壁参加。果实则不同,它除了有种子的成分之外,还有子房壁及花的其他部分也参加了进来。尽管称之为种子,然而由于其有子房壁的成分参加发育,所以为果实。

　　很多植物的果实除子房和其中的种子外,还包含花的其他部分,由子房和花的其他部分共同参与形成的果实称为假果。如西瓜、冬瓜等的肉质部分是由子房和花托共同发展来的,梨和苹果等可食部分来自花托和花被,真正的果皮在肉质部分以内,紧邻种子的地方。草莓的食用部分主要是肥厚的花托,花托上密生小而硬的瘦果,每个瘦果含一个种子。

果实的种类繁多,可根据果皮是否肉质化分为两大类肉果和干果,每类又可分为多种。花生、豆荚均为干果,西瓜、葡萄、梨、苹果等为肉果。

通常情况下,植物总是在受精之后,在新生种子分泌的激素刺激下才能结实。也存在无子果实即植物不受精也能结实,但果实中不含种子,如香蕉、无子葡萄、无子橘等。这些植物可能都是来自能产生种子的祖先。由于植株或个别枝条发生了突变,不再受精,而产生了无子果实。

3. 果实和种子的传播

各种植物的果实和种子多种多样,但均具有共同的特性就是适应本植物种子向远处散播。这对植物的生存很大影响。若种子不能散布开来而密集一处,植物发育由于相互竞争有限的资源必将受到阻碍。

柳絮是带有绒毛的种子。蒲公英果实上有伞状冠毛,果实可在空中飘荡,随风飞向远方。槭树果实有平扁的两翼,榆树果实形如圆钱,这类果实都可借风力而远扬。水生植物的种子为适应水中环境,结构也很特别。睡莲的黑色种子,外面包有一层像海绵袋一样充满空气的外种皮。种子凭借外种皮的浮力,可以随波逐流浮于水面,直至外种皮内的空气漏尽,才沉入水底,从而生长发育。椰子果皮内有毛发一样的纤维组织,充满了空气,也可使椰子浮于水面不致下沉。该种结构有利于其长途航行被海潮冲到遥远的海岸。果实中的种子在盐分高的海水中不萌发,然而却能长时间存活。等到果实被海浪抛上海滩后,种子经雨水冲洗就可萌发生长。

种子接触水后,吸水膨胀,种皮软化且通透性增加,使外界的氧气容易进入胚和胚乳。在酶的作用下,储存在子叶或胚乳中的营养物质被分解。胚得到营养,促使细胞加快分裂速度,体积迅速增大。胚根首先突破种皮发育成根;胚轴也伸长,并弯曲着拱出地面;子叶展开露出胚芽,胚芽渐渐发育成茎和叶。

4.2.7　被子植物的生活史及世代交替

多数植物在经过一个时期的营养生长以后,便进入生殖阶段,这时在植物体的一定部位形成生殖结构,产生生殖细胞进行繁殖。植物在一生中所经历的发育和繁殖阶段,前后相继,有规律地循环的全部过程,称为生活史或生活周期。

被子植物的生活史,一般可以从一粒种子开始。种子在形成以后,经过一个短暂的休眠期,在获得适宜的条件下,便萌发为幼苗,并逐渐长成具根、茎、叶的植体。经过一个时期的生长发育以后,一部分顶芽或腋芽转变为花芽,形成花朵,由雄蕊的花药里生成花粉粒,雌蕊子房的胚珠内形成胚囊。花粉粒和胚囊又各自分别产生雄性精子和雌性的卵细胞。经过传粉、受精,1 个精子和卵细胞融合,成为合子,以后发育成种子的胚;另 1 个精子和 2 个极核结合,发育为种子中的胚乳。最后花的子房发育为果实,胚珠发育为种子。种子中孕育的胚是新生一代的雏体。因此,一般把"从种子到种子"这一全部历程,称为被子植物的生活史或生活周期。双受精是被子植物生活史的突出特点。

被子植物的生活史存在如下两个基本阶段:

一个是二倍体植物阶段($2n$),一般称为孢子体阶段,这就是具根、茎、叶的营养体植株。这一阶段是从受精卵发育开始,一直延续到花里的雌雄蕊分别形成胚囊母细胞和花粉母细胞进行减数分裂前为止。在整个被子植物的生活周期中,该阶段占了绝大部分时间。该阶段植物体的各部分细胞染色体数均为二倍的。孢子体阶段也称为无性世代。

另一个是单倍体植物阶段(n),一般可称为配子体阶段,或有性世代,这阶段由大孢子母细胞经过减数分裂后形成的单核期胚囊,和小孢子母细胞经过减数分裂后,形成的单核期花粉细胞开始,一直到胚囊发育成含卵细胞的成熟胚囊,和花粉成为含 2 个(或 3 个)细胞的成熟花粉粒,经萌发形成有两个精子的花粉管,到双受精过程为止。该阶段占有生活史中的极短时期,且不能脱离二倍体植物体而生存。由精卵融合生成合子,使染色体又恢复到二倍数,生活周期重新进入到二倍体阶段,完成了一个生活周期。

被子植物生活史中的两个阶段,二倍体占整个生活史的优势,单倍体只是附属在二倍体上生存,这是被子植物和裸子植物生活史的共同特点。然而被子植物的配子体与裸子植物的相比更加退化,而孢子体更为复杂。二倍体的孢子体阶段和单倍体的配子体阶段在生活史中有规则的交替出现的现象,该现象称之为世代交替。

整个生活史的关键为被子植物世代交替中出现的减数分裂和受精作用,它们也是两个世代交替的转折点。被子植物简单的世代交替图解,如图 4-12 所示。

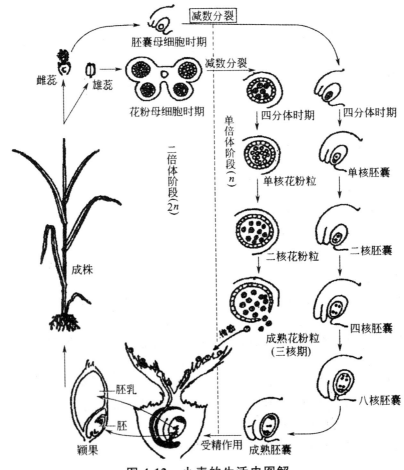

图 4-12 小麦的生活史图解

动物和植物不同,多细胞动物不存在配子体或单倍体的动物体。动物界中也有"世代交替",如腔肠动物的水螅体和水母体的交替,但意义完全不同。

4.3　人和高等动物的生殖与发育

4.3.1　雄性生殖系统

雄性生殖系统,如图 4-13 所示,主要包括精巢和输精管。除硬骨鱼之外,凡以中肾为排泄器官的脊椎动物,其中肾导管兼有输精的机能。在羊膜动物,中肾为后肾所取代,此时中肾导管的排泄作用已完全消失,改为专用的输精管。精巢中含有许多精曲小管精子在管中发育成熟后,经附睾入输精管而排到体外。哺乳类动物的精子由输精管进入尿道,通过交接器排出去。所以雄性哺乳类动物的尿道既输送尿液,也输送精液。

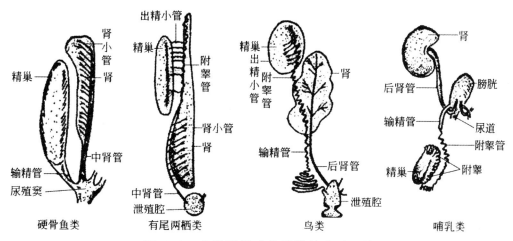

图 4-13　几种脊椎动物的雄性生殖系统

1. 精子

(1)精子发生

睾丸产生精子,在充分发育的睾丸横切面(图 4-14),可以看到在精曲小管内处于不同发育阶段的生殖细胞。精曲小管的内壁是精上皮。精上皮是产生精子的组织,其中的精原细胞产生精子。每个精原细胞含有染色体的数目与体细胞数的相同。精原细胞连续进行有丝分裂而成多个精原细胞。其中一部分仍保留为精原细胞,另一部分精原细胞略微增大,染色体进行复制,精原细胞成为初级精母细胞。初级精母细胞立即进入第一次减数分裂的前期,并在逐步发育过程中向精曲小管的中心推移。初级精母细胞完成了前期Ⅰ的联会、染色体交换等各过程之后,分裂而成 2 个次级精母细胞。次级精母细胞第二次减数分裂而成 4 个单倍体的精细胞。精细胞不再分裂,每一精细胞分化发育而成一个精子。

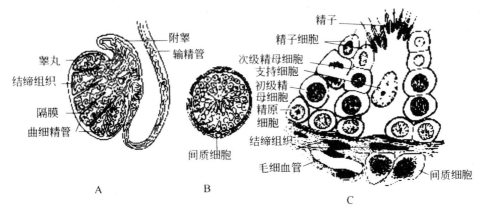

图 4-14　人的睾丸

A—睾丸纵切；B—精曲小管横切面；C—精曲小管横切面放大

另外，位于精曲小管基础膜上的一层细胞是精原细胞和精原细胞之间的支持细胞。支持、营养和保护生精细胞为支持细胞的主要作用，利于它们由精原细胞顺利地分化为精子。间质细胞位于睾丸间质内，成群或单个存在。这种细胞主要是在青春期后由睾丸间质内成纤维细胞逐渐演化而成，并且数目随着年龄的增加而逐渐下降。间质细胞的主要功能是分泌雄性激素，包括睾丸酮、双氢睾酮以及雄甾二酮、去氢异雄酮等。这些激素的作用：

①维持雄性第二特征、促进附属性腺的发育。

②促进精子的发育和成熟。

间质细胞的功能主要受垂体分泌的黄体生成素（LH）的调节，并易受温度、放射线和药物的影响。

（2）精子结构和精子运动

绝大多数动物的精子都是同一类型的，一般都可分为三部分：头、中段和尾，如图 4-15 所示。头部是染色体集中的地方，细胞质很少。染色体紧密聚集，因而头很小，便于进入卵子。头前端是一个顶体泡，由高尔基体分化而成。顶体泡中含有多种水解酶和糖蛋白，如透明质酸酶、酸性磷酸酶、顶体素，ATP 酶、放射冠穿透酶等，总称为顶体酶，使精子在雌性生殖道内获能并出现顶体反应，其中以透明质酸酶与顶体素在受精过程中所起作用最大。顶体反应是精子和卵子结合必不可少的条件，在受精过程中顶体中的酶有助于精子穿透卵子的外壳。透明质酸酶能溶解卵泡细胞之间的基质。顶体素是一种以酶原的形式存在的类胰蛋白酶。当发生顶体反应时，顶体素原被激活成有活性的顶体素并释放，并与其他物质一起，参与了精子穿过透明带的机制，从而完成精卵结合，实现受精。头后有 2 个中心粒，尾长，结构和鞭毛一样：外面有鞘包围，中心是一条轴丝，围绕于轴丝之外有 9 列微管。头尾之间是中段，很短，线粒体位于其中。线粒体成一螺旋，围绕于轴丝之外。精子体小灵活，游泳能力很强。

当精子成熟后，从精曲小管进入附睾，每一附睾是由一条盘成一团的细管所构成。精子储藏于附睾之中。附睾与输精管相连，输精管通入尿道。两条输精管各连有一个盲管状的精囊腺或称储精囊。两输精管与尿道会合处有前列腺。储精囊分泌物加上前列腺等少量分泌物共同构成精液。

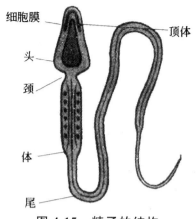

图 4-15　精子的结构

切断输精管为男子节育的一个方法。该方法不影响睾丸产生精子，只使精子不能输出而死亡。

2. 雄激素

雄激素是促进雄性生殖器官的成熟和第二性征发育并维持其正常功能的一类激素。雄激素由睾丸产生，另外，肾上腺皮质、卵巢也能分泌少量的雄激素。

医疗上所应用的雄激素都是人工合成品。雄激素是一类类固醇化合物，主要由睾丸间质细胞产生。睾丸间质细胞分泌的真正雄激素是睾酮，其他一些雄激素则可能是睾酮生成时的中间产物或睾酮的代谢产物。雄激素的主要作用是刺激雄性外生殖器官与内生殖器官发育成熟，并维持其机能，刺激男性第二性征的出现，同时维持其正常状态。新近的研究还提示，睾酮在精子生成和成熟过程中也十分重要；雄激素对代谢也有作用，主要是促进蛋白质的合成特别是肌肉和骨用力以及生殖器官的蛋白质合成，同时还能刺激细胞的生成。当睾丸功能低下时，可用雄激素补充治疗。

临床上常用雄激素类药物治疗慢性消耗性疾病及再生障碍性贫血。

睾丸间质细胞的睾酮分泌受下丘脑-垂体的调节。

4.3.2　雌性生殖系统

雌性生殖系统，如图 4-16 所示，主要包括卵巢和输卵管。除硬骨鱼之外，卵巢和输卵管并不直接相连。卵子在卵巢中成熟后，先排到体腔内，由此经输卵管排出体外或暂留管内。在哺乳动物以下的动物种类，两条输卵管分别开口于泄殖腔。但是在高等哺乳类动物中并不存在泄殖腔，输卵管分化为喇叭管、子宫和阴道等部分。输卵管末段的转化物就是子宫。

鸟类具有比较特殊的卵巢和输卵管，一般只是左侧的特别发达，右侧的已退化。

雌性生殖系统具有附属腺体。鸟卵中的蛋白质就是卵管腺的分泌物，蛋壳则为壳腺所分泌。

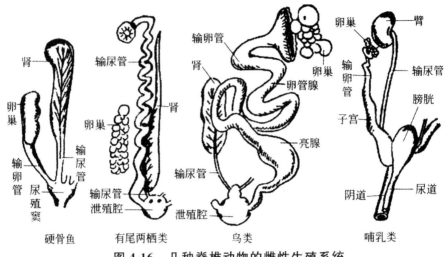

图 4-16　几种脊椎动物的雌性生殖系统

1. 卵子发生

卵巢产生卵子,从卵巢的切面上(图 4-17)可以看到卵巢的外层中有许多不同发育阶段的卵泡。最年幼的卵泡中央是一个较大的细胞,即初级卵母细胞,将来发育成卵。初级卵母细胞的外面围以卵泡上皮。卵泡上皮最初只是一层细胞,以后陆续增多,给卵细胞提供多种生长必需的物质,分泌雌激素是卵泡上皮的作用。初级卵母细胞来自卵原细胞。人早在胚胎时期,卵原细胞就已陆续分裂分化而产生了初级卵母细胞。

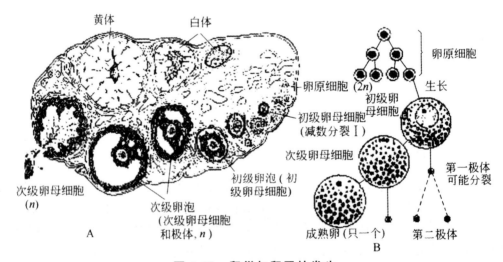

图 4-17　卵巢与卵子的发生

A—卵巢横截面;B—卵子的发生

初生女婴的两个卵巢中的初级卵母细胞都已进入了第一次减数分裂的前期时期,但是停留在前期Ⅰ阶段不再发育,直到女孩进入性成熟时期,通过性激素刺激初级卵母细胞才苏醒过来,重新继续发育。

初级卵母细胞"苏醒"后,细胞质中陆续积累卵黄、mRNA 和酶等物质而逐渐长大,同时卵泡上皮的细胞也在增多,并且细胞间出现了液泡,从而卵泡逐渐增大。在此期间,初级卵母细胞完成了第一次减数分裂而成次级卵母细胞和极体 2 个细胞。其中极体可以再分裂,但不能受精发育。

从卵巢中排出的"卵"其实是次级卵母细胞。第一极体和次级卵母细胞一同排出。次级卵母细胞进入输卵管后,在输卵管中进行第二次减数分裂。这次分裂要在受精之后,在精子核进入次级卵母细胞之后进行。分裂的结果和第一次一样,只产生一个有效的大细胞,即卵细胞,以及一个不能受精的极体。

因此,一个初级卵母细胞减数分裂的结果只产生一个单倍体的卵,其余 3 个细胞均无效。卵是含有丰富营养物质的大细胞。极体是没有什么营养物质、很小的细胞。把 4 个细胞的营养物质集中到一个细胞中去,从而保证该细胞的发育。

2. 卵细胞或卵

人体内最大的细胞就是卵细胞,呈球形,直径可达 0.1 mm,几乎用肉眼就可以看见。卵细胞的细胞质中含有丰富的卵黄。磷脂、中性脂肪和蛋白质为卵黄的主要成分。

卵(图 4-18)不能运动,细胞质多,核糖体十分丰富,同时还含有大量的 mRNA。这些 mRNA 只有在受精之后才能发挥作用,合成蛋白质。鸟类和爬行类的卵都含有丰富的卵黄。鸡蛋的蛋黄部分是一个卵细胞,其中绝大部分是卵黄,只有一小部分是细胞核和核周围的物质,该部分称为胚盘。卵是极化的细胞,胚盘所在的一极称为动物极,相反的一极为植物极。这种卵黄大量集中于一极的卵称为端黄卵。鱼类、两栖类、爬行类和鸟类的卵都是端黄卵。节肢动物,特别是昆虫的卵,卵黄不在一端而集中于卵的中央,这种卵称为中黄卵。大多数无脊椎动物、头索动物、尾索动物以及高等哺乳动物的卵含卵黄较少,卵黄均匀分布于卵中,这种卵称为均黄卵。这种卵黄含量在不同动物中有所不同的情况和不同动物的不同发育条件是一致的。鸟类和爬行类的胚胎是在体外发育的,卵内有丰富的营养物,卵外有坚固的厚壳保护胚胎。两栖类和多数昆虫的发育有变态,有幼虫阶段,幼虫能自己获取食物,所以它们的卵只含少量卵黄。青蛙、蟾蜍等的卵在水中发育,卵外只有胶质壳而无硬壳,昆虫大多在陆地产卵,卵外有硬壳保护。哺乳类的卵在母体内发育,卵在最初几次分裂期间,所需的营养物取自卵中的卵黄。等到卵受精种入母体的子宫壁后,受精卵发育所需物质就全部取自母体,因而卵中卵黄很少。

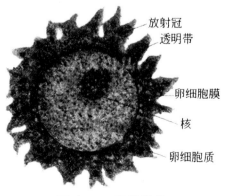

放射冠
透明带
卵细胞膜
核
卵细胞质

图 4-18　卵的结构

3.排卵和发情

大多数哺乳动物有一定的发情期,排卵、受精、怀孕均在发情期。野生哺乳动物大多每年有一个发情期。发情期的生理变化都是为受精和为受精卵的发育提供适宜的环境。

人的发情期并不固定。男性在性成熟之后可持续终生排精,女性是周期性排卵,即每隔28天左右排卵一次。发情和排卵都是受性激素控制的。

4.雌激素

卵巢和睾丸一样,具有产生卵子和分泌雌激素两重功能。如果将卵巢切除,此时动物就不能性成熟,不能发情,第二性征均不能出现。此时如植入卵巢,第二性征可重新出现。

卵巢分泌的激素是:

①雌激素。刺激子宫壁的生长,使子宫壁增厚,为植入受精卵做准备。在性成熟之前,雌激素有促进第二性征发育的功能。

②孕酮。黄体产生的激素,其作用是使子宫内膜进一步发展,以使受精卵能够植入和促进乳腺发育等。

卵巢激素的分泌受腺垂体控制的。腺垂体分泌的黄体生成素(LH)和促卵泡激素(FSH)既能刺激睾丸的激素分泌,也能刺激卵巢的激素分泌。刺激孕激素的分泌和促进黄体生成和排卵为黄体生成素的作用。促卵泡激素的作用是刺激卵泡生长和卵子发生,也刺激卵泡激素的分泌。

5.月经周期

通常女性在十二三岁时性成熟,开始出现月经,排卵,一直持续到50岁左,月经停止,不再排卵,生殖能力消失。女性从性成熟到生殖能力消失期间,卵巢功能变化呈现周期性,表现为卵泡的生长发育,排卵与黄体形成,周而复始,在卵巢甾体激素周期性分泌的影响下,子宫内膜发生周期性剥落,产生流血现象,称为月经,女性生殖周期也称为月经周期。哺乳动物也有类似周期,称为动性周期。

一个月经周期是指从出血第一天到下一次出血,通常一个月经周期大约28天,其中出血时期约四五天,称为月经期。此时卵泡迅速长大,初级卵母细胞长大并进行第一次减数分裂。月经期后,卵巢进入卵泡期。该时期长大的卵泡大量分泌雌激素,在雌激素的作用下,子宫内膜重新生长、变厚,血管增多,为接受受精卵做准备。关于激素、排卵和月经周期三者的时间关系,如图4-19所示。

卵泡继续长大,出现很大的液泡,逐渐移至卵巢表膜下面破开,排出已经完成第一次减数分裂的卵细胞,即次级卵母细胞。此时,已到月经周期的中间。此时如有精子进入,就有可能实现受精而成为受精卵。通常情况下每一个月,两个卵巢只有一个卵泡成熟,即只排出一个卵,其他几个已经发育的卵泡就都退化了。排卵后,FSH和LH的分泌都急剧下降。此时卵泡上出现了LH的受体,排卵后残余的卵泡细胞经LH的刺激,发育成一团黄色颗粒细胞,即黄体。因此,从排卵以后直到第二次月经期称为黄体期。黄体是内分泌腺,除分泌雌激素外,还分泌孕激素。雌激素和孕激素一同刺激子宫内膜,使进一步发展,做好接受受精卵的准备,同时还抑制其他卵泡的发育,防止新的排卵。卵排出后,若和精子相遇而受精,黄体就继续分泌孕激素,使受精卵能种植于子宫膜中而继续发育。然而若黄体损伤,此时胚胎就不能存留,从而导致流产。若卵没有受精,黄体到了第 27 天左右退化,孕激素的水平随之降低,由于缺少孕激素增厚的子宫内膜不能保持,结果血管破裂,子宫内膜从子宫壁上剥离,出血,而进入第二个月经周期。一般黄体寿命为 12～16 天,平均 14 天。前一个周期的黄体需经过 8～10 周才能完成其退化的全过程,最后细胞被吸收,组织纤维化,外观色白,称为白体。

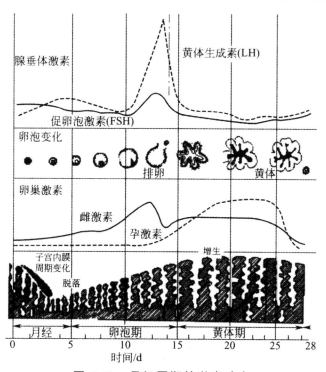

图 4-19　月经周期的激素动态

月经周期的激素控制较为复杂,其中下丘脑起着总枢纽的作用。下丘脑控制腺垂体分泌FSH 和 LH 的活动,如图 4-20 所示。

4.3.3　受精

卵子和精子融合为一个合子的过程称为受精。它是有性生殖的基本特征,在动植物界普遍存。在细胞水平上,受精过程包括 3 个主要阶段:卵子激活、调整和两性原核融合。激活可视为个体发育的起点,主要表现为卵质膜通透。性的改变,皮质颗粒外排,受精膜形成等;调整发生在激活之后,是确保受精卵正常分裂所必需的卵内的先行变化;两性原核融合起保证双亲遗传的作用,并恢复双倍体。在分子水平上,受精不仅启动 DNA 的复制,而且激活卵内的mRNA、rRNA 等遗传信息,合成出胚胎发育所需要的蛋白质。

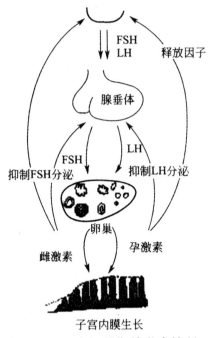

图 4-20　月经周期的激素控制

1. 受精方式

(1)体内受精和体外受精

体内受精是指凡在雌、雄亲体交配时,精子从雄体传递到雌体的生殖道,逐渐抵达受精地点,在那里精卵相遇而融合。体外受精是指凡精子和卵子同时排出体外,在雌体产孔附近或在水中受精。

体内受精多发生在高等动物如爬行类、鸟类、哺乳类以及某些鱼类和少数两栖类。体外受精是水生动物的普遍生殖方式,如某些鱼类和部分两栖类等。

(2)异体受精和单精受精

脊椎动物一般都是雌雄异体的,进行异体受精,即两个不同个体的精子和卵子相结合。

单精受精是指只有一个精子进入卵内完成受精的现象。这类卵子一旦与精子接触,就立即被激活并产生一系列相应的变化,阻止其他的精子入卵。若由于卵子的成熟程度不适当等原因,导致一个以上的精子进入这类卵子,即所谓的病理性多精受精,则卵裂不正常,胚胎畸形发育,迟早死亡。有些卵子在正常受精情况下,可以有一个以上的精子进瓜卵子,但只有一个精子的雄性原核能与卵子的雌性原核结合,成为合子的细胞核,其余的精子逐渐退化消失,称生理性多精受精。

2. 受精过程

动物的精子不像低等植物的精子有明显的趋化性,而是靠自身主动运动或依靠生殖道上皮细胞的纤毛运动抵达卵子附近。

（1）精子获能和顶体反应

已知许多哺乳动物精子经过雌性生殖道或穿越卵丘时，包裹精子的外源蛋白质被清除，精子质膜的理化和生物学特性发生变化，使精子获能而参与受精过程。哺乳动物的获能精子接触卵周的卵膜或透明带时，特异性地与卵膜上的某种糖蛋白结合，激发精子产生顶体反应：顶体外围的部分质膜消失，顶体外膜内陷、囊泡化，顶体内含物包括一些水解酶外逸。顶体反应有助于精子进一步穿越卵膜。

精子穿越卵膜时，出现先黏着后结合的过程。前者为疏松附着，不受外界温度干扰，没有种属的专一性，黏着期间，顶体内膜上的原顶体蛋白转化为顶体蛋白，顶体蛋白有加速精子穿越卵膜的作用；后者是牢固的结合，能被低温干扰，具有种属的专一性。在海胆精子质膜上已分离到一种能与卵膜糖蛋白专一结合的蛋白质，称作结合蛋白，分子质量约 30000 Da。

（2）卵子的激活

卵子排出后，若未能受精，其代谢水平很低，无 DNA 的合成活动，RNA 和蛋白质的合成极少，很快就会夭折。精子与卵子一旦接触，卵子本身也发生一系列的激活变化。在哺乳动物卵上，表现为皮层反应、卵质膜反应和透明带反应，从而起到阻断多精受精和激发卵进一步发育的作用。皮层反应发生在精卵细胞融合之际，自融合点开始，皮质颗粒破裂，其内含物外排，从而波及整个卵子的皮层。卵质膜反应是卵质与皮质颗粒包膜的重组过程。透明带反应为皮质颗粒外排物与透明带一起形成受精膜的过程，卵膜与质膜分离，透明带中精子受体消失，透明带硬化。

精子与卵母细胞透明带的识别有严格的种属特异性。利用该特点，要知道人精子有无穿卵能力，通常可用去透明带的金黄地鼠卵子来检验，人精子若能穿入金黄地鼠卵子即可反映具有穿入人卵子的能力。

（3）精卵融合

精卵细胞融合时首先可以看到卵子表面的微绒毛包围精子，可能起定向作用；随即卵质膜与精子顶体后区的质膜融合。许多动物的精子头部进入卵子细胞质后即旋转 $180°$，精子的中段与头部一起转动，从而导致中心粒朝向卵中央。接着雄性原核逐渐形成，与此同时中心粒四周产生星光，雄性原核连同星光一起迁向雌性原核。不久精子中段和尾部即退化和被吸收。卵子细胞核在完成两次成熟分裂之后，形成雌性原核。雌、雄两原核相遇，或融合，即两核膜融合成一个；或联合，两核并列，核膜消失，仅染色体组合在一起，以建立合子染色体组，受精至此完成，如图 4-21 所示。

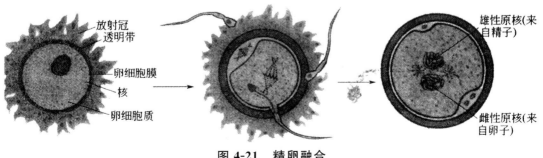

图 4-21　精卵融合

4.3.4 胚胎发育

胚胎发生或胚胎发育是指动物由受精卵发育为幼体或雏形个体的变化过程。对于多细胞动物,受精卵经过卵裂、囊胚、器官形成到胚胎孵化出膜或从母体产出的变化过程称为胚胎发育。胚后发育或出生后发育是指幼体出生后的继续发育、成体的生长发育和生殖发育以及衰老、死亡等过程。胚胎发育与胚后发育构成了动物个体发育的全过程。

1. 早期胚胎发育

动物的胚胎发育通常从精子进入卵子受精融合,形成受精卵或合子开始。卵子一旦受精就被激活,受精卵开始按一定的时间、空间秩序通过细胞分裂和分化进行胚胎发育。多细胞动物的早期胚胎发育一般都包括以下几个基本阶段。

(1)卵裂和囊胚的形成

卵裂是指受精卵多次有规律地连续分裂。卵裂所形成的细胞称为分裂球。卵裂是有丝分裂,分裂球本身不生长,分裂次数越多,分裂球的体积越小为该有丝分裂的主要特点。

棘皮动物和脊椎动物的卵裂一般是这样进行的:

第一次是纵向的径裂形成两个分裂球;

第二次也是径裂但与第一次径裂垂直,形成 4 个分裂球;

第三次是横向的纬裂形成上、下两层共 8 个分裂球;

第四次是径裂,成为 16 个细胞;

第五次是纬裂成为 32 个细胞。

以后的分裂开始变得不规则,如图 4-22 所示。

(a) 蟾蜍卵受精后大约经过3h,   (b) 接着大约经过5h,细胞分   (c) 细胞不断分裂,细胞数目
受精卵分裂为两个细胞   裂 2~3次,形成8个细胞   不断增加,形成囊胚

图 4-22　卵裂和囊胚的形成

由受精卵或合子经过多次分裂和分化发育形成多细胞囊胚当分裂球聚集为球状,中间出现一个空腔,成为囊状时,便称为囊胚,中间的腔叫囊胚腔,腔中充满液体,如图 4-23 所示。

(2)原肠胚的形成

原肠胚是处于囊胚不同部位的细胞通过细胞迁移运动形成的。囊胚外部的细胞通过不同方式迁移到内部,围成原肠腔或称原肠,留在外面的细胞形成外胚层,迁移到里面的细胞形成内胚层。原肠腔的开口称为胚孔或原口,此时的胚胎称为原肠胚,如图 4-24 所示。

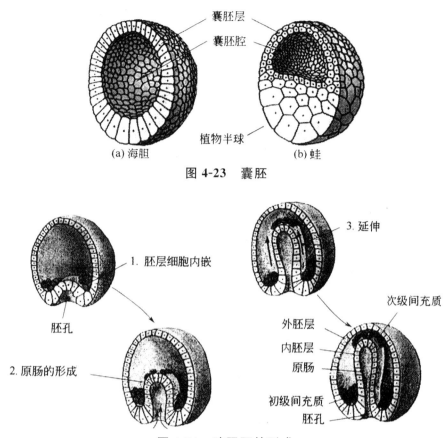

图 4-23　囊胚

图 4-24　腺肠胚的形成

原肠胚形成的过程确定了胚胎的基本模式。三胚层动物的原肠胚,包括内外胚层和中胚层。内、中、外三个胚层的形成,基本奠定了组织和器官的基础。脊椎动物尽管由于卵黄含量不同使卵裂方式不同而形成了不同类型的囊胚,但将来形成各种器官的胚胎细胞在这时的分布情况大致相同。

2. 器官发生和形态建成

形态发生运动是指胚胎细胞经过迁移运动,聚集成器官原基,继而分化发育成各种器官的过程。各种器官经过形态发生和组织分化,逐渐获得了特定的形态,并执行一定的生理机能。

低等多细胞动物的胚胎发育停留在原肠阶段,不形成中胚层,而是由内、外两个胚层的细胞分化出各种不同的细胞组织,从而发育成新个体——双胚层动物。

在原肠胚阶段出现中胚层的动物,称为三胚层动物。胚胎的三个胚层经过进一步复杂的分化过程,最终形成动物体的各种组织和器官。

高等脊椎动物三个胚层的进一步分化:

外胚层:分化形成神经系统、感觉器官的感觉上皮、表皮及其衍生物以及消化管两端的上皮等。

中胚层:分化形成肌肉、骨骼、真皮、循环系统、排泄系统、生殖器官、体腔膜及系膜等。

内胚层：分化形成消化管中段的上皮、消化腺和呼吸管的上皮、肺、膀胱、尿道和附属腺的上皮等。

3. 人类的发育

受精卵不断分裂增殖，并慢慢地向子宫方向移动，到达子宫腔后，一般在子宫底或子宫体定居下来，称为植入或着床。由于细胞增殖分裂，细胞数目不断增多。受精第一周，合子形成桑葚胚，再形成胚泡。第二、三周胚泡内出现内细胞群。由内细胞群分化形成一扁平的胚盘。胚盘由内胚层、外胚层和中胚层组成，人体就是由这三个胚层形成的。胚泡外周的细胞称滋养层，一部分将发育成胎盘。第四周胚盘边缘逐渐向腹侧卷折，形成一圆筒状的胚体，胚体中间向背侧隆起，头尾向腹侧弯曲。羊膜囊扩大逐渐包围胚体，并向胚体腹侧靠近。此时胚头出现眼原基，胚体出现上肢芽。第五周，外耳原基及下肢原基出现，胚体内五脏六腑的原基已发生，第二个月末胎儿头面部已形成，上、下肢伸长发展为四肢，末端手指、足趾逐渐分开。此时胎儿腹部膨隆已初具人形。这时胎儿体重大约 10 g，胚体长约 3 cm 左右。第三个月以后至出生前胚体各器官进一步发育增长，其结构与功能逐渐完善，皮下脂肪增多；胎儿体重急剧增加，如图4-25 所示为人的发育过程图。

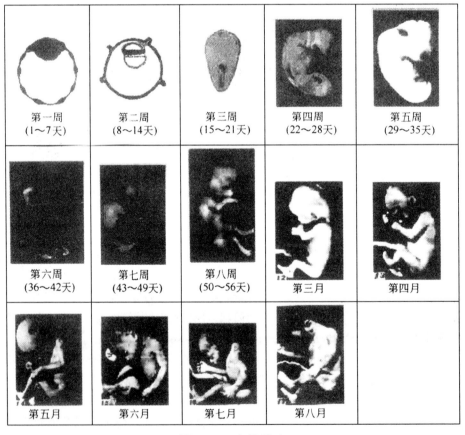

图 4-25 人的发育

　　孕妇子宫腔内有羊膜囊，它是由半透明的羊膜所构成，囊内的液体称羊水。羊水是胎儿生长发育的液体摇篮，又是胎儿的"游泳池"，在"池内"胎儿可以自由活动。羊水是在不断地变换着的。妊娠早期，羊水主要源于母体血浆，妊娠中期胎儿肾有排尿功能，胎儿尿液混入羊水中。妊娠晚期胎儿能吞饮羊水，尿液增多，一个足月胎儿每日可吞饮羊水约 500 mL，吞入的羊水从消化道进入胎儿血液循环，不断运送到。肾脏形成尿液，再排入羊膜腔。羊水大约每 3 小时更新一次。羊水量有一定的范围。如果羊水达到或超过 2000 mL，即为羊水过多。某些先天畸形，如食道闭锁、无脑儿等，胎儿不能吞饮羊水，致使羊水过多。

第 5 章　生物的遗传

5.1　遗传学的基本定律

5.1.1　孟德尔遗传定律

遗传与变异是生物中普遍存在的最基本的属性之一。人类很早就认识到了生物的遗传与变异现象。遗传学把子代与亲代相似的现象叫遗传；把子代与亲代及子代与子代间不完全相同的现象叫变异。生物的遗传变异现象非常复杂，但是又具有规律性，遗传学就是研究遗传与变异规律的科学。孟德尔（G. J. Mendel，1822～1884）从 1856～1864 年进行了 8 年的豌豆杂交试验，在前人的基础上把植物杂交的工作向前推进了一大步，确定了生物性状遗传的两条基本规律——遗传因子分离和多对因子分离后的自由组合。这两个规律后来称为孟德尔定律，即分离定律（the law of segregation）和自由组合定律（the law of independent assortment）。接下来，我们对这两规律进行详细的分析。

1. 分离定律

分离定律也称作孟德尔第一定律，该定律是由孟德尔选用豌豆做遗传试验时发现的。孟德尔的杂交实验选用的豌豆是严格的白花授粉植物，自然产生许多纯种品系，不同品系的豌豆常具有对比鲜明、易于区分的相对性状，如紫花和白花、圆粒和皱粒等。不同品系的豌豆人工杂交容易控制，所得杂种完全可育，并且生长期短、易栽培，在短时间内可以获得足够多的后代用于统计学分析，这是实验成功的重要条件。

性状是指生物体所表现的形态特征和生理特性的总称，可区分为各个单位性状，如花色、豆荚的形状、豆荚未成熟时的颜色等。同一性状表现出来的相对差异，称相对性状。孟德尔从纯系豌豆中挑选出在植株高矮、花色等方面具有明显差别的 7 对相对性状的植株作为亲本进行杂交，观察这些性状在后代分离的情况。他做了 7 组试验，试验结果如表 5-1 所示。

表 5-1　豌豆杂交实验的 F_2 结果

相对性状		F_2 表现		比例
显性	隐性	显性性状	隐性性状	
籽粒饱满	籽粒皱缩	5474	1850	2.96∶1
花色子叶	绿色子叶	6022	2001	3.01∶1
紫花	白花	705	221	3.15∶1
成熟豆荚不分节	成熟豆荚分节	882	299	2.95∶1
未成熟豆荚绿色	未成熟豆荚黄色	428	152	2.82∶1
花腋生	花顶生	651	207	3.14∶1
高植株	矮植株	787	277	2.84∶1

上表中,每一组只用一个相对性状的杂交,并按照杂交后代的系谱进行详细的记载。孟德尔用统计学的方法计算杂种后代表现相对性状的株数,分析了其比例关系,由此发现了分离定律。以其中的紫花与白花的杂交组合的试验为例来说明,如图 5-1 所示。

图 5-1　豌豆花色的遗传

在杂交试验记录中,通常以 P 表示亲本,♀表示母本,♂表示父本,×表示杂交(母本写在"×"的前面,父本写在"×"的后面),⊗表示自交。F 表示杂种后代,F_1 表示杂种第一代,指杂交当代所结种子及由它长成的植株;F_2 表示杂种第二代,是指 F_1 自交产生的种子及由该种子长成的植株。依此类推 F_3、F_4 分别表示杂种第三代、杂种第四代等。

孟德尔在"紫花×白花"杂交试验中观察到,所产生的 F_1 植株全部开紫花,在 F_2 群体中,出现了紫花和白花两种植株类型,共 929 株。其中 705 株开紫花,224 株开白花,两者的比例接近于 3∶1。

孟德尔还做了"白花×紫花"的杂交试验,即把紫花与白花的父母本互换,所得的结果与前一杂交结果完全一致,F_1 植株全部开紫花,F_2 群体中紫花和白花植株的比例也接近 3∶1。如果把前一杂交组合称为正交,则后一杂交组合称为反交。正交和反交的结果完全一样,说明 F_1、F_2 的性状表现不受亲本组合方式的影响。孟德尔在对豌豆的其他 6 对相对性状的杂交试验中,也获得了同样的试验结果。

孟德尔从这 7 对相对性状的杂交结果中,总结出如下三个共同的特点:

①F_1 所有植株都只表现出一个亲本的性状,他将这个表现出来的性状称为显性性状。F_1 没有表现出来的性状称为隐性性状。

②F_2 中一部分植株表现一个亲本的性状,其余植株表现出另一个亲本的性状,即显性性状、隐性性状同时出现,这种现象称为性状的分离。且在 F_2 群体中表现显性性状的个体与表现隐性性状的个体分离比总是近似于 3∶1。

③正反交的结果总是相同的。

这 7 对相对性状在 F_2 中为什么都出现 3∶1 的分离比呢？为了解释这些结果,孟德尔提出了下面的假设:

①一对相对性状由一对遗传因子控制(也称基因)。

②遗传因子在体细胞内是成对的,一个来自父方,一个来自母方。

③杂种的"遗传因子"彼此不同,各自保持独立性,且存在显隐性关系。即 F_1 植株有一个控制显性性状的遗传因子和一个控制隐性性状的遗传因子。

④在形成配子时,每对遗传因子相互分离,均等地分配到不同的配子中,结果每个配子(精核或卵细胞)中只含有成对遗传因子中的一个。

⑤在形成合子(子代个体)时,雌雄配子的结合是随机的。

孟德尔的豌豆花色杂交实验及其结果可表示为图 5-2,以 C 表示显性性状——红花的遗传因子,c 表示隐性性状——白花的遗传因子。红花亲本应具有一对红花遗传因子 CC,白花亲本应具有一对白花遗传因子 cc。红花亲本产生的配子中只有一个遗传因子 C,白花亲本产生的配子中只有一个遗传因子 c。受精时,雌雄配子结合形成的 F_1 应该是 Cc。由于 C 对 c 有显性的作用,所以 F_1 植株开紫花。但是 F_1 植株在产生配子时,由于 Cc 分配到不同的配子中去,所以产生的配子(不论雌配子还是雄配子)有两种,一种为 C,另一种为 c,两种配子数目相等,呈 $1:1$ 的比例。F_1 自交时各类雌雄配子随机结合。由此可见,F_2 群体的总组合按遗传因子的成分归纳,实际上是 3 种:$1/4$ 的个体 CC,$2/4$ 的个体 Cc,$1/4$ 的个体 cc。$1/4$ 的个体 CC 和 $2/4$ 的个体 Cc 植株均开紫花,只有 $1/4$ 的个体 cc 植株开白花,所以 F_2 紫花与白花之比是 $3:1$。

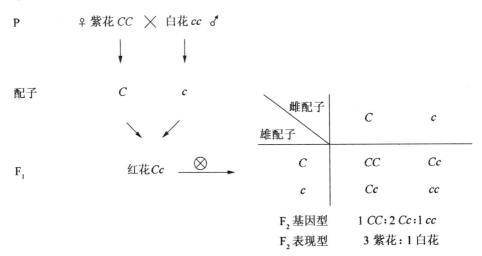

图 5-2 孟德尔对性状分离现象的解释

任何一个理论或假说能否成立,除了要对已有的事实做出解释外,还必须经得起检验。分离规律是建立在一种假设的基础上的,这个假设的实质就是成对的基因(等位基因)在配子形成过程中彼此分离,互不干扰,因而配子中只具有成对基因的一个。为了证明这一假设的真实性,孟德尔采用了测交和自交的方法进行验证,并得到了证实。具体分析如下:

(1)自交法

孟德尔为了验证他的分离定律,继续使 F_2 植株自交产生 F_3 株系,然后根据 F_3 的性状表现,证实他所设想的 F_2 基因型。按照他的设想,F_2 的白花植株只能产生白花的 F_3,而 F_2 的紫花植株中,$1/3$ 应是 CC 纯合体,$2/3$ 植株应是 Cc 杂合体。如果上述假设正确,那么 CC 纯合体自交产生的 F_3 群体应该全部开紫花,Cc 杂合体自交产生的 F_3 群体应该分离出 $3/4$ 的紫花植株和 $1/4$ 的白花植株。

实际观察的结果证实了他的推论。观察其他各对相对性状的试验结果,同样也证实了他的推论。孟德尔对前述 7 对性状连续自交了 4～6 代都没有发现与他的推论不符合的情况。

(2)测交法

测交是指被测验的个体与隐性纯合个体间的杂交。测交所得的后代为测交子代,用 F_t 表示。根据测交子代所出现的表现型种类和比例,可以确定被测个体是纯合体还是杂合体。由于隐性纯合体只能产生一种含隐性基因的配子,它们和含有任何基因的另一种配子结合,其子代都只能表现出另一种配子所含基因的表现型。因此,测交子代表现型的种类和比例正好反映了被测个体所产生的配子种类和比例,从而可以确定被测个体的基因型。

例如,某被测个体为紫花豌豆,不知其为纯合体还是杂合体。当它与白花豌豆(隐性的 cc 纯合体)杂交,由于后者只产生一种含 c 基因的配子,所以如果测交子代全部开紫花,就说明该被测豌豆是 CC 纯合体,因为它只产生含 C 基因的一种配子。如果在测交子代中有一半的植株开紫花,一半的植株开白花,就说明被测豌豆的基因型是 Cc,如图 5-3 所示。

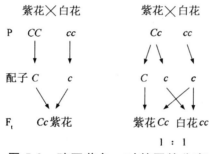

图 5-3　豌豆花色一对基因的分离

2. 自由组合定律

孟德尔在说明了一对相对性状的遗传规律后,进一步研究了两对和两对以上相对性状之间的遗传关系,揭示了独立分配规律,该定律又称自由组合规律或孟德尔第二定律。

为了研究两对相对性状的遗传,孟德尔仍以豌豆为材料,选取具有两对相对性状差异的纯合亲本进行杂交。例如,用种子圆形而子叶黄色的一个亲本与种子皱缩而子叶绿色的另一亲本杂交。其 F_1 都结圆形、黄色子叶的种子,表明种子圆形和子叶黄色都是显性。这与前述 7 对性状分别进行研究的结果是一致的。由 F_1 种子长成的植株(共 15 株)进行自交,得到 556 粒 F_2 种子,共有 4 种类型,其中两种类型和亲本相同,另两种类型为亲本性状的重新组合,而且存在着一定的比例关系,比例接近 9:3:3:1,如图 5-4 所示。

如果把以上两对相对性状个体杂交试验的结果分别按一对性状进行分析,F_2 代中:

黄色:绿色=(315+101):(108+32)=416:140≈3:1
圆粒:皱粒=(315-108):(101+32)=423:133≈3:1

根据上述的分析,虽然两对相对性状是同时由亲代遗传给子代的,但由于每对性状的 F_2 分离仍然符合 3:1 的比例,说明它们是彼此独立地从亲代遗传给子代的,没有发生任何相互干扰的情况。同时在 F_2 群体内两种重组型个体的出现,说明两对性状的基因在从 F_1 遗传给 F_2 时是自由组合的。按照概率定律,两个独立事件同时出现的概率为分别出现的概率的乘积。因而圆形种子、黄色子叶同时出现的机会应为

$$\frac{3}{4} \times \frac{3}{4} = \frac{9}{16}$$

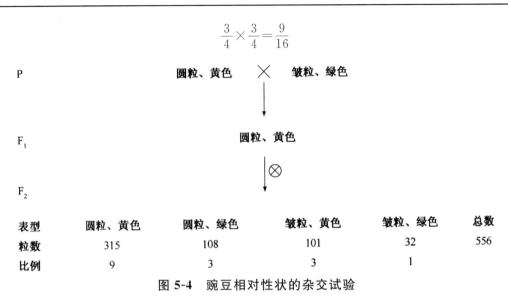

表型	圆粒、黄色	圆粒、绿色	皱粒、黄色	皱粒、绿色	总数
粒数	315	108	101	32	556
比例	9	3	3	1	

图 5-4 豌豆相对性状的杂交试验

皱缩种子、黄色子叶同时出现的机会应为

$$\frac{1}{4} \times \frac{3}{4} = \frac{3}{16}$$

圆形种子、绿色子叶同时出现的机会应为

$$\frac{1}{4} \times \frac{3}{4} = \frac{3}{16}$$

皱缩种子、绿色子叶同时出现的机会应为

$$\frac{1}{4} \times \frac{1}{4} = \frac{1}{16}$$

用另一种方式表达是

$$黄色子叶\frac{3}{4}：绿色子叶\frac{1}{4}$$
$$\times \quad 圆形种子\frac{3}{4}：皱缩种子\frac{1}{4}$$
$$\overline{黄、圆\frac{9}{16}：黄、皱\frac{3}{16}：绿、圆：\frac{3}{16}：绿、皱\frac{1}{16}}$$

将孟德尔试验的 556 粒 F_2 种子,按上述的 9:3:3:1 的理论推算,即 556 分别乘以 $\frac{9}{16}$、$\frac{3}{16}$、$\frac{3}{16}$、$\frac{1}{16}$,如下所列,所得的理论数值与实际结果比较,是非常近似的。

	黄、圆	黄、皱	绿、圆	绿、皱
实得粒数	315	101	108	32
理论粒数	312.75	104.25	104.25	34.75
差数	+2.25	-3.25	+3.75	-2.75

孟德尔这样解释:黄子叶和绿子叶这一对相对性状是由一对等位基因 Y 和 y 控制的;圆粒和皱粒是由一对等位基因 R 和 r 控制的。这两对等位基因在遗传的传递中彼此独立。Y 代表黄色基因,y 代表绿色基因;R 代表圆基因,r 代表皱基因。纯种黄圆的亲代基因型为

$YYRR$，绿皱的基因型为 $yyrr$，它们分别只能产生一种配子，即 YR 和 yr。F_1 杂种基因型为 $YyRr$，表现型为黄色圆形的豌豆。F_1 形成配子时，Y 与 y 要彼此分离，R 与 r 也要彼此分离。由于这两对等位基因的分离是独立进行的，互不影响、互不干扰，所以 Y 和 R 分配到同一配子中的机会和 Y 和 r 分配到同一配子的机会相同。同样，y 和 R 配合的机会同 y 与 r 配合的机会也是相同的。因而产生 4 种配子，即 YR、Yr、yR、yr，它们的比例应为 1∶1∶1∶1。雌、雄配子都是如此。F_1 自交，4 种雌配子与 4 种雄配子随机结合，可形成 16 种组合，4 种表型，即黄圆、黄皱、绿圆和绿皱，其比例恰为 9∶3∶3∶1，如图 5-5 所示。

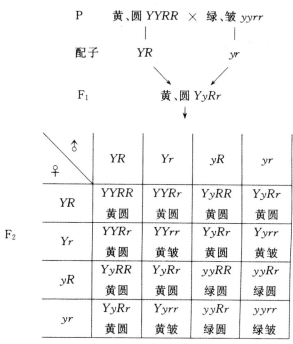

图 5-5　孟德尔 2 对相对性状的杂交试验

接下来，我们来分析自由组合定律的验证方法，同样有自交法和测交法两种。

（1）自交法

按照分离和自由组合规律的理论推断，由纯合的 F_2 植株（$YYRR$、$yyRR$、$YYrr$、$yyrr$）自交产生的 F_3 个体，不会出现性状的分离，这类植株在 F_2 群体中应各占 1/16。由一对基因杂合的植株（$YyRR$、$YYRr$、$yyRr$、$Yyrr$）自交产生的 F_3 个体，一对性状是稳定的，另一对性状将分离为 3∶1 的比例。这类植株在 F_2 群体中应各占 2/16。由两对基因都是杂合的植株（$YyRr$）自交产生的 F_3 个体，将分离为 9∶3∶3∶1 的比例。这类植株在 F_2 群体中应占 4/16。孟德尔所做的试验结果，完全符合预定的推论。

（2）测交法

这种解释同样可以用测交法来验证 F_1 的基因型，如图 5-6 所示。将 F_1 植株与隐性个体（它只能产生一种配子 yr）测交，产生后代应有 4 种表型，即黄圆（$YyRr$）、黄皱（$Yyrr$）、绿圆（$yyRr$），绿皱（$yyrr$），比例应为 1∶1∶1∶1。试验结果和预测相符。证明非等位基因在形成配子时是独立分配的。上述解释后来被许多科学家证实，且还证明基因的独立分配与染色体的独立分配是完全平行的。

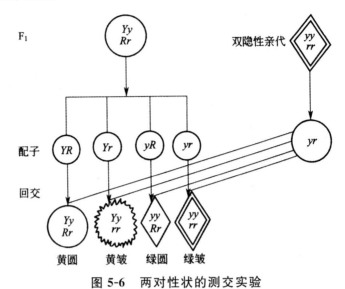

图 5-6　两对性状的测交实验

自由组合定律实质是:控制不同相对性状的两对等位基因分别位于不同的同源染色体上,在减数分裂形成配子时,每对同源染色体上的等位基因彼此分离,而位于非同源染色体上的基因间可以自由组合。

孟德尔 2 对因子的遗传实验所得出的 9∶3∶3∶1 的比例恰好是 $(3∶1)^2$ 的展开式。他还观察了具有 3 对相对性状的植株杂交后的遗传现象。他用圆形种粒、黄色子叶、灰色种皮的品种与皱缩种粒、绿色子叶、白色种皮的品种杂交。子一代毫无例外地表现为显性性状,子二代发生性状分离,其比例是 $(3∶1)^3$ 的展开式 27∶9∶9∶9∶3∶3∶3∶1,即表型有 8 种,基因型有 27 种。以此类推,n 对自由组合的基因的遗传,子二代性状分离比例应是 $(3∶1)^n$。

现在知道,孟德尔所选择的这 7 对相对性状的基因恰巧是分别位于豌豆 7 对染色体上的。孟德尔的自由组合定律对于分布在不同染色体上的基因是适用的。对于位于同一染色体上相距较近的等位基因,自由组合定律就不适用了。

5.1.2　孟德尔遗传定律的扩展

在孟德尔研究的 7 对性状中每对性状在 F_1 全是表现亲本之一的显性性状,这样的表现称为完全显性。但是随着研究的深入,后来有人发现在有些性状中显性现象是不完全的,从显性到完全不能区别显隐性状,存在着不同的表现表达式。显隐关系不是绝对的,且有的性状间是可以相互影响的。这些并不违背孟德尔定律,而是其另外的表现形式,是孟德尔定律的补充和发展。

1. 显隐性关系的相对性

基因一般都不是独立发生作用的,生物的性状也往往不是简单地由单个基因决定的,而是不同的基因共同作用的结果。显隐性关系是相对的。

（1）显性现象的表现

①完全显性。是指孟德尔发现的 2 个相对性状的等位基因中只有一个表达出来的现象，是一种最简单的等位基因之间的相互关系。F_1 表现与亲本之一完全一样，并不表现双亲的中间型或同时表现双亲的性状。

②不完全显性。有些性状，其杂种 F_1 的性状表现是双亲性状的中间型，这称为不完全显性。

例如，金鱼草花色的遗传，如图 5-7 所示。红花亲本（RR）和白花亲本（rr）杂交，F_1（Rr）的花色不是红色，而是粉红色。F_2 群体的基因型分离为 1RR：2Rr：1rr，即其中 1/4 的植株开红花，2/4 的植株开粉红花，1/4 的植株开白花。因此，在不完全显性时，表现型和其基因型是一致的。

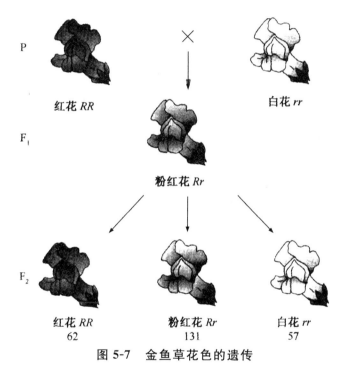

P　　　红花 RR　　　×　　　白花 rr

F_1　　　粉红花 Rr

F_2　　　红花 RR　　　粉红花 Rr　　　白花 rr
　　　　　62　　　　　　131　　　　　　57

图 5-7　金鱼草花色的遗传

人的天然卷发也是由一对不完全显性基因决定的，其中卷发基因 W 对直发基因 w 是不完全显性的。WW 的头发十分卷曲，Ww 的头发卷曲程度中等，ww 则是直发。

③共显性。F_1 同时表现双亲性状，而不是表现单一的中间型。例如，人的血型遗传，就是共显性遗传的典型实例，现已发现人类的血型系统约有 20 余种，其中最常见的有 ABO 血型系统、MN 血型系统和 Rh 血型系统。现以 MN 血型系统的遗传为例来说明，如图 5-8 所示，MN 系统有三种不同的血型，分别是 M 型、N 型和 MN 型。在 M 型的红细胞上有 M 抗原；在 N 型的红细胞上有 N 抗原；在 MN 红细胞上有 M、N 两种抗原。它们是由一对等位基因 L^M 和 L^N 控制的，L^M 决定抗原 M 的存在，L^N 决定了 N 抗原的存在。M 型女性（$L^M L^M$）同 N 型（$L^N L^N$）的男性结婚所生子女基因型为 $L^M L^N$，表现为 MN 型。不存在显隐关系，互不遮盖。由于 MN 血型系统不存在天然抗体，所以医生在对病人输血时对此一般不予考虑。ABO 血

型系统,是由 I^A、I^B、I^O 三个复等位基因控制的,复等位基因是指在同源染色体上相同的位点上,存在 3 个及 3 个以上的等位基因。ABO 血型有 A、B、AB 和 O 型 4 种类型,I^A 与 I^B 为共显性,I^A、I^B 对 I^O 为显性,因此有 6 种基因型,4 种表现型。

人 MN 血型

M 型 × N 型

$L^M L^M$ $L^N L^N$

L^M ↓ L^N

$L^M L^N$

子女为 MN 型

图 5-8 人类 MN 血型遗传

④镶嵌显性。双亲的性状在后代的同一个体不同部位表现出来,形成镶嵌图式,这种显性现象称为镶嵌显性。例如,我国学者谈家桢教授对异色瓢虫色斑遗传的研究,他用黑缘型鞘翅($S^{Au}S^{Au}$)瓢虫(鞘翅前缘呈黑色)与均色型鞘翅($S^E S^E$)瓢虫(鞘翅后缘呈黑色)杂交,子一代杂种($S^{Au}S^E$)既不表现黑缘型,也不表现均色型,而出现一种新的色斑,即上下缘均呈黑色。在植物中,如玉米花青素的遗传也表现出这种现象。

(2)显隐性的相对性

显性作用类型之间往往没有严格的界限,只是根据对性状表现的观察和分析进行的一种划分,由于观察和分析的水平角度不同,相对性状间可能表现为不同的显隐性关系。例如,孟德尔根据豌豆种子的外形,发现圆粒对皱粒是完全显性。但是在用显微镜观察豌豆种子淀粉粒的形状和结构时发现,纯合圆粒种子淀粉粒持水力强,发育完善,结构饱满;纯合皱粒种子淀粉粒持水力较弱,发育不完善,表现皱缩;而 F_1 杂合种子淀粉粒发育和结构是前两者的中间型,而外形为圆粒。故从种子外表观察,圆粒对皱粒是完全显性;但是深入研究淀粉粒的形态结构,则可发现它是不完全显性。鉴别性状的显性表现也取决于所依据的标准而改变。这就是显隐关系的相对性。

(3)对于显性的解释

当一对相对基因处于杂合状态时,为什么显性基因能决定性状的表现,而隐性基因不能,是否由于显性基因直接抑制了隐性基因的作用?试验证明,相对基因之间的关系并不是彼此直接抑制或促进的关系,而是分别控制各自所决定的代谢过程,从而控制性状的发育。例如,兔子的皮下脂肪有白色和黄色的不同。白色由显性基因 Y 决定;黄色由隐性基因 y 决定。白脂肪的纯种兔子(YY)和黄脂肪的纯种兔子(yy)交配,F_1(Yy)的脂肪白色。用 F_1 的雌兔(Yy)和雄兔(Yy)进行近亲交配,F_2 群体中,3/4 个体是白脂肪,1/4 个体是黄脂肪。兔子的主要食料是绿色植物,绿色植物中除含有叶绿素以外,还有大量的黄色素。显性基因 Y 控制合成一种黄色素分解酶能分解黄色素,隐性基因 y 则没有这种作用。所以,基因型为 YY 或 Yy 的兔子,由于细胞内有 Y 基因,能合成黄色素分解酶,因而能破坏吃进的黄色素使脂肪内没有黄色素的积存,于是脂肪是白色。基因型为 yy 的兔子,由于细胞内不能合成黄色素分解酶,所以脂肪是黄色的。由此可知,显性基因 Y 与白脂肪表现型的关系、隐性基因 y 与黄脂肪的关系都是间接的。从兔子脂肪颜色的遗传来看,显性基因与相对隐性基因之间的关系并不是显性基因抑制了隐性基因的作用,而是它们各自控制一定的代谢过程,分别起着各自的作用。一个基因是显性还是隐性取决于它们各自的作用性质,取决于它们能不能控制某个酶的合成。

(4)环境对显性性状的影响

显隐性关系有时受到环境的影响,或者为其他生理因素如年龄、性别、营养、健康状况等所左右。

例如,金鱼草的红花品种与淡黄色花品种杂交,F_1 在不同条件下的表型不同。在低温、光充足的条件下,花为红色,那么红色为显性;在温暖、遮光条件下,花为淡黄色,那么红色为隐性。如果培育在温暖、光充足的条件下,花为粉红色,表现不完全显性。可见环境条件改变时,显隐性关系也可相应地发生改变。

须苞石竹花的白色和暗红色是一对相对性状。用开白花的植株与开暗红色花的植株杂交,杂种 F_1 的花最初是纯白的,以后慢慢变为暗红色。这样个体发育中显隐性关系也可相互转化。

有角羊与无角羊杂交,F_1 雄性有角,雌性无角。因此,杂种有无角与性别有关。

2. 基因的工作

基因分离和独立分配规律不断得到实验的证明。根据独立分配规律,两对基因杂交 F_2 出现 9∶3∶3∶1 的性状分离比例。但是,两对等位基因的自由组合却不一定会出现 9∶3∶3∶1 的性状分离比例,或者即使出现 9∶3∶3∶1 的性状分离比例,也并非是常见的双显性个体占 9/16,单显、单隐性个体占 3/16,双隐性个体占 1/16。研究表明,这是由于不同对基因间相互作用共同决定同一单位性状表现的结果。这种现象称为基因互作。

鸡冠的形状很多,除常见的单冠外,还有玫瑰冠、豌豆冠和胡桃冠等。这些不同种类的鸡冠是品种的特征之一,如图 5-9 所示。如果把豌豆冠的鸡和玫瑰冠的鸡交配,子一代的鸡为胡桃冠,与亲本不同。子一代个体间相互交配,得到子二代,它们的鸡冠有胡桃冠、豌豆冠、玫瑰冠和单冠 4 种,比例大体上接近 9∶3∶3∶1。

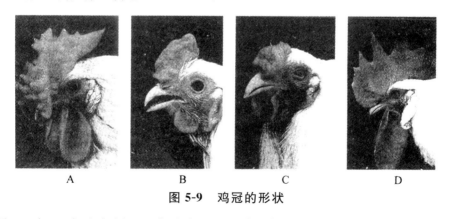

| A | B | C | D |

图 5-9　鸡冠的形状

在图 5-9 中,A 表示玫瑰冠;B 表示豌豆冠;C 表示胡桃冠;D 表示单冠。为什么会出现这种现象呢?原因是鸡冠的形状同时由两对基因控制。控制豌豆冠的显性基因是 P,而控制玫瑰冠的显性基因是 R,如图 5-10 所示。豌豆冠的鸡没有基因 R,因此基因型是 $rrPP$;玫瑰冠

的鸡没有基因 P，因此基因型是 $RRpp$。当两亲本杂交，子一代的基因型是 $RrPp$，由于 P 基因和 R 基因的相互作用，出现了胡桃冠。子一代的公鸡和母鸡都形成 RP、Rp、rP、rp 4 种配子，数目相等。根据自由组合规律，子二代出现 4 种表现型，及胡桃冠($R\_P\_$)、玫瑰冠(R_pp)、豌豆冠($rrP\_$)和单冠($rrpp$)，比例为 9：3：3：1。

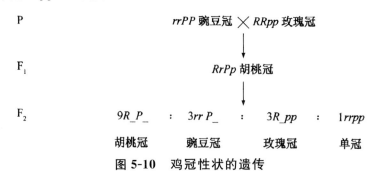

P $rrPP$ 豌豆冠 $\times$ $RRpp$ 玫瑰冠

F₁ $RrPp$ 胡桃冠

F₂   9$R\_P\_$:   3$rrP\_$:   3R_pp :   1$rrpp$

胡桃冠   豌豆冠   玫瑰冠   单冠

图 5-10　鸡冠性状的遗传

基因相互作用决定生物性状的表现情况复杂，存在多种互作方式。下面就两对独立遗传的非等位基因的互作表现，举例说明各种互作方式。

(1)上位作用

一对等位基因受到另一对等位基因的制约，并随着后者不同使前者的表现型有所差异，后者即为上位基因。这一现象称为上位作用。

例如在家兔中，基因 C 和 c 决定黑色素的形成，而 G 和 g 控制黑色素在毛内的分布情况。每一个体至少有一个显性基因 C 才能合成黑色素，因而才能显示出颜色来，而 G 和 g 也只有在这时才能显示作用，G 才能使毛色成为灰色。因 C 存在时，基因型 GG 或 Gg 表现为灰色，gg 表现为黑色；当 C 不存在时，即在 cc 个体中，GG、Gg 和 gg 都为白色。基因 C 对 G 和 g 为上位基因。

上述上位作用与显性作用不同，上位作用发生于两对不同等位基因之间，而显性作用则发生于同一对等位基因的两个基因之间。

(2)互补作用

两对独立遗传基因分别处于纯合显性或杂合状态时，共同决定一种性状的发育。当只有一对基因是显性，或两对基因都是隐性时，则表现为另一种性状。这种基因互作的类型称为互补作用。发生互补作用的基因称为互补基因。

例如，在香豌豆中有两个白花品种，二者杂交产生的 F₁ 开紫花。F₁ 植株自交，其 F₂ 群体分离为 9/16 紫花：7/16 白花。对照自由组合定律，可知该杂交组合是两对基因的分离。从 F₁ 和 F₂ 群体的 9/16 植株开紫花，说明两对显性基因的互补作用。如果紫花所涉及的两个显性基因为 C 和 P，就可以确定杂交亲本、F₁ 和 F₂ 各种类型的基因型如下：

P   白花 $CCpp$ $\times$ 白花 $ccPP$

F₁   紫花 $CcPp$

　　　　　　　　　　$\otimes$

F₂   9 紫花（$C\_P\_$）：7 白花（$3C\_pp + 3ccP\_ + 1ccpp$）

上述试验中，F_1 和 F_2 的紫花植株表现其野生祖先的性状，这种现象称为返祖遗传。这种野生香豌豆的紫花性状取决于两种基因的互补。这两种显性基因在进化过程中，如果显性基因 C 突变成隐性基因 c，产生了一种白花品种；如果显性基因 P 突变成隐性基因 p，又产生另一种白花品种。当这两个品种杂交后，两对显性基因重新结合，于是出现了祖先的紫花。

（3）抑制作用

一个基因抑制非等位的另一个基因的作用，使后者的作用不能显示出来，这个基因称抑制基因。

例如，把中国家蚕品种中结黄茧的家蚕与结白茧的杂交，杂种是黄茧的，这说明黄茧是显性性状，白茧是隐性性状。但如果把结黄茧的品种和欧洲的结白茧的品种交配，却都是白茧的，表明欧洲品种的白茧是显性的。在这里，黄茧的显性基因（Y）的效应没有显示出来，这是因为欧洲品种存在另一对非等位基因（W），它的存在抑制了基因 Y，使之不能表达。

上位作用和抑制作用不同，抑制基因本身不能决定性状，而显性上位基因除遮盖其他基因的表现外，本身还能决定性状。

（4）积加效应

两种显性基因同时存在时产生一种性状，单独存在时能分别表现相似的性状，两种基因均为隐性时又表现为另一种性状，F_2 产生 $9:6:1$ 的比例。

例如，南瓜扁盘形对圆球形为显性，扁盘形对长圆形为显性。

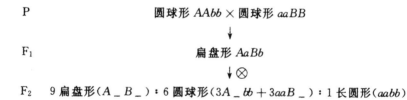

P　　　　　　　　　　圆球形 $AAbb$ × 圆球形 $aaBB$

　　　　　　　　　　　　　　↓

F_1　　　　　　　　　　　扁盘形 $AaBb$

　　　　　　　　　　　　　　↓⊗

F_2　　9 扁盘形（$A\_B\_$）：6 圆球形（$3A\_bb+3aaB\_$）：1 长圆形（$aabb$）

2 个显性基因时表现扁盘形，1 个显性基因表现圆球形，没有显性基因即全隐性基因时表现长圆形。

（5）重叠作用

不同对基因互作时，不同的显性基因对表现型产生相同的影响，F_2 产生 $15:1$ 的比例，这种基因互作称为重叠作用。这类表现相同作用的基因，称为重叠基因。

例如，荠菜中常见的植株是三角形蒴果，极少数植株是卵形蒴果。将这两种植株杂交，F_1 全是三角形蒴果。F_2 分离为 15/16 三角形蒴果：1/16 卵形蒴果。卵形蒴果的后代不再分离；三角形蒴果的后代有一部分不分离，一部分分离为 3/4 三角形蒴果：1/4 卵形蒴果，还有一部分分离为 15/16 三角形蒴果：1/16 卵形蒴果。由此可知，上述试验中 F_2 出现 $15:1$ 的比例，实际上是 $9:3:3:1$ 比例的变型，只是前三种表现型没有区别。这显然是由于每对基因中的显性基因具有使蒴果表现为三角形的相同作用。如果缺少显性基因，即表现为卵形蒴果。如用 T_1 和 T_2 表示这两个显性基因，则三角形蒴果亲本的基因型为 $T_1T_1T_2T_2$，卵形蒴果亲本的基因型为 $t_1t_1t_2t_2$。F_1 和 F_2 的各种基因型如下：

P 　　　　　　　三角形 $T_1T_1T_2T_2$ × 卵形 $t_1t_1t_2t_2$

↓

F_1 　　　　　　　三角形 $T_1t_1T_2t_2$

↓⊗

F_2 　15 三角形（$9T_1\_T_2\_ + 3T_1\_t_2t_2 + 3t_1t_1T_2\_$）：1 卵形（$t_1t_1t_2t_2$）

当杂交试验涉及 3 对重叠基因时,则 F_2 的分离比例将相应地为 63∶1,其余类推。在这里它们的显性基因作用虽然相同,但并不表现累积的效应。基因型内的显性基因数目不等,并不改变性状的表现,只要有 1 个显性基因存在,就能使显性性状得到发育。但在有些情况下,重叠基因也表现累加的效应。

3. 多因一效和一因多效

在基因与性状的关系上,孟德尔定律中一个基因控制一个性状。而基因互作事例说明一个性状常常受许多不同基因的影响。许多基因影响同性状的表现称为多因一效。

例如,玉米正常叶绿素的形成与 50 多个基因有关,其中任何一对改变,都会引起叶绿素的消失或改变。棉花的 $g11 - g16$ 腺体基因,其中任何一对改变,都会影响腺体分布和消失。

另一方面,一个基因也可以影响许多性状的发育,称为一因多效。

例如,孟德尔在豌豆杂交试验中发现,红花植株伴有叶腋有黑斑、结灰色种皮的种子,白花植株叶腋无黑斑而结淡色种皮的种子。这三种性状总是连在一起遗传,仿佛是一个遗传单位。可见决定豌豆红花或白花的基因不单影响花色,而且也控制种子颜色和叶腋上黑斑的有无,一个基因控制三个性状。

再如,水稻矮生基因也常常有许多效应的表现,除了表现矮化作用外,还有提高分蘖力、增加叶绿素含量的作用,还可使栅栏细胞纵向伸长。

多因一效与一因多效现象可从生物个体发育整体上理解。一方面性状是由许多基因所控制的许多生化过程连续作用的结果。另一方面如果某一基因发生了改变,其影响主要是在以该基因为主的生化过程中,但也会影响与该生化过程有联系的其他生化过程,从而影响其他性状的发育。

在这里,需要向大家明确指出的是,以上所讨论的遗传规律还不能够完全说明生物的遗传现象,要想全面了解生物体的遗传规律,还必须了解遗传的染色体学说、基因的连说与交换规律、细胞质遗传等遗传学理论,限于本书篇幅,这里就不对这些理论进行讨论,有兴趣的读者可以查阅相关资料。

5.2　遗传物质

5.2.1　生物的主要遗传物质

真核生物中控制生物性状的遗传物质位于染色体上。从化学上分析,真核生物的染色体是核酸、蛋白质和少量其他物质组成的复合物,其中核酸平均占 33% 左右,包括脱氧核糖核酸

(DNA),占 27%,核糖核酸(RNA),占 6%。蛋白质约占 66%,蛋白质主要由大致等量的组蛋白和非组蛋白组成。组蛋白的含量比较稳定,而非组蛋白随细胞的类型和代谢存在较大的变化。其他物质为拟脂和无机物。

蛋白质在生物体内具有丰富多样的类型和变化形式,同时遗传物质也是通过表达多种多样的蛋白质实现其功能的,因此在很长时期人们错误地认为蛋白质是生物的遗传物质。但是自 20 世纪 40 年代以来,随着微生物遗传学、生物化学、生物物理学以及许多新技术不断引入遗传学,产生了一个崭新的领域——分子遗传学,这种观念才得以否定。分子遗传学的大量证据表明,生物中 DNA 是主要的遗传物质,而在缺乏 DNA 的某些病毒中,RNA 是遗传物质。

1. DNA 是主要遗传物质的证明

（1）DNA 作为主要遗传物质的间接证据

DNA 在生物细胞中存在的部位较单一,大部分 DNA 存在于染色体上,少量存在于线粒体等细胞器里,而 RNA 和蛋白质在细胞内很多。除了少数 RNA 病毒外,DNA 是其他所有生物的染色体所共有,包括无完整细胞结构的噬菌体到最高等的人类都是如此。而蛋白质则不同,噬菌体、病毒等的染色体上没有蛋白质。每个物种不同组织的细胞不论其大小和功能如何,其 DNA 含量是恒定的,性细胞中的 DNA 含量刚好是体细胞的一半,而细胞内的 RNA 和蛋白质的量在不同细胞之间差别很大。如果存在多倍体系列物种,其细胞中 DNA 的含量随染色体倍数的增加而表现出倍数性的递增,而其细胞内的 RNA 和蛋白质量的变化无此规律。

DNA 在代谢上也是比较稳定的,利用示踪原子的方法发现一种原子一旦成为 DNA 分子的组成成分,则在细胞的生长发育过程中,不会离开 DNA,保持稳定,细胞内的 RNA 和蛋白质分子一面迅速形成,同时又一面分解。用不同波长的紫外线诱发各种生物突变时,其最有效的波长均为 260 nm,这与 DNA 所吸收的紫外线光谱是一致的,说明基因突变与 DNA 分子的变异密切相关。

上述事实都间接说明了 DNA 是主要的遗传物质。

（2）DNA 是遗传物质的证明

DNA 是遗传物质的证据来自肺炎链球菌的转化实验。肺炎链球菌有 2 个不同类型,一种是粗糙型（R 型）,没有荚膜,不致病,无毒性,在培养基上形成粗糙的群落。另一种是光滑型（S 型）,有荚膜,致病,具有毒性,在培养基上形成光滑的群落。实验表明若把有荚膜的 S 株细胞加热（65℃）杀死,它就失去了致病性,进入动物体不再致死。如果把这种加热杀死的 S 株细菌（已不致死）与活的无荚膜的 R 株细菌（本就不致死）混合注射到小鼠体内时,小鼠竟发生了肺炎而死亡,检查死亡小鼠的血液,发现了活的 S 菌。

由此可以这样认为,有荚膜的死细菌中有某些物质（转化因子）进入了无荚膜的活细菌,使原来没有毒性的细菌转化为有荚膜的毒细菌了。后来又发现,这些转化了的有荚膜细菌繁殖的后代也都是有荚膜的,可见这种转化是可以遗传的,是遗传性状的转化。由此认为无毒株转化为有毒株是细菌遗传性的转变。那么,这一引起转化的物质是什么呢?美国 O. Avery 等人终于证明这一转化物质是 DNA。他们发现,只要把有荚膜的 S 株细菌的 DNA 提取出来,放入无荚膜的 R 株细菌培养基中,后者就会变为有荚膜的毒菌株,如图 5-11 所示。这一实验证明,无荚膜的 R 株细菌之所以转变为有荚膜的毒株,乃是由于 S 株细菌的 DNA 进入了 R 株细胞之内,引起了后者遗传性改变所致。

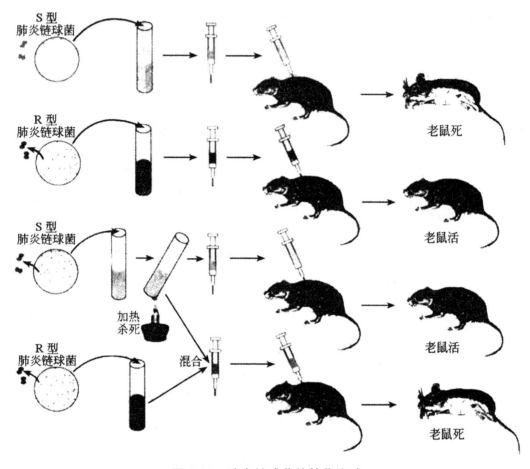

图 5-11　肺炎链球菌的转化实验

2. 无 DNA 生物中,RNA 是遗传物质及其证据

有些病毒是由 RNA 和蛋白质构成的,并不含有 DNA,如感染植物的烟草花叶病毒,它是一个管状微粒,其中心是单螺旋的 RNA,外部是由蛋白质组成的外壳。实验证明,它的遗传物质是其中的 RNA,而不是其蛋白质。

1956 年,佛兰科尔-康拉特与辛格尔用化学的方法将 TMV 的 RNA 与蛋白质分开,把提纯的 RNA 接种到烟草植株上,可以形成新的 TMV 而使烟草发病;单纯利用它的蛋白质接种,就不能形成新的 TMV,烟草继续保持健壮。如果用 RNA 酶处理提纯的 RNA,再接种到烟草上,也不能产生新的 TMV。这说明在不含 DNA 的 TMV 中,RNA 是遗传物质。

佛兰科尔-康拉特与辛格尔还采用了分离与聚合的方法,把 TMV 的 RNA 与霍氏车前病毒 HR 的蛋白质外壳结合重新合成杂合的病毒颗粒,用它感染烟草植株,所产生的新病毒颗粒与提供 RNA 的病毒完全一致,即亲本的 RNA 决定了后代的病毒类型,而与蛋白质无关,如图 5-12 所示。

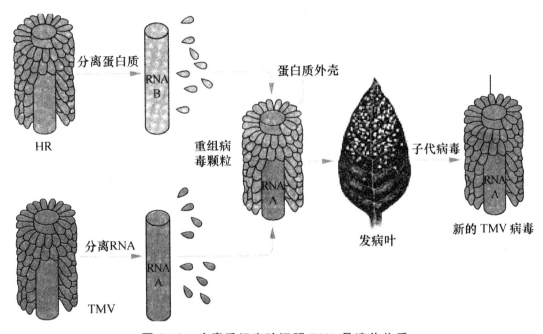

图 5-12　病毒重组实验证明 RNA 是遗传物质

5.2.2　DNA 的复制

DNA 的分子结构前面已经介绍,这里只介绍 DNA 的复制。

1. DNA 复制的特点

(1)半保留复制

DNA 既然是主要的遗传物质,它必然具备自我复制的能力。沃森和克里克提出 DNA 分子的双螺旋结构模型时,对 DNA 复制也进行了假设,根据 DNA 分子的双螺旋模型,认为 DNA 分子的复制首先是从它的一端的氢键逐渐断开。当双螺旋的一端拆开为两条单链,而另一端仍保持双链状态时,以分开的双链为模板,从细胞核内吸取游离的核苷酸,按照碱基配对的方式(即 A 与 T 配对,G 与 C 配对)合成新链,新链与模板链互相盘旋在一起,形成 DNA 的双链结构。这样,随着 DNA 分子双螺旋的完全拆开,就逐渐形成了两个新的 DNA 分子。由于新合成的 DNA 分子保留了原来母 DNA 分子双链中的一条链,因此 DNA 的这种复制方式称为半保留复制,如图 5-13 所示。这种 DNA 复制方式已被大量试验所证实,而且这种复制方式对遗传物质保持稳定具有非常重要的意义和作用。

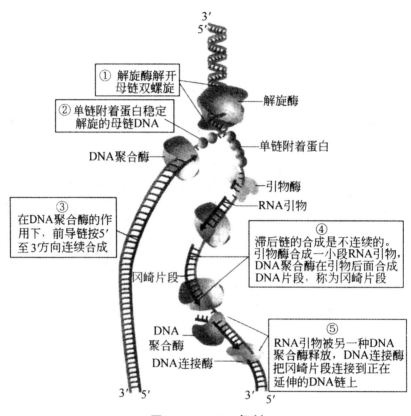

① 解旋酶解开
母链双螺旋

解旋酶

② 单链附着蛋白稳定
解旋的母链DNA

单链附着蛋白

DNA聚合酶

引物酶

RNA引物

③
在DNA聚合酶的作
用下，前导链按5′
至3′方向连续合成

④
滞后链的合成是不连续的。
引物酶合成一小段RNA引物，
DNA聚合酶在引物后面合成
DNA片段，称为冈崎片段

冈崎片段

DNA
聚合酶

DNA连接酶

⑤
RNA引物被另一种DNA
聚合酶释放，DNA连接酶
把冈崎片段连接到正在
延伸的DNA链上

图 5-13　DNA 复制

(2)复制起点与复制方向

现有的实验表明,原核生物的复制是在 DNA 分子的特定位点开始的,这一位点被叫做复制起点(常用 ori 表示)。原核生物的染色体只有一个复制起点,复制从起点开始,直到整条染色体复制完成为止,即原核生物染色体只有一个复制单位(或称复制子),如图 5-14 所示。复制子是指在某个复制起始点控制下合成的一段 DNA 序列。真核生物的实验表明,每一条染色体的复制是多起点的,共同控制一条染色体的复制,所以真核生物每条染色体上具有多个复制子。

绝大多数生物体内 DNA 的复制都以双向等速方式进行。在电子显微镜下观察正在复制的 DNA,复制的区域形如一只眼睛,因此称为复制眼,如图 5-15 所示,而正在复制的地方或位点犹如一个叉子,称为复制叉。有的生物 DNA 的双向复制为非对称性复制,如枯草杆菌中,复制从起点开始双向进行,在一个方向上仅复制 1/5 的距离,然后停下等另一个方向复制 4/5 的距离。有的生物 DNA 的复制完全是单向进行的,如质粒 ColEI、噬菌体 T_2 的复制就是如此。

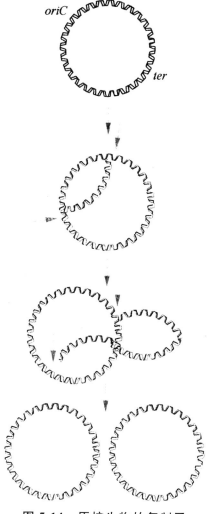

图 5-14　原核生物的复制子

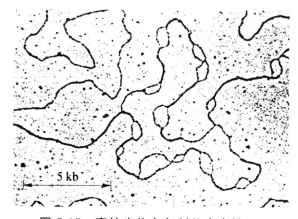

图 5-15　真核生物多复制位点电镜图

2. DNA 复制的全过程与修复

(1)DNA 复制的全过程

DNA 复制的全过程可以认为是分如下两步进行的。

①第一步是双链 DNA 的解螺旋。从复制点开始,螺旋酶在复制叉的前端使 DNA 解螺旋,由复制基因编码的螺旋酶沿模板 DNA5′→3′,方向从外向内在一条链上移动,而另一螺旋酶亦沿模板 DNA3′→5′,方向从内向外在另一条链上移动。

②第二步是 DNA 复制的开始,引物酶复合体结合在 DNA 单链上,合成小片段的 RNA 引物。在 DNA 聚合酶的作用下,以引物链为起点,以两条母链为模板链按照碱基互补配对原则合成互补的 DNA 链。这样经过半保留性的、半不连续的合成,形成了两条新链 DNA。在此过程中有许多事件由酶参加完成。

(2)DNA 的修复

DNA 复制过程总是相当准确的,但是难免会发生差错。物种突变率是很低的,每一代细胞 10^9 bp 中只有 1 个碱基对发生突变。这是由于生物自身有相应的修复机制,从而保证 DNA 的稳定。这也是生物的耐受性的重要表现之一。

DNA 修复是指双链 DNA 上的损伤得到修复的现象。现在已知在生物体中 DNA 有以下三种修复方式。

①光恢复修复。由紫外线所造成的 DNA 损伤(胸腺嘧啶二聚体),由于光恢复酶的催化,在可见光照射后可以切开损伤,恢复成完整 DNA 的状态。这是较简单的修复方式,一般都能将 DNA 修复到原样,如图 5-16 所示。

②切除修复。切除修复是修复 DNA 损伤最为普遍的方式,对多种 DNA 损伤,包括碱基脱落形成的无碱基位点、嘧啶二聚体、碱基烷基化、单链断裂等都能起修复作用。该方式普遍存在于各种生物细胞中,也是人体细胞主要的 DNA 修复机制。修复过程需要多种酶的一系列作用,嘧啶二聚体或某种碱基损伤可以被切除;然后通过相对的一条完整无损的 DNA 链作为模板重新进行合成,在这个被切除的部分中填上正常的碱基排列。

③重组修复(复制后修复)。上述的切除修复在切除损伤段落后是以原来正确的互补链为模板来合成新的段落而做到修复的。但在某些情况下没有互补链可以直接利用,如果 DNA 发生了损伤,经复制后有新的 DNA 会出现断裂,这种情况是以重组修复方式修复。由于 DNA 上发生损伤,在以它作为模板所产生的新的 DNA 中,相对原来发生损伤的地方就会出现缺口,从原来另一条完整无损的链上可以切下相应的核苷酸部分填到这个缺口中去,这就是重组修复的机制。

修复过程是生物体内普遍存在的正常生理过程,从病毒到人都具有 DNA 修复的能力。当然不是 DNA 任何损伤都可以修复,否则就不会有生物突变了。人的皮肤癌患者常常是因为光恢复修复功能不足而引起的。

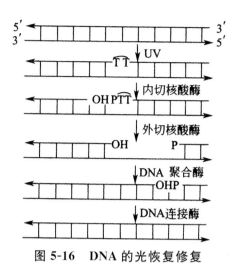

图 5-16　DNA 的光恢复修复

5.3　遗传信息的表达

5.3.1　中心法则及其发展

在生物体内，DNA 和蛋白质的合成过程实际上就是遗传信息从 DNA 到 DNA 的复制过程以及遗传信息由 DNA 到 mRNA 再到蛋白质的转录和翻译过程，这就是分子生物学的中心法则(central dogma)。分子生物学的中心法则所阐述的是遗传物质或基因的两个基本属性：自我复制和基因的表达。关于这两个属性的分子水平的分析，对深入理解遗传及变异的实质具有重要的意义。这一法则被认为是从噬菌体到真核生物的整个生物界共同遵循的规律。

1970 年 Temln 等在 RNA 肉瘤病毒中发现存在着依赖 RNA 的 DNA 聚合酶即反转录酶，它可以以 RNA 为模板，合成 DNA，然后在其他酶系统的作用下，转化为 DNA-DNA 双螺旋，并整合到寄主细胞的染色体上。整合后的 DNA 又可转录合成 RNA，翻译蛋白质，装配成新的病毒，从而开始下一轮的侵染。迄今不仅在很多种由 RNA 致癌病毒引起的癌细胞中发现反转录酶，甚至在正常细胞(如胚胎细胞)中都有发现。反转录酶的发现不仅具有重要的理论意义，而且对于遗传工程上基因的酶促合成以及致癌机理的研究都具有重要作用。

进一步研究发现一些 RNA 病毒，如小儿麻痹症病毒、流行性感冒病毒等，可以以 RNA 为模板，在一种高度专一的酶作用下进行自我复制形成新的 RNA 分子，该酶称为 RNA 复制酶。每一种这样的 RNA 病毒都有自己的 RNA 复制酶。

20 世纪 60 年代中期，McCarthy 和 Holland 发现在他们的实验体系中加入抗生素等条件，变性的单链 DNA 在离体情况下可以直接与核糖体结合，合成蛋白质。但至今在活细胞内还未证实 DNA 能直接指导蛋白质的合成。另外，疯牛病在世界上闹得沸沸扬扬，已知疯牛病由朊病毒引起，朊病毒不含任何核酸，它是否依赖核酸增殖或蛋白质增殖，目前科学界尚存在争论。

上述发现不仅增加了中心法则的遗传信息的原有流向，丰富了中心法则的内容，而且也对中心法则提出了挑战,表明中心法则并非终极,需要进一步完善。因此,可以把中心法则概括为如图 5-17 所示,其中实线表示遗传信息传递的方向,虚线表示尚未发现或在离体条件下发现但在活细胞内未发现的信息流向。

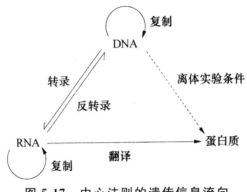

图 5-17　中心法则的遗传信息流向

5.3.2　RNA 与转录

1. RNA 的分类、结构与复制

在 DNA 指导的 RNA 聚合酶催化下,生物体以 DNA 的一条链为模板,按照碱基配对原则,合成一条与 DNA 链的一定区段互补的 RNA 链,这个过程称为转录。经转录生成的多种RNA,主要包括 rRNA、tRNA、mRNA、snRNA 和 hnRNA 等,如图 5-18 所示。

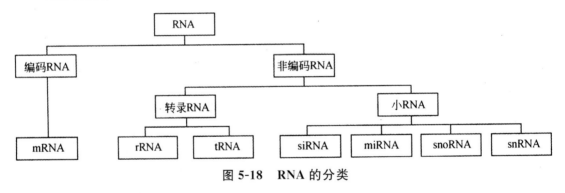

图 5-18　RNA 的分类

绝大部分 RNA 分子都是线性单链,但是 RNA 分子的某些区域可自身回折进行碱基互补配对,形成局部双螺旋。在 RNA 局部双螺旋中 A 与 U 配对、G 与 C 配对。除此以外,还存在非标准配对,如 G 与 U 配对。RNA 分子中的双螺旋与 A 型 DNA 双螺旋相似,而非互补区则膨胀形成凸出或者环,这种短的双螺旋区域和环称为发夹结构。发夹结构是 RNA 中最常见的二级结构形式,二级结构进一步折叠形成三级结构,RNA 只有在具有三级结构时才能成为有活性的分子。RNA 也能与蛋白质形成核蛋白复合物——RNA 的四级结构。

（1）tRNA

tRNA 约占总 RNA 的 15%,tRNA 主要的生理功能是在蛋白质生物合成中转运氨基酸和识别密码子,细胞内每种氨基酸都有其相应的一种或几种 tRNA,因此 tRNA 的种类很多,在细菌中有 30～40 种 tRNA,在动物和植物中有 50～100 种 tRNA。从数量上直观分析就可以推断,部分真核生物蛋白在细菌中可能无法顺利表达。

(2)mRNA

原核生物中 mRNA 转录后直接进行蛋白质翻译。转录和翻译不仅发生在同一空间,而且两个过程几乎是同时进行的。原核生物的 mRNA 结构简单,往往含有几个功能上相关的蛋白质编码序列,可翻译出几种蛋白质,因此被称为多顺反子。在原核生物 mRNA 中编码序列之间有间隔序列,可能与核糖体的识别和结合有关。在 5′端与 3′端有与翻译起始和终止有关的非编码序列,原核生物 mRNA 中没有修饰碱基,5′端无帽结构,3′端无聚腺苷酸的尾。原核生物转录后约 1min,mRNA 就开始降解。所以原核生物一般不使用基于 mRNA 的文库。真核细胞成熟 mRNA 是由其前体——核内不均一 RNA(heterogeneous nuclear RNA,hnRNA)剪接并经修饰后才能进入细胞质中参与蛋白质合成的。真核生物 mRNA 为单顺反子结构。在真核生物成熟的 mRNA 5′端有 m^7GpppN 的帽结构,帽结构可保护 mRNA 不被外切核酸酶水解,其能与帽结合蛋白结合识别核糖体并与之结合,参与翻译起始。3′端的 polyA 尾,其长度为 20～250 个 A,功能与 mRNA 的稳定性有关。少数成熟 mRNA 没有 polyA 尾(如组蛋白mRNA),它们的半衰期较短。基于这些特点,利用真核生物的 mRNA 反转录建立 cDNA 文库为一种常规的研究方法。

(3)rRNA

rRNA 占细胞 RNA 总量的 80% 左右,其分子为单链,局部有双螺旋区域,具有复杂的空间结构。原核生物主要的 rRNA 有三种,即 5S、16S 和 23S rRNA,大肠杆菌的这三种 rRNA分别由 120、1542 和 2904 个核苷酸组成。真核生物则有 4 种 rRNA,即 5S、5.8S、18S 和 28S rRNA,在小鼠中分别由 121、158、1874 和 4718 个核苷酸组成。rRNA 分子作为骨架与多种核糖体蛋白装配成核糖体。由于 rRNA 较高的丰度和确定的分子质量,在评估 RNA 质量和数量的实验中,18S 和 28S RNA 是比 RNA 分子质量标准更加方便的参考指标。

(4)其他 RNA

20 世纪 80 年代以后,发现了许多新的 RNA 基因和功能。细胞核内小分子 RNA 是细胞核内核蛋白颗粒的组成成分,参与前 mRNA 的剪接及成熟的 mRNA 由核内向胞质中转运的过程。核仁小分子 RNA 是一类新的核酸调控分子,参与前 rRNA 体的加工及核糖体亚基的装配。胞质小分子 RNA 的种类很多,其中 7SL RNA 与蛋白质一起组成信号识别颗粒,SRP参与分泌性蛋白的合成。反义 RNA 可以与特异的 mRNA 序列互补配对,阻断 mRNA 翻译,能调节基因表达。核酶是具有催化活性的 RNA 分子或 RNA 片段,针对病毒的致病基因mRNA 的核酶,可以抑制其蛋白质的生物合成,为基因操作开辟新的途径。微 RNA 是一种具有发夹结构的非编码 RNA,长度一般为 20～24 个核苷酸,在 mRNA 翻译过程中起到开关作用。它可以与靶 mRNA 结合,产生转录后基因沉默的作用。miRNA 的表达具有阶段特异性和组织特异性,它们在基因表达调控和控制个体发育中起重要作用。miRNA 也参与调节 mR-NA 稳定性、异构体形成等多种过程。miRNA 调节基因表达可能代表一类全局式调节方式。

在自然界中,绝大多数生物是以 DNA 作为遗传物质,但也有少量的物种,如一些动物、植物病毒不含有 DNA,它们是以 RNA 作为其遗传物质,因此称为 RNA 病毒,它们也可以自我复制传递后代。相对于以 DNA 作为遗传物质的物种来说,其 RNA 的复制要简单得多。大多数 RNA 病毒的遗传物质 RNA 是单链的。在复制过程中和 RNA 聚合酶作用下，先以自己的 RNA 作为模板合成一条互补的单链，通常称病毒原有的、起模板作用的 RNA 分子链为"＋"链，将新复制的 RNA 分子称为"－"链，这样就形成了双螺旋的复制类型。然后这条"－"链从"＋"链模板释放出来，它也以自己为模板复制出一条与自己互补的"＋"链，于是形成了一条新生的病毒 RNA 分子，如图 5-19 所示。

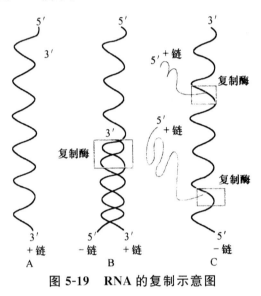

图 5-19　RNA 的复制示意图

2. 转录

无论是真核生物还是原核生物，转录都是在 RNA 聚合酶的催化下进行的。DNA 双链中只有一条单链被拷贝成单链 RNA。像复制一样，转录前先是 DNA 解开，作为模板链的一条称为有义链，与之互补的称为无义链，如图 5-20 所示。原核生物中 RNA 聚合酶只有二种，各种 RNA 的合成都由它催化，真核生物中 RNA 聚合酶有 RNA 聚合酶Ⅰ、RNA 聚合酶Ⅱ和 RNA 聚合酶Ⅲ 3 种，其中 RNA 聚合酶Ⅱ专门负责 mRNA 的合成。转录开始时，RNA 聚合酶附着到 DNA 上由特定碱基序列组成的启动子上。接着使 DNA 双链解开，开始转录。由于 RNA 聚合酶只能将新核苷酸添加到新生链的 3′端，转录时 mRNA 分子按照 5′→3′方向延长，因此解开的 DNA 双链中只有一条链可以充当转录的模板。RNA 聚合酶Ⅱ沿着 DNA 模板链由 3′→5′端移行，每次解开 DNA 双螺旋刚好一个圈大约有 10 个核苷酸暴露出来供 RNA 合成时的碱基配对，将核苷酸逐个添加到 RNA 新生链的 3′端，直至暴露的模板用完，又继续下一圈的解螺旋与转录，已用过的 DNA 模板链与原来的互补链之间又重新恢复双螺旋状态。当 RNA 聚合酶移行到 DNA 上的终止位点时即停止转录，新合成的 RNA 脱离模板 DNA，游离于细胞核中。

原核生物转录合成的 mRNA 很少需要经过加工，有的甚至转录尚未结束，只要先前合成的一段 RNA 与 DNA 模板脱离就能马上用于翻译。真核生物中核内合成的这种 RNA 称为核内异质 RNA(hnRNA)。hnRNA 相对分子质量较大，不能直接用于翻译，必须在核内经过加工后进入细胞质才能变为成熟的 mRNA。真核生物的 mRNA 加工包括以下几个方面。

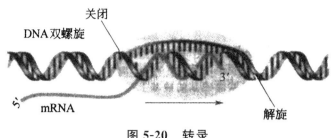

图 5-20　转录

①加帽形成领头序列。当 mRNA 链合成大概达到 30 个核苷酸后,在其 5′端加上一个 7-甲基化鸟嘌呤作为帽子。5′帽子的主要功能是防止本身被细胞质某些酶破坏,且可以作为核糖体小亚基识别并与之结合的信号。

②加尾形成结尾序列。在 hnRNA 的 3′端加上 150～200 个腺苷酸组成的多聚腺嘌呤核苷酸尾巴,它对增加本身在细胞质中的稳定性以及从细胞核向细胞质的运输具有重要作用。

③剪接形成编码序列。在 hnRNA 链上存在不编码氨基酸的内含子和编码氨基酸的外显子,因此必须对 mRNA 分子进行剪接,剪切掉内含子,把几个外显子拼接起来才能成为成熟的 mRNA,如图 5-21 所示。

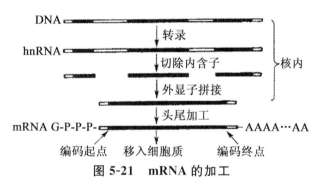

图 5-21　mRNA 的加工

5.3.3　蛋白质的合成

1. 遗传密码

所有生物的遗传物质都是不同的 DNA 分子,而 DNA 分子是由 4 种脱氧核苷酸组成的多聚体。这 4 种脱氧核苷酸的差别在于所含的碱基的不同,即 A、T、G、C 4 种碱基的不同。遗传学上把每种碱基看成 1 种密码符号,则 DNA 分子中将含有 4 种密码符号,遗传信息就贮藏于 4 种碱基密码的不同排列顺序中,因此也称为遗传密码(genetic code)。如果一个 DNA 分子含有 1000 个核苷酸对,按照其排列组合可以形成 4^{1000} 种形式,从而表达出无限的信息。

前面已经提到,DNA 上的遗传信息要按照碱基互补配对原则转录为 mRNA,再由 mRNA 指导蛋白质的合成。在转录过程中,DNA 上的 A、T、G、C 4 种碱基分别被替换为 U(尿嘧啶)、A、C、G,同时脱氧核糖被替换为核糖。因此,在转录的 mRNA 链上,其遗传密码的排列顺序与原来模板 DNA 的互补 DNA 链一样。

mRNA 在指导蛋白质的合成过程中,其遗传密码与组成蛋白质的氨基酸必然存在一定的关系。显然,1个碱基和2个碱基作为1个密码子决定1个氨基酸的翻译是不能成立的,因为它们的密码子组合分别为4种和16(4^2)种,而已知组成蛋白质的氨基酸是20种。如果是3个碱基决定1个氨基酸,其可能的组合将有64种,这比20种氨基酸多出44种。可以初步确定可能是3个碱基组成密码子决定1个氨基酸的合成,因此也称为三联体密码。

从1961年开始,利用已知的64个三联体密码,经过大量的精彩实验,至1967年的短短几年时间就破译了全部的密码子,找出了它们与氨基酸的对应关系,建立了遗传密码字典,如表5-2所示。

表 5-2　20 种氨基酸的遗传密码子字典

第一碱基 (5′端)	第二碱基(中间碱基)								第三碱基 (3′端)
	U		C		A		G		
U	UUU	苯丙氨酸 Phe	UCU	丝氨酸 Ser	UAU	酪氨酸 Tyr	UGU	半光氨酸 Cys	U
	UUC		UCC		UAC		UGC		C
	UUA	亮氨酸 Leu	UCA		UAA	终止信号	UGA	终止信号	A
	UUG		UCG		UAG		UGG	色氨酸 Trp	G
C	CUU	亮氨酸 Leu	CCU	脯氨酸 Pro	CAU	组氨酸 His	CGU	精氨酸 Arg	U
	CUC		CCC		CAC		CGC		C
	CUA		CCA		CAA	谷氨酰胺 Gln	CGA		A
	CUG		CCG		CAG		CGG		G
A	AUU	异亮氨酸 Ile	ACU	苏氨酸 Thr	AAU	天冬酰胺 Asn	AGU	丝氨酸 Ser	U
	AUC		ACC		AAC		AGC		C
	AUA		ACA		AAA	赖氨酸 Lys	AGA	精氨酸 Arg	A
	GUG*	甲硫氨酸 Met	ACG		AAG		AGG		G
G	GUU	缬氨酸 Val	GCU	丙氨酸 Ala	GAU	天冬氨酸 Asp	GGU	甘氨酸 Gly	U
	GUC		GCC		GAC		GGC		C
	GUA		GCA		GAA	谷氨酸 Glu	GGA		A
	AUG*	缬氨酸 Val	GCG		GAA		GGG		G

注:*同时为起始信号。

由密码子字典可以看出,除甲硫氨酸和色氨酸外,其他的氨基酸均有两种以上的密码子,最多达到6个,如精氨酸。多种密码子编码一种氨基酸的现象称为简并。代表一种氨基酸的所有密码子称为同义密码子。氨基酸的密码子数目和它在蛋白质中出现的频率间并没有明显的正相关性。另外,在密码子字典中有3个三联体密码 UAA、UAG、UGA 不编码任何氨基酸,是蛋白质合成的终止信号,分别称为赭石、琥珀和乳石密码子;AUG 和 GUG 不仅分别是甲硫氨酸和缬氨酸的密码子,而且还兼作蛋白质合成的起始信号。

在分析简并现象时可以发现,当三联体密码的第一个、第二个碱基决定后,有时不管第三个碱基是什么,都有可能决定同一个氨基酸,说明密码子的第三碱基具有一定的灵活性,如丝氨酸由 UCU、UCC、UCA、UCG 4 个三联体密码决定,它们的第一个和第二个碱基相当固定,第三个碱基出现变化,这就是产生简并现象的基础。

同义密码子越多,生物遗传的稳定性越大。因为一旦 DNA 分子上的碱基发生突变所形成的三联体密码就有可能与原来的三联体密码翻译成同样的氨基酸,就不会引起蛋白质多肽链上氨基酸序列的改变,从而将突变对生物体的影响降低到最小。

在所有生物体中,密码子字典几乎是通用的,即所有的核酸语都是由 4 种基本碱基符号所编成;所有的蛋白质都是由 20 种氨基酸所组成。密码子的通用性表明生命的共同本质和共同起源。但是密码子的通用性在近年来也发现有极少数的例外情况,主要表现在一些低等生物的 tRNA 中,如山羊支原体,UGA 不是终止密码子,而代表色氨酸,其使用频率比 UGG 高得多。

遗传密码具有如下特点:

(1)连续性

从起始密码子开始,各三联体密码子连续阅读而无间断,如果阅读框架中有碱基插入或缺失,就会造成移码突变。

(2)方向性

密码子的解读方向为 $5' \rightarrow 3'$,其决定翻译的方向性。

(3)简并性

除色氨酸和甲硫氨酸只有一个密码子外,其余氨基酸有多个密码子。这种由多种密码子编码一种氨基酸的现象称为简并性,代表一种氨基酸的密码子称为同义密码子。从遗传密码表可看到,决定同一种氨基酸密码子的头两个核苷酸往往是相同的,只是第三个核苷酸不同,表明密码子的特异性由第一、第二个核苷酸决定,第三位碱基发生点突变时仍可翻译出正常的氨基酸。

(4)摆动性

mRNA 密码子与 tRNA 分子上的反密码子间通过碱基配对正确识别,这是遗传信息准确传递的保证。虽然每个 tRNA 只有一个特定的反密码子,但有时可能读一个以上的密码子,这是因为密码子的前两位碱基和反密码子严格配对,而密码子第三位碱基与反密码子第一位碱基不严格遵守 A-T、G-C 的配对规则,只形成松散的氢键,这被称为遗传密码子配对的摆动性。

(5)普遍性

实验证明,所有生物体在蛋白质生物合成中使用的遗传密码相同,这被称为遗传密码使用的普遍性,这表明密码子可能在生命进化的早期就已建立。但研究者发现少数线粒体密码子与标准密码子不同。

例如,线粒体中 AUA 与 AUG 含义相同,代表 Met 和起始密码子;UGA 为 Trp 密码子而不是终止密码子;而 AGA 和 AGG 是终止密码子等。

(6)种属特异性

尽管所有生物体在蛋白质生物合成中使用的遗传密码相同,但不同物种使用一定密码子的频率是不同的。造成这一现象的原因是不同物种 tRNA 的组成有所不同,有一些 tRNA 较为稀缺。在跨物种的基因转移中,依据受体物种优化密码子是获得转基因成功的关键之一。另外,在基因工程系统中,给受体细胞添加稀有密码子 tRNA 也是一个重要的内容。

(7)起始密码子和终止密码子

位于 mRNA 起始部位的 AUG 称为起始密码子,同时编码甲硫氨酸;终止密码子 UAA、UAG、UGA 不代表任何氨基酸,仅作为肽链合成的终止信号。

2. 翻译的过程

蛋白质合成在核糖体上进行,以 mRNA 为模板,从 $5'→3'$ 方向,以 tRNA 为运载工具将氨基酸运送到核糖体上合成的部位 A 位和 P 位,然后氨基酸顺次连接起来。多肽从 N 末端到 C 末端方向合成。蛋白质的合成也分为三个基本阶段,即起始、伸长和终止,如图 5-22 所示。在原核生物和真核生物上相似,蛋白质合成都是从 mRNA 的起始密码子(即 AUG 密码子)开始,因此新合成的蛋白质是以甲硫氨酸开始的。在某些情况下甲硫氨酸随后被切除。蛋白质合成一旦启动,其伸长阶段就随之开始。这个阶段分为 3 个步骤,即氨酰-tRNA 与核糖体的结合、多肽链的形成以及核糖体沿 mRNA 的移动,每次移动一个密码子,多肽链的伸长直到 mRNA 编码终止密码子为止,核糖体在释放因子蛋白质的作用下识别终止密码子,终止密码子不编码任何的氨基酸,因此细胞中没有相应反密码子的 tRNA,合成结束。同时,核糖体分解成大亚基和小亚基,翻译完成。

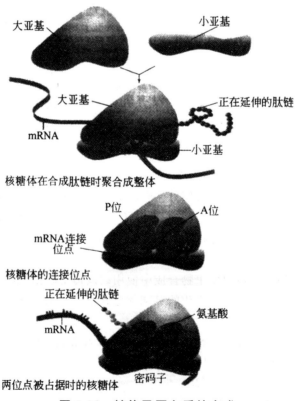

图 5-22　糖体及蛋白质的合成

各步骤有许多酶参与反应。翻译是一个快速过程,在一个核糖体上一段肽链的合成平均不到 1 min。事实上,随着多肽链的延伸,当 mRNA 上蛋白质合成的起始位置移出核糖体后,另一个核糖体可以识别起始位点,并与之结合,也开始了下一次多肽链的合成。mRNA 上会形成多聚核糖体,依次合成,这就会大大提高蛋白质合成的效率,如图 5-23 所示。保证翻译准确进行的两个事件是:

①特定 tRNA 只结合特定的氨基酸进行运输。

②tRNA 上互补的反密码子与 mRNA 的密码子之间的特异性结合。

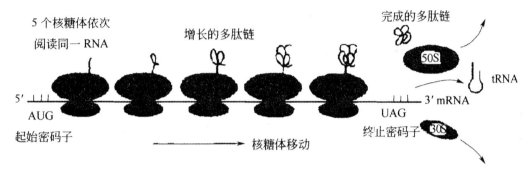

图 5-23   mRNA 上多聚核糖体合成多肽

5.4   基因表达的调控

DNA 上有许多基因,而它们并不是同时表达的,什么时间哪类基因表达哪类基因关闭,对这个过程的调节称为基因表达调控。基因表达调控在细胞适应环境、实现细胞分化、生长发育和繁殖等方面具有重要的生物学意义。基因表达调控主要发生在 3 个水平上,即 DNA 水平上的调控、转录水平上的调控和翻译水平上的调控。不同生物使用不同信号来指挥基因调控,原核生物和真核生物之间存在很大差异。

5.4.1   原核生物的基因调控

单细胞的原核生物对环境条件具有高度的适应性,可以迅速调节各种基因的表达水平,以适应不断变化的环境条件。原核生物主要是在转录水平上调控基因的表达,其次是翻译水平。当需要这种产物时,就大量合成这种 mRNA,当不需要这种产物时就抑制这种 mRNA 的转录,就是让相应的基因不表达。通常所说的基因不表达,并不是说这个基因就完全不转录为mRNA,而是转录的水平很低,维持在一个基础水平(本底水平)。这里主要介绍转录水平上的调控。

在原核生物中,关于大肠杆菌(E. coli)乳糖代谢的调控研究得最为清楚。20 世纪 50 年代末,法国科学家 Jacob 和 Monod 在研究中发现,大肠杆菌生长在含有乳糖的培养基上时乳糖代谢酶浓度与有没有乳糖相关的事实,提出了乳糖操纵子模型,如图 5-24 所示,用来阐述乳糖代谢中基因表达的调控机制。

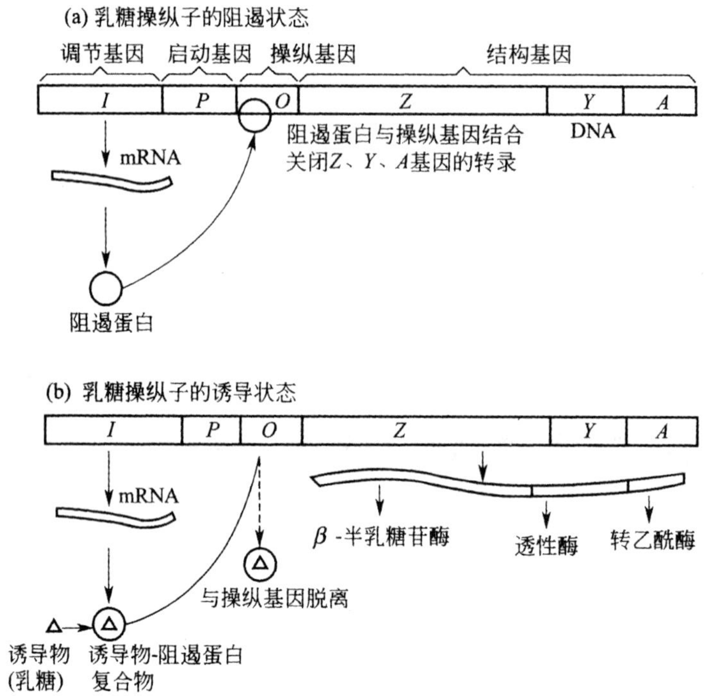

图 5-24 乳糖操纵子模型

在正常情况下，E. coli 是以葡萄糖作为碳源的，在没有葡萄糖、只有乳糖存在的条件下，也能以乳糖为碳源而生存。葡萄糖是单糖，E. coli 利用它最为方便和经济。乳糖是双糖，是葡萄糖和半乳糖的复合物。以乳糖为碳源必须先将乳糖分解为葡萄糖和半乳糖，再将半乳糖转化为葡萄糖，这就需要另外的 3 种酶：β-乳糖苷酶，将乳糖分解成半乳糖和葡萄糖；半乳糖渗透酶，帮助细菌从培养基中摄取乳糖；硫半乳糖苷转乙酰酶，作用不明。

在有葡萄糖存在时，细菌体内的这三种酶含量很低。每个细胞中只有 3～5 个分子的 β 半乳糖苷酶。当培养基中没有葡萄糖而有乳糖存在时，这三种酶的量急剧增加，2～3 min 内即可增加 1000 倍以上，而且是三种酶成比例增加。一旦乳糖用完，在 2～3 min 内这三种酶的量又很快下降到本底水平。涉及这一基因调控系统的基因有如下 4 类：

(1)结构基因

结构基因有 3 个，分别为 A(硫半乳糖苷转乙酰酶基因)、Y(半乳糖渗透酶基因)、Z(β-半乳糖苷酶基因)。能通过转录、翻译而使细胞产生一定的酶系统和结构蛋白，因而是与生物性状的发育和表现直接有关的基因。

(2)操纵基因 O

此基因控制结构基因转录的速度，位于结构基因的邻近，不能转录为 RNA。

(3)转录的启动基因 P

此基因也位于操纵基因的附近，它的作用是给出信号，使 mRNA 合成开始。启动基因也不能转录为 RNA。

(4)调控基因 I

I 编码一种蛋白质，称为阻遏物，来调节操纵基因的活动。可在无乳糖存在时，阻遏物与

O 结合,关闭三个结构基因,使之不能被转录。

当培养基中,没有乳糖时,阻遏蛋白识别操纵基因并与之结合,阻止了 RNA 聚合酶与启动基因结合,结构基因也被抑制,不能转录形成编码 3 种酶的 mRNA。当培养基内加入乳糖后,乳糖在透性酶作用下进入细胞。经 β-半乳糖苷酶催化,分解成半乳糖和葡萄糖,但其中一小部分会转变成乳糖的一种异构体——异乳糖,异乳糖作为诱导物与阻遏蛋白结合,使阻遏蛋白的构象发生改变,使其与操纵基因解聚,失去阻遏作用,RNA 聚合酶与启动基因结合,并使结构基因活化,就开始了 3 种酶的转录和翻译。乳糖操纵子是一个自我调节系统,乳糖在这个系统中起诱导作用。乳糖用完后,异乳糖的浓度急剧下降,阻遏物不再与异乳糖结合,又与 O 结合,阻止 RNA 聚合酶的工作,立刻关闭结构基因。

上述调控通常是几个作用相关的基因在染色体上串联排列在一起,由同一个调控系统来控制。这样的一个整体称为一个操纵子。调节乳糖消化酶产生的操纵子就称为乳糖操纵子。

除乳糖操纵子外,原核生物中还有色氨酸操纵子、阿拉伯糖操纵子等多种不同的操纵子模型和相应的基因表达调控机制。

5.4.2 真核生物的基因调控

真核生物比原核生物的基因表达调控复杂得多。真核生物只有少数基因的表达调控与外界环境变化直接有关,大多数的基因表达与生物体的发育、分化等生命现象密切相关。真核生物基因表达调控最明显的特征是能在特定的时间和特定的细胞中激活特定的基因,从而实现有序的、不可逆的分化和发育过程,并使生物的组织和器官在一定的环境条件范围内保持正常的生理功能。真核生物中,基因的差别表达是细胞分化和功能的核心。真核细胞具有选择性激活和抑制基因表达的机制,如果基因在错误的时间或细胞中表达或过量表达,都会破坏细胞的正常代谢,甚至导致细胞死亡。另外,真核生物细胞的转录和翻译在时间和空间上都不相同,转录在细胞核内、翻译则在细胞质中有规律地进行,而翻译产物的分布、定位及功能活性调节也都是可控制的环节。真核生物基因表达的调控可以发生在 DNA 水平的调控,转录前水平的调控,转录水平的调控。转录后水平的调控,翻译水平的调控和翻译后水平的调控等多种不同的层次。迄今为止对于真核生物基因调控的研究还处于探索阶段。在这里,我们对发生在 DNA 水平的调控介绍如下:

(1)基因扩增

细胞内特定基因拷贝数专一性大量增加的现象称为基因扩增。两栖动物如蟾蜍的卵母细胞很大,是正常体细胞的 100 万倍,需要合成大量蛋白质,所以需要大量核糖体。核糖体含有 rRNA 分子,基因组中的 rRNA 基因数目远远不能满足卵母细胞合成核糖体的需要。所以在卵母细胞发育中,rRNA 基因数目临时增加了 4000 倍。卵母细胞的前体同其他体细胞一样,含约 600 个编码 18S rRNA 和 28S rRNA 的 DNA。在基因扩增后,rRNA 基因拷贝数高达 2×10^6。这个数目可使卵母细胞形成 1012 个核糖体,以满足胚胎发育早期蛋白质合成的需要。

在基因扩增之前,这 600 个 rDNA 基因以串联方式排列。两栖类减数分裂的染色体是巨大的,在活性区域中有很多的侧环,形成灯刷染色体,如图 5-25 所示。在卵母细胞的核中有数以千计大小不等的核仁。每个核仁含有大小不同的环状 rDNA,它是染色体上 18S 和 28S rDNA 的串联重复单位经滚环复制从染色体上释放出来的。DNA 的这种扩增的机制尚不完全清楚。

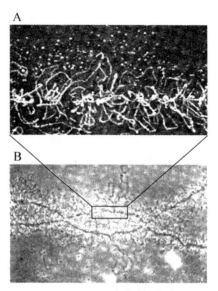

图 5-25　灯刷染色体的滚环

（2）基因重排

基因重排是指 DNA 分子核苷酸序列的重新排列。重排不仅可以形成新的基因,还可以调节基因表达。基因组中的 DNA 序列重排并不是一种普遍方式,但它是有些基因调控的重要机制,如免疫球蛋白的多样性。

淋巴细胞系是具有特异免疫识别功能的细胞系。免疫球蛋白(Ig)由两条重链和两条轻链通过二硫键连接构成了 Y 型的对称结构,如图 5-26 所示。每条蛋白质链由两部分组成 N 端的可变区和 C 端的恒定区,轻链由 213～214 个氨基酸组成,重链由 446 氨基酸组成。据推算哺乳动物能生成 100 万种以上的抗体,而一种淋巴细胞又只能合成一种特异性的抗体,那么抗体的这种多样性是怎样产生的呢?

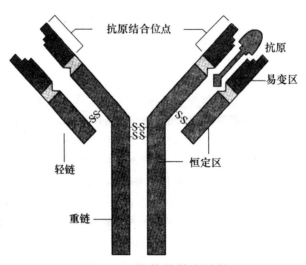

图 5-26　抗体的基本结构

　　在人类基因组中,所有抗体的重链或轻链都不是由一个完整的抗体基因编码的,而是由不同基因片段经重排组合后形成的。其中,重链包括 4 个片段,轻链有 3 个片段,如表 5-3 所示。

表 5-3　人类基因组中抗体基因片段

抗体组成	基因位点	染色体	基因片段数目			
			V	D	J	C
重链	IGH	14	86	30	9	11
Kappa 轻链(K)	IGK	2	76	—	5	1
Lambda 轻链(入)	IGL	22	52	—	7	7

　　随着 B 淋巴细胞的发育,基因组中的抗体基因在 DNA 水平发生重排,形成编码抗体的完整基因,如图 5-27 所示。在每一个轻链分子重排时,V 区、J 区、C 区连接,形成一个完整的抗体轻链基因。每一个淋巴细胞中只有一种重排的抗体基因。以类似的重排方式形成完整的抗体重链基因。重链和轻链基因转录后,翻译成蛋白质,由二硫键连接,形成抗体分子。由于抗体基因重排中各个片段之间的随机组合,因此可以从约 300 个抗体基因片段中产生 10^8 个抗体分子。

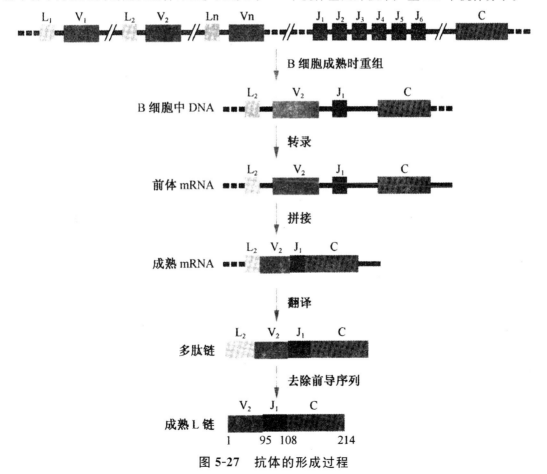

图 5-27　抗体的形成过程

(3)DNA 的甲基化

在真核生物中,胞嘧啶碱基第 5 碳上的氢被一个甲基取代,使胞嘧啶甲基化。甲基化的胞嘧啶在 DNA 复制中可整合到正常 DNA 序列中。胞嘧啶甲基化在 CG 双核苷酸序列中发生频率最高。分析表明,甲基化可以降低转录效率。经化学处理后可以去甲基化,使转录恢复。

5.5　人类基因组计划

5.5.1　人类基因组计划(HGP)概述

人类基因组计划简称 HGP,1990 年 10 月 1 日美国国会正式批准启动人类基因组计划,提出了"通过国际合作,在 15 年内(1990～2005)投入 30 亿美元,完成人类全部 24 条(22 条常染色体和 X、Y 性染色体)染色体的核苷酸($3×10^9$ bp)序列分析,构建详细的人类基因组遗传图谱和物理图谱,确定人类 DNA 的全部核苷酸序列,定位约 10 万个基因,并对其他生物进行类似研究"的总体目标,并制定了具体的第一个五年计划。

三年后,HGP 在广泛征求意见的基础上对计划做了适当修订,制定了第二个五年计划(1993～1998),包括人类基因组图谱的构建与序列分析;基因的鉴定;基因组研究技术的建立、创新与改进;模式生物基因组的作图和测序;信息系统的建立、信息的储存、处理及相应软件的开发;人类基因组计划有关的伦理、法律和社会问题的研究;研究人员的培训、技术转让及产业开发;研究计划的外延等 9 项内容。对原计划作了四个方面的调整,具体为:

①从序列分析到基因组制图,即在大规模测序之前先作图(遗传图谱和物理图谱)并构建供测序的克隆片段重叠,即相互重叠并覆盖整个基因组的 DNA 克隆片段。

②从序列分析和制图到基因鉴定,即在全基因组分析全盘考虑的同时分离和鉴定具有重要功能、与重要疾病相关的基因。

③从人类"基因组"计划到人类"cDNA 计划",将"cDNA"计划作为人类基因组整体计划的一个组成部分。

④从人类基因组到模式生物基因组,重点研究大肠杆菌(4Mb)、酵母(15Mb)、果蝇(120Mb)、小鼠(15Mb)等模式生物,建立新技术,积累经验,为人类基因的功能鉴定提供线索。

1998 年,HGP 制定第三个五年计划,对 HGP 内容再次作了调整,主要目标是:

①得到标记间距为 1 厘摩的遗传图谱。

②得到至少有 30 万个序列标记位点(STS)的物理图谱。

③2001 年得到人类基因组序列的"草稿",2003 年得到"定稿"。

④测序能力要达到每年 500 Mb,每个碱基对的分析费用要少于 25 美分,支持毛细管阵列电泳、DNA 芯片等的测序技术的发展。

⑤增加测定人类基因组变异的内容,得到 10 万个作图定位了的单核苷酸多态性(SNP)。

⑥得到所有基因的全长 cDNA。

⑦发展在基因组水平上分析生物功能的技术。

⑧完成重点模式生物的全基因组序列。

HGP 的主要内容是完成人体 23 对染色体的全部基因的遗传谱图和物理谱图,完成 24 条染色体上 30 亿个碱基的序列测定。主要任务是建立四种图谱：

①遗传图谱又称连锁图谱，它是以具有遗传多态性（在一个遗传位点上具有一个以上的等位基因，在群体中的出现频率皆高于 1％）的遗传标记为"路标"，以遗传学距离为图距的基因组图。

②物理图谱，物理图谱是指有关构成基因组的全部基因的排列和间距的信息，它是通过对构成基因组的 DNA 分子进行测定而绘制的。绘制物理图谱的目的是把有关基因的遗传信息及其在每条染色体上的相对位置线性而系统地排列出来。

③序列图谱，随着遗传图谱和物理图谱的完成，测序就成为重中之重的工作。DNA 序列分析技术是一个包括制备 DNA 片段化及碱基分析、DNA 信息翻译的多阶段的过程。通过测序得到基因组的序列图谱。

④基因图谱，基因图谱是在识别基因组所包含的蛋白质编码序列的基础上绘制的结合有关基因序列、位置及表达模式等信息的图谱。实质是基因的功能确定与分析。

经过多国科学家的共同努力，到 1999 年就破译了人类第 22 对染色体中所有（54 个）与蛋白质合成有关的基因序列，这是人类首次了解了一条完整的人染色体的结构，它可能使人们找到多种治疗疾病的新方法。2003 年，中、美、日、德、法、英 6 国科学家宣布人类基因组序列图绘制成功，人类基因组计划的所有目标全部实现。2006 年 5 月 18 日，美国和英国科学家在英国《自然》杂志网络版上发表了人类最后一个染色体——1 号染色体的基因测序，表明人类基因组测序全部完成。

5.5.2 对我国人类基因组学研究的展望

2003 年 4 月 14 日，人类基因组序列图绘制成功标志着"后基因组时代"的正式来临。"后基因组时代"的重要研究领域包括生物信息学、功能基因组学、疾病基因组学、蛋白质组学和药物基因组学等方面。从我国人类基因组学的研究现状看，1988 年出台的我国《人类遗传资源管理办法》，有力地遏制了我国遗传资源盲目流失的倾向，促进了在平等互利基础上的国际合作。但是，必须清楚地看到，我国现有基因组研究队伍的总体状况和科学技术水平与国际先进水平仍存在着相当大的距离，而国家在基因组基础科学领域的投资强度与美、欧、日的相比仍是非常薄弱的；我国拥有遗传资源优势，是一种潜在的理论上的优势，受到总体社会、经济条件落后所带来的疾病登记制度不全、疑难病诊断水平低、采样工作难度大等的制约。因此，要使我国真正从基因资源大国转为基因研究大国，还必须付出极大的努力。

对于我们这样一个人类遗传资源极为丰富的发展中国家，功能基因组学和医学基因组学应该放到十分重要的位置，成为今后我国基因组科学发展最重要的任务。建立各人群 SNP 的系统目录，将为阐明我国人群主要疾病的易感性，以及基于遗传学背景的个体化药物治疗和临床实验奠定基础。在生物芯片、大规模抗体工程、蛋白质组学和高通量结构生物学等方面，我国应该迅速抢占核心技术，为疾病的诊断和新药的筛选创造条件。我国的转基因动物已有一定基础，基因剔除技术也已获成功，能否尽快达到规模化，将决定我国在基因功能分析方面的竞争力。应该注意支持我国的民族工业介入 DNA 测序、蛋白质组学、大规模自动化操作、计算机和基因组新技术体系的建立，改变主要仪器设备、试剂、软件等依赖进口的局面。总之，在制定我国新一轮 HGP 计划时，应注意基因组科学与生物医学其他学科和大的产业发展方向的衔接,避免孤军奋战的局面。应该吸引数学、物理、化学等其他学科人才和工业界加入基因组科学的队伍。政府对于 HGP 应该有较长期、稳定的专项投入,并使这种投入纳入法制的轨道。为了切实保证基因组基础数据为全人类所有,应进一步加强国际间的互利合作,使我国的人类基因组计划融入世界的人类基因组研究中。最后,鉴于基因组研究给人类带来福音的同时也可能带来灾难,应该注重基因组研究相关的伦理、法律和社会问题,应有国家级的生物伦理委员会,具体负责制订与基因组、干细胞、克隆技术等领域研究与开展相关的伦理规范和法则、法规,以保证我国生命科学和生物产业的健康发展。

总之,HGP 对生命科学的发展产生了深远影响,HGP 的完成为人类进一步认识自我、探索生命奥秘、增进健康、提高生活质量奠定了坚实基础。但是,人类基因组全序列仍只是一部遗传结构的"天书",目前还只能看懂其中的小部分,还有很多艰巨工作要做。在现有的技术条件下,还有待于新技术、新理论的建立。基因组序列测定完成是破解人类遗传奥秘的历史性开端,而不是结束,在浩瀚的人体海洋中还有更多的秘密等待科学家去探索。今后人们将在基因功能研究、蛋白质组研究和药物研究等诸多领域共同对生命本身进行更深刻的探究。中国是世界上生物资源最为丰富的国家之一,也是基因资源最为丰富的国家之一,人类基因组计划需要中国,后基因组时代也同样需要中国。我国虽然跻身于世界生命科技竞争行列,在后基因组时代中国将更加努力。中国应在大规模测序能力的基础上,结合自身特点和优势,开拓创新、形成特色,力争在激烈的国际竞争中进入世界先进行列,在生命科学的一些重要领域占据一席之地。

同时,我们还应该清楚地意识到,科学技术的发展往往兼有正反两方面作用,生物技术也是一把"双刃剑"。人类基因组计划在实现其目标的过程中引发了连锁的不良反应。在带给人类新的社会、经济效益的同时也带来了潜在的负面影响。带来社会价值观、人文伦理、社会安全、人类发展进化等问题的冲突,潜在基因歧视,基因战争,生物武器,基因重组造成生态平衡破坏,基因对伦理道德的挑战等。如何充分考虑到 HGP 突破性可能带来的负面影响、让它们最大限度地造福人类已成为新世纪摆在我们面前的一项迫切课题。要制定对策,保证人类基因组计划的健康发展。

21 世纪是人类基因组研究的收获时代,它不仅将赋予人们各种基础研究的重要成果,也会带来巨大的经济效益和社会效益。在未来的几年中,DNA 序列数据将以意想不到的速度增长,这是一个难得的机会,我国应尽早利用这些数据从而有可能走在国际科学界的最前沿,为全人类的发展而努力。

第6章 DNA 损伤、修复和基因突变

6.1 DNA 损伤

6.1.1 DNA 损伤概述

DNA 损伤(DNA damage)是指由细胞内的代谢产物或环境中的辐射或化学药物等引起的 DNA 结构的改变,包括 DNA 的扭曲、断裂和点突变。

由于环境因素和细胞内正常的代谢过程,每天每个细胞将有 $10^3 \sim 10^6$ 个 DNA 分子受到损伤。人类基因组约 60 亿个碱基(30 亿碱基对)中,仅 0.000165% 会发生损伤。重要的基因,如肿瘤抑制基因(tumor suppressor genes)若发生未修复的损伤就能阻止细胞执行其正常功能,从而增加了肿瘤形成的危险性。

大多数 DNA 损伤影响到 DNA 双螺旋的一级结构,那就是碱基本身被化学修饰。这些修饰,通过引入非正常的化学键,或不适合双螺旋结构的庞大加合物而打乱 DNA 分子有规律的双螺旋结构。DNA 和蛋白质及 RNA 不同,通常缺乏三级结构,所以损伤和干扰一般不发生在三级结构上。但 DNA 有超螺旋,在真核生物中,DNA 分子四周包被着组蛋白。而这两种超结构都容易受到 DNA 损伤的影响。

化学修饰和复制后的碱基错配都会引起碱基的转换,结果产生点突变。DNA 结构的改变会干扰 DNA 的正常复制和转录;而点突变会改变遗传信息,使后代的表型产生异常。DNA 结构的改变不论发生在 DNA 原有的母链上还是新合成的子链上,只要进行原位修复即可。而碱基的错配,必须辨明 DNA 的母链和子链,然后以母链为模板校正子链上的差错才能达到修复的目的。

小的 DNA 损伤通常可通过 DNA 的修复加以纠正,而程度广泛的损伤可引起细胞的凋亡。

在人类细胞和真核细胞中,DNA 一般存在于细胞核和线粒体中,核 DNA(nDNA)在细胞周期的非复制阶段是以染色质的形式存在,在细胞分裂时,被凝缩为染色体;当 nDNA 上的信息需要表达时,相应的染色体区域被解开,使位于这个区域的基因能得以表达,然后这个区域再恢复成静止的凝缩状态。线粒体 DNA(mtDNA)在细胞中具有多个拷贝,它也和很多的蛋白质紧密地结合在一起,形成复杂的复合物,称为类核(nucleoid)。在线粒体中,活性氧类(reactive oxygen species,ROS)或自由基(free radicals),ATP 经氧化磷酸化作用产生的产物建立了一个具有高度氧化特性的环境,可损伤 mtDNA。在真核生物中一种关键性的酶,即超氧化物歧化酶(superoxide dismutase)可以抵御这种氧化作用,这种酶存在于真核细胞的线粒体和胞质中。

细胞暴露于电离辐射、紫外光或化学物质时容易引起多个位点的严重损伤和双链断裂。

而且这些因素也能损伤其他的生物大分子,如蛋白质、糖、酯及 RNA。损伤的积累,特别是双链断裂或加合物堵塞复制叉是 DNA 损伤全面应答(lobal response to DNA damage)的刺激信号。对损伤的全面应答能起到保护细胞和触发多重途径的大分子修复的作用,或对损伤采取绕过(lesion bypass)或容忍的方式,或使受损细胞凋亡来保护整个机体。全面应答的共同特点是诱导多个基因、阻断细胞周期和抑制细胞分裂。

DNA 损伤后,激活了细胞周期的限制点(cell cycle checkpoint)。限制点的激活阻止了细胞周期,并持续到细胞分裂之前,为细胞修复 DNA 损伤提供时间。这些限制点位于 G_1/S 及 G_2/M 分界处。在 S 期的内部也存在限制点。限制点的激活是受毛细血管扩张性共济失调症突变蛋白(Ataxia Telangiectasia-mutated,ATM)和 ATM-Rad-3 相关蛋白(ATM-Rad3-related,ATR)两种主要的激酶控制。ATM 对双链断裂和染色体结构破坏作出应答;ATR 主要是对复制叉停顿作出应答。在信号转导级联中这些激酶磷酸化下游的靶蛋白,最终导致细胞周期被阻抑。一类限制点调节物,包括乳房癌关联蛋白 1(breast-cancer-associated protein 1,BRCA1),DNA 损伤限制点调节蛋白 1(mediator of DNA damage checkpoint protein 1,MDC1)和 p53 结合蛋白 1(p53-binding protein 1,53BP1)已被鉴别出。这些蛋白质对限制点活化信号传递到下游是必需的。

p53 蛋白是 ATM 和 ATR 的重要下游靶蛋白,DNA 损伤时,p53 可诱导凋亡。在 G_1/S 限制点,p53 可抑制 CDK2/cyclin E 复合体的功能,p21 在 G_2/M 限制点可抑制 CDK1/cyclin B 复合体的功能。

DNA 修复(DNA repair)是指所有的细胞识别 DNA 损伤并将其恢复为正常 DNA 分子的过程。所有的细胞都具有特定的 DNA 修复酶系统,以确保遗传信息的正常传递,编码这些酶的基因突变,可能影响修复过程,并引起基因组一连串的不可修复的突变而导致细胞癌变。

DNA 损伤改变了双螺旋的三维空间结构,细胞可发觉这种改变。一旦损伤被定位,特殊的 DNA 修复分子结合或接近损伤位点,诱导其他的分子结合并形成复合物来实施修复。参与修复的分子和被调动的修复机制取决于损伤的类型和细胞所处的细胞周期的阶段。

并非所有的 DNA 损伤都能完全修复,如果细胞能够耐受这些损伤便能继续生存。但这些未能完全修复而存留下来的损伤具有潜在的危害,如引发细胞的癌变和衰老等。如果细胞不具备修复功能,也就难以生存。对不同的 DNA 损伤,细胞具有不同的修复功能。

细胞衰老(senescence)是一个不可逆的过程,在这个阶段中细胞不再分裂。细胞的衰老可以看成是一种有用的选择,从而避免凋亡。人体中的大多数细胞先是衰老,经历不可挽回的 DNA 损伤之后,走向凋亡。凋亡作为"最后一招",起着防止细胞癌变而危害机体的作用。因此,细胞衰老和、凋亡是机体防止肿瘤发生的一种保护性措施。

基因突变(gene mutation)是指基因在分子水平上的改变,常见的是涉及单个碱基取代的点突变(point mutation)。

DNA 损伤和突变是 DNA 中两类主要的错误,两者之间既密切相关,也有明显的差别。DNA 损伤在复制或修复时常导致 DNA 发生碱基转换,从而改变遗传信息,所以 DNA 损伤是造成突变的主要起因。有些因素既可引起 DNA 的损伤,也可导致突变。例如,X 射线,既可使染色体发生断裂,也可使基因发生突变。很多基因的化学诱变剂同时也会造成 DNA 损伤。

DNA 损伤和突变也具有本质上的不同。损伤是 DNA 的物理结构的改变,如单链或双链断裂等。DNA 损伤是可以通过酶来识别和修复,未损伤的互补 DNA 链或同源染色体都可以为修复提供模版。如果一个细胞保留了 DNA 损伤,则相关的基因不能转录,蛋白质的合成也将中断。复制也会被阻断,最终可能导致细胞的死亡。

与 DNA 损伤相比,突变是 DNA 序列的改变。突变一般不会被酶识别,一旦 DNA 链中存在碱基的改变将不能被修复。在细胞水平上看,突变导致蛋白质结构和功能的改变。在细胞分裂时,突变也将被复制。在细胞的群体中,突变细胞的频率将会根据突变对细胞存活及增殖所起的效应而增加或减少。

在不分裂或慢分裂细胞中,DNA 损伤可看作是一种特殊问题,未修复的损伤将会趋向于积累。此外,在迅速分裂的细胞中,将不会因阻断复制杀死细胞,而是倾向于错误复制,产生突变。很多突变其效应不是中性的,而是对细胞的存活不利。这样,在一个细胞群体中,包括含有复制细胞的组织,突变细胞将倾向于丢失。然而,在组织中,有些突变会促进细胞的分裂,使细胞"永存",似乎对细胞"有利",但对整个生物体是不利的,这是由于这种突变的细胞可发生癌变。因此在频繁分裂的细胞中,由于 DNA 损伤产生了突变,所以易引发癌变。相比之下,DNA 损伤在分裂慢的细胞中易引发老化(aging)。

6.1.2　DNA 损伤的类型

根据 DNA 损伤的起源可将损伤分为内源性损伤(endogenous damage)和外源性损伤(exogenous damage)两大类。内源性损伤,如受到由正常的代谢副产品(spontaneous mutation)产生的活性氧的攻击,特别是氧化脱氨(oxidative deamination)的作用。外源性损伤,是由环境中存在的一些因素所引起。

1. 内源性损伤

内源性损伤包括碱基的水解、碱基的氧化、碱基的烷化和巨大加合物的形成(bulky adduct formation)等。内源性 DNA 损伤的共同特点是最终将导致碱基对的转换而发生基因突变。引起 DNA 物理结构变化的情况并不多。

(1)碱基的水解

碱基的水解(hydrolysis of bases)这类化学损伤最为常见的是脱嘌呤、脱嘧啶和脱氨基作用。

1)脱嘌呤和脱嘧啶

在脱嘌呤(depurination)和脱嘧啶(depyrimidination)时,脱氧核糖和嘌呤或嘧啶之间的糖苷键断裂,碱基从 DNA 磷酸—核糖骨架上被切下来(图 6-1)。

在哺乳动物基因组中,由于脱嘌呤和脱嘧啶作用,每天每个细胞约失去 10^4 个嘌呤残基和 200 个嘧啶残基。在培养的哺乳动物细胞增殖期有数以千计的嘌呤通过脱嘌呤作用而失去了,若这种损伤得不到修复的话,在 DNA 复制时,就没有碱基与之特异地互补配对,而是随机地插入一个碱基,这样很可能产生一个与原来不同的碱基对,结果导致突变。

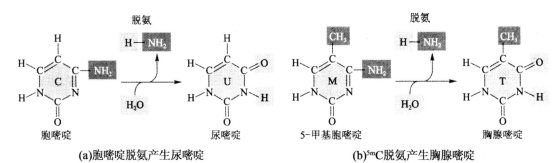

图 6-1　脱嘌呤作用去除了 DNA 中的碱基，将阻碍复制和转录

2）脱氨基

脱氨基（deamination）作用是在一个碱基上除掉氨基。例如，在胞嘧啶上有一个易受影响的氨基，脱去这个氨基后产生了尿嘧啶（图 6-2a）。在 DNA 中"U"并不是一个正常的碱基，修复系统就要除去大部分由 C 脱氨而产生的 U，使序列中发生的突变减少到最低程度。然而，如果 U 不被修复的话，在 DNA 复制中它将和 A 配对，结果使原来的 C:G 对转变成 T：A 对时，产生了碱基转换。后面我们将要谈到亚硝酸的脱氨作用是另一个脱氨引起突变的例子。

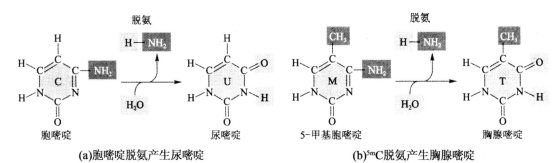

(a)胞嘧啶脱氨产生尿嘧啶　　　　　　　　**(b)⁵ᵐC脱氨产生胸腺嘧啶**

图 6-2　脱氨作用

原核生物和真核生物的 DNA 含有相对少量的修饰碱基——5-甲基胞嘧啶（^{5m}C）。^{5m}C 去除一个氨基后产生了胸腺嘧啶（图 6-2b）。由于 T 是 DNA 中正常的碱基，所以没有一种修复机制能觉察和校正这种突变。基因组中^{5m}C 的位点常常是突变热点（mutational hot spots），即在此位点发生突变的频率要比别处高得多。

（2）氧化损伤

细胞中有活性的氧化剂，如过氧化物原子团（O_2^-）、过氧化氢（H_2O_2）和羟基（—OH）等需氧代谢的副产物，它们可导致 DNA 的氧化损伤（oxidatively damaged），导致突变和人类的疾病，胸苷氧化后产生胸苷乙二醇，鸟苷氧化后产生 8-氧-7,8-二氢脱氧鸟嘌呤、8-氧鸟嘌呤（8-O-G）或"GO"（图 6-3）。GO 可和 A 错配，导致 G 替换为 T（图 6-4a）。

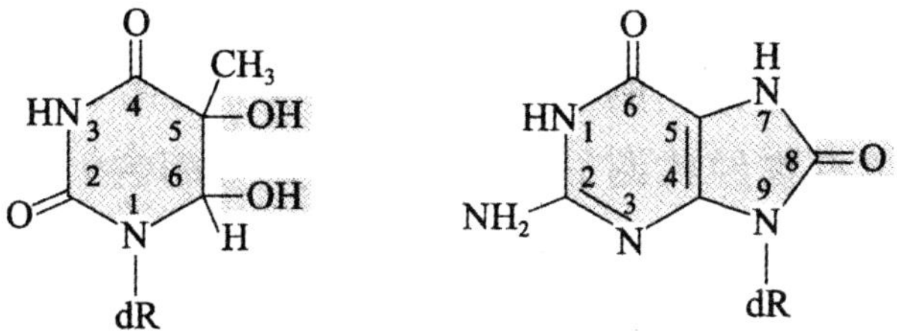

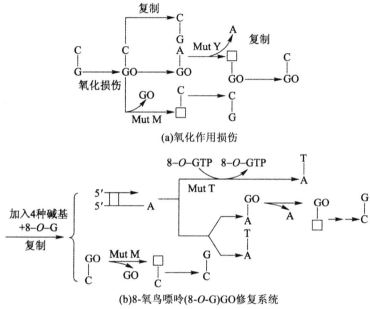

图 6-3　氧化作用产生的损伤碱基

(a)氧化作用损伤

(b)8-氧鸟嘌呤(8-*O*-G)GO修复系统

图 6-4　氧化损伤及修复系统

（3）碱基的烷化

碱基的烷化(alkylation)通常是甲基化(methylation)，如形成 1-甲基鸟嘌呤、7-甲基鸟嘌呤(*N*-7-methylguanine)和 6-*O*-甲基鸟嘌呤(6-*O*-methylguanine)（图 6-5）。碱基的烷化可导致碱基的转换，产生点突变。环境中的一些烷化剂也会引起碱基的烷化。

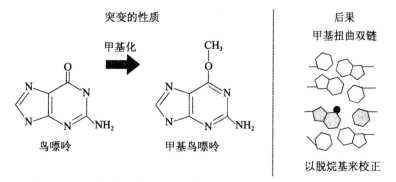

图 6-5　碱基的甲基化可扭曲双螺旋并导致复制时的错配

（4）加合物的形成

加合物（adduct）是由两种和或多种物质化合而成的化合物。DNA 中一些结构上经修饰的核苷酸也是一种加合物。例如，苯并芘二醇环氧化－脱氧鸟苷加合物（benzo[a]pyrene diol epoxide-dG adduct）。外源性的化学毒物经代谢后也与 DNA 共价结合，形成 DNA 加合物。DNA 上加合物的存在阻遏了正常的复制和转录，如得不到修复将会导致基因的突变。

2. 外源性损伤

外源性损伤常由环境中的物理因子、化学因子和生物因子所引起。常见的环境因子有以下几种：

①电离辐射（ionizing radiation）。例如，放射线或宇宙线（cosmic rays）引起 DNA 链的断裂。

②热破坏（thermal disruption）。当提高温度时，可增加脱嘌呤（DNA 骨架上嘌呤碱基的丢失）的速率和单链断裂。例如，在生长于 85～250℃ 热温泉里的嗜热菌（thermophilic bacteria）中可出现水解脱嘌呤的现象。在这些物种中虽然脱嘌呤的速率如此之高（300 个嘌呤/每个基因组·每代），但通过正常的修复机制也可被修复，可能这是对环境的适应所致。

③工业化学物质（如氯乙烯和过氧化氢）；环境化学物（如烟中的多环烃、煤烟和沥青产生的各种 DNA 加合物，被氧化的碱基，被烷基化的磷酸三酯）等。

④黄曲霉素（AFB1）结合产生的化学附加物。

⑤病毒感染能够引起宿主细胞的 DNA 损伤应答。

下面着重介绍放射线、紫外线和化学诱变剂这几种因素所引起的 DNA 损伤。

（1）放射线

电磁波谱中比可见光的波长要短一些的部分（即少于 1 μm）构成非离子射线和离子射线，前者如紫外线，后者包括 X 射线、γ 射线及宇宙射线。沿着每个高能射线的轨迹能发现一串离子，它们可启动很多的化学反应，其中包括突变。电离射线可诱导基因突变和染色体的断裂（图 6-6）。

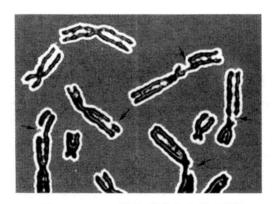

图 6-6　DNA 损伤导致染色体断裂

双链断裂(double-strand break,DSB)对细胞来说是十分严重的损伤。因这种损伤可导致基因组的重排(genome rearrangements),所以对细胞而言这也是最致命的。DNA 单链的损伤在组蛋白的保护下,或许可以逃过更进一步的损害与化学物质的攻击,而 DNA 双链断裂的结果使得 DNA 末端直接裸露,这种情况若没有及时修复,其后果之一是停止细胞的生长与分裂,或者是启动细胞凋亡,无论如何都是驱使细胞走向毁灭。

(2)紫外线

紫外线(ultraviolet light rays,UV)是非电离化的,但紫外线是常用的诱变剂。UV 能引起突变,这是因为 DNA 中的嘌呤和嘧啶吸收光能力很强,特别是对波长为 $254\sim260$ nm 的 UV。这种波长的 UV 能通过 DNA 光化学变化初步诱导基因突变,使 DNA 合成延伸衰减。UV 对 DNA 的作用之一是在同一条链中在两个相邻的嘧啶分子之间或在双螺旋的两条链的嘧啶之间形成异常的化学链,形成嘧啶二聚体(pyrimidine dimer,PD)。大部分是在 DNA 的两个相邻的 T 之间被诱导形成共价链,产生了胸腺嘧啶二聚体(图 6-7),常以 $\overset{\frown}{TT}$ 表示。若嘧啶二聚体未能修复,将阻碍 DNA 的正常复制和转录,导致突变发生,在哺乳动物中可诱发皮肤癌。

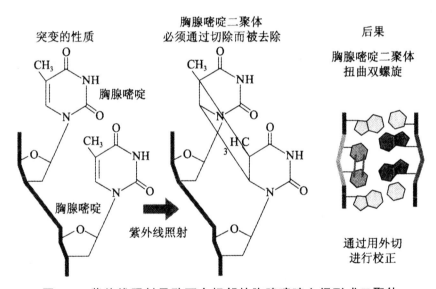

图 6-7　紫外线照射导致两个相邻的胸腺嘧啶之间形成二聚体

(3)化学诱变剂

1)碱基类似物

①5-溴尿嘧啶(5-bromouracil,5-BU)和 T 很相似,仅在第 5 个碳原子上由溴(Br)取代了 T 的甲基,5-BU 有两种异构体,一种是酮式,另一种是烯醇式,它们可分别与 A 及 G 配对,这样在 DNA 复制中一旦掺入 5-BU 就会引起碱基的转换而产生突变(图 6-8,图 6-9)。

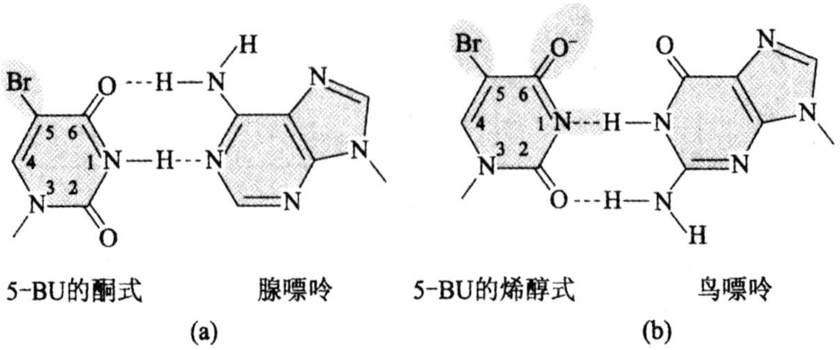

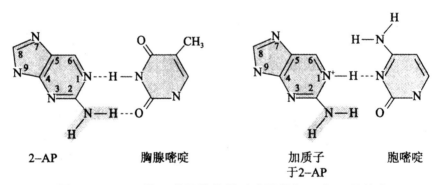

图 6-8 5-BU 的酮式和烯醇式及与 A(a)和 G(b)配对

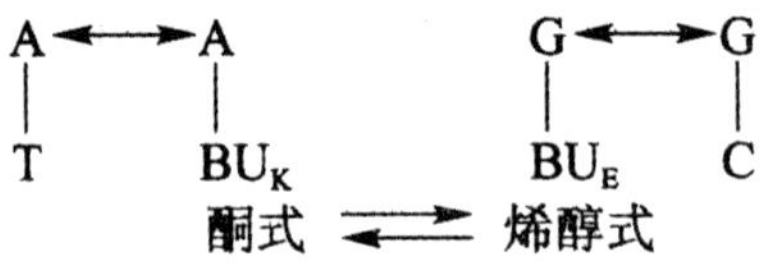

图 6-9 BU 的酮式和烯醇式分别与 A、G 配对

②2-氨基嘌呤(2-aminopurine,2-AP)也是碱基的类似物,它也有两种异构体,一种是正常状态,另一种是稀有状态,以亚胺的形式存在。它们可分别与 DNA 中正常的 T 和 C 配对结合(图 6-10)。DNA 复制过程中当 2-AP 掺入时,由于其异构体的变换而导致 A:T→C:G 或 G:C→A:T,其机制与 5-BU 相似。

图 6-10 2-AP 的两种异构体的形式及其与 T 和 C 的结合

2)碱基的修饰剂

有的诱变剂并不是掺入到 DNA 中,而是通过直接地修饰碱基的化学结构,改变其性质而导致诱变,如亚硝酸、羟胺和烷化剂等(图 6-11)。碱基的修饰剂的作用最终将导致基因组中碱基的转换,产生点突变。

①亚硝酸(nitrous acid,NA)具有氧化脱氨的作用,可使 G 第 2 个碳原子上的氨脱去,产生黄嘌呤(xanthine,x),次黄嘌呤(H)仍和 C 配对,故不产生转换突变。但 C 和 A 脱氨后分别产生 U 和次黄嘌呤 H,产生了转换(图 6-12a,6-12b),使 C:G 转换成 A:T,A:T 转换成 G:C。

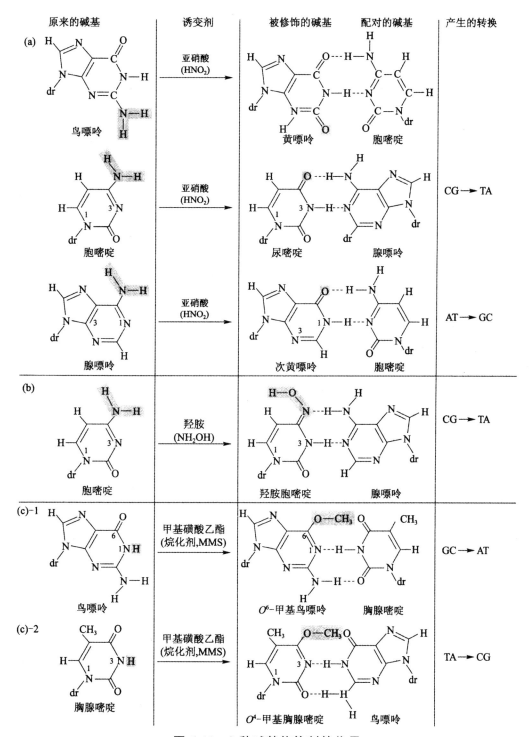

图 6-11　3 种碱基修饰剂的作用

(a)亚硝酸修饰鸟嘌呤、胞嘧啶和腺嘌呤。胞嘧啶和腺嘌呤的修饰引起了配对的改变;而鸟嘌呤被修饰并未引起配对的改变;(b)羟胺仅作用于胞嘧啶;(c)MMS 是一种烷剂,烷化鸟嘌呤和胸腺嘧啶

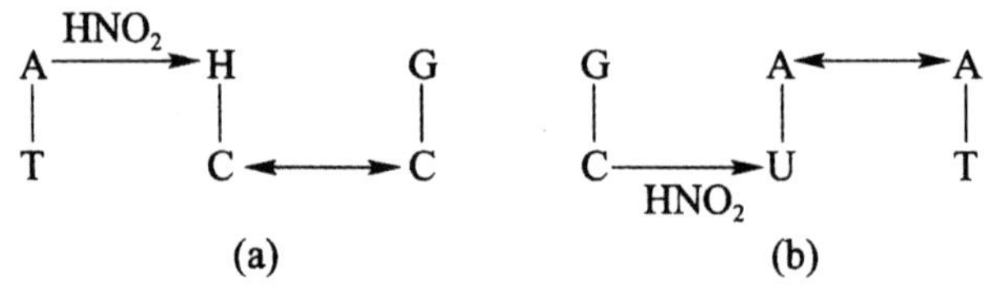

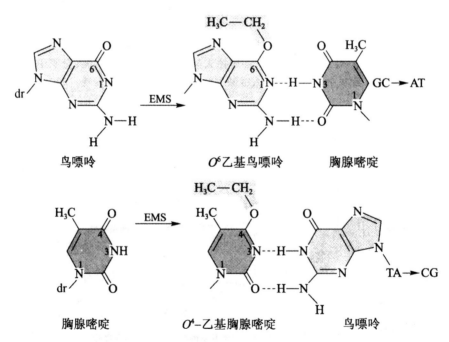

图 6-12　亚硝酸的氧化脱氨的作用

②羟胺。另一种碱基修饰剂是羟胺(HA),它只特异地和胞嘧啶起反应,在第 4 个 C 原子上加上-OH,产生 4-OH-C,此产物可以和 A 配对(图 6-13),使 C:G 转换成 T:A。

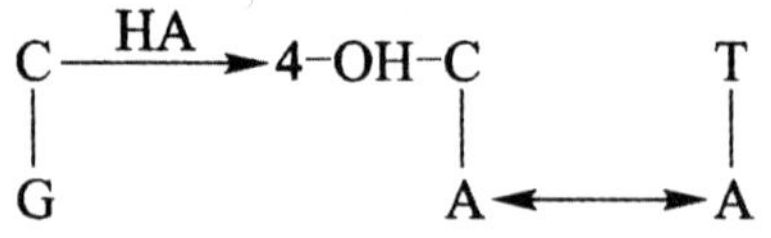

图 6-13　羟胺的修饰作用

③烷化剂。如甲基磺酸乙酯(EMS)、氮芥(NM)、甲基磺酸甲酯(MMS)和亚硝基胍(NG)等都属于烷化剂,它们的作用是使碱基烷基化,EMS 使 G 的第 6 位烷化,使 T 的第 4 位烷化,结果产生的 O-6-E-G 和 O-4-E-T 分别和 T,G 配对,导致原来的 G:C 转换成 A:T;T:A 转换成 C:G(图 6-14)。

图 6-14　烷化诱导特定的碱基错配

鸟嘌呤 O-6 位置和胸腺嘧啶 O-4 位置的烷化都能导致鸟嘌呤及胸腺嘧啶的错配。在细菌中已进行了大量的分析,主要的突变是 G:C 转换成 A:T,表明大部分相关突变是鸟嘌呤 O-6 位烷化

3. DNA 插入剂

插入突变剂（intercalating mutagens）包括原黄素（proflavin）、吖啶橙（acridine orange）及 ICR 的复合物（图 6-15）等，它们的化学结构都是扁平的分子，易于在 DNA 复制时插入到 DNA 双螺旋双链或单链的两个相邻的碱基之间，起到插入诱变的作用。若插入剂插在 DNA 模板链两个相邻碱基中，合成时新合成链必须要有一个碱基插在插入剂相对的位置上，以填补空缺，这个碱基不存在配对的问题，所以是随机插入的。新合成链上一旦插入了一个碱基，那么下一轮复制必然会增加一个碱基（图 6-16a）。如果在合成新链时插入了一个分子的插入剂取代了相应的碱基，而在下一轮合成前此插入剂又丢失的话，那么下一轮复制将减少一个碱基（图 6-16b），这样使新合成链增加或减少了一个碱基，引起了移框突变。

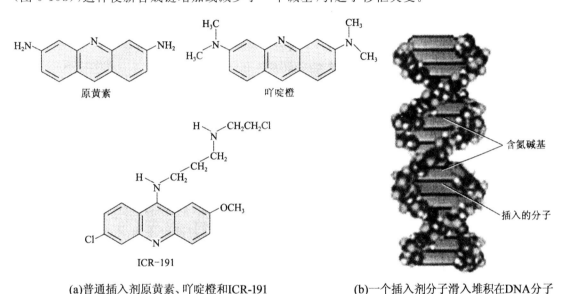

(a)普通插入剂原黄素、吖啶橙和ICR-191　(b)一个插入剂分子滑入堆积在DNA分子中间的两个碱基之间

图 6-15　插入突变剂

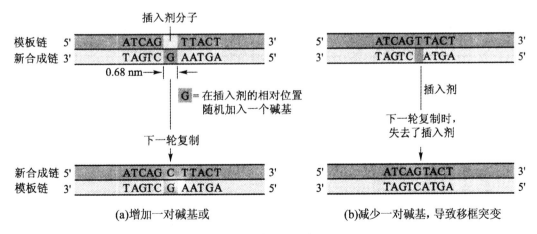

(a)增加一对碱基或　(b)减少一对碱基，导致移框突变

图 6-16　插入剂可能给复制后的链

6.2 DNA 的修复机制

既然存在着各种内源性和外源性的 DNA 损伤,细胞将如何应对? 一种是消极的容忍,其结果是细胞的基因组受到一定程度破坏,使细胞无法维持正常生命活动而死亡,这是不符合生物的适应和进化规律的;另一种是积极的修复,以确保基因组的完整和正常,不仅可指令生命活动的正常运行,而且可不断地传递给子细胞。实际上无论是简单的原核生物,还是复杂的真核生物都具有不同的 DNA 修复机制,这是长期进化的结果。

原核生物和真核生物对于 DNA 损伤都有很多的修复系统,所有这些系统都是用酶来进行修复。其中有的系统是直接改变 DNA 损伤,而另一些则是先切除损伤,产生单链的裂缺,然后再合成新的 DNA,将裂缺修补好。我们可以将不同修复途经分为以下几类。

6.2.1 直接修复

直接修复(direct repair)这是一种较简单的不需要模板的修复方式,一般都能使 DNA 恢复原貌。直接修复机制是特异地针对那些不涉及磷酸二酯键断裂的损伤类型。

1. 光复活

光复活反应是最早发现的由 UV 诱发的胸腺嘧啶二聚体的修复方式,这种修复系统叫做光复活(photoreactivation)或光修复(light repair)。修复是由细菌中的 DNA 光裂合酶(photolyase)完成,光裂合酶由 phr 基因编码,能特异性识别 UV 诱发的胸腺嘧啶二聚体,并与其结合,这步反应不需要光;结合后当受 $300\sim500$ nm 波长的蓝光和紫外光照射,光裂合酶能被光子所激活,将二聚体分解为两个正常的嘧啶单体,DNA 恢复正常结构(图 6-17)。后来发现类似的修复酶广泛存在于动植物中,人体细胞中也有发现。光裂合酶的功能是沿着双螺旋"清扫道路",寻找由胸腺嘧啶二聚体产生的凸出部分。由于胸腺嘧啶二聚体很少,所以光裂合酶显得非常有效。若有 $4\sim6$ 个胸腺嘧啶二聚体就难以奏效。

2. 烷基转移

另一种直接修复的损伤类型是鸟嘌呤的甲基化,这种修复是依赖 O^6 甲基鸟嘌呤甲基转移酶(O^6-methylguanine-DNA methyltransferase,MGMT)或称烷基转移酶(alkylt ransferases)。这是一种和直接修复损伤有关的酶,它们可以切除掉 NG 和 EMS 加在鸟苷的 O-6 位置上的烷基(常为甲基)。这种酶还可以将 O-6 上的甲基转移到蛋白质的半胱氨酸残基上而修复损伤的 DNA。这是一种昂贵的过程,因每一个 MGMT 分子仅能用一次,当转移后,酶就失去了活性,即是化学计量的(stoichiometric),而不是催化的(catalytic)。因此这种修复系统在烷基水平足够高时是能达到饱和的。这个酶的修复能力并不很强,但在低剂量烷化剂作用下能诱导出此酶的修复活性。

在细菌中与 MGMT 相当的是 Ogt。细菌对甲基化试剂的一般应答称为适应反应(adaptive response),它赋予细菌一种对烷基化试剂持续作用的抗性,通过上调烷基化修复酶来实现的。

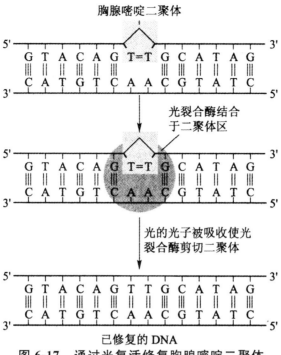

图 6-17　通过光复活修复胸腺嘧啶二聚体

6.2.2　切除修复

在细胞内复杂的 DNA 修复机制中,根据 DNA 损伤的程度可以分为两种类型,一种是单链损伤(single strand damage),另一种是 DNA 双链断裂(double-strand break,DSB)。DNA 单链断裂是单链损伤中常见的损伤,如果仅是一个磷酸二酯键的断裂可由 DNA 连接酶直接修复。DNA 连接酶在各类生物的各种细胞中都普遍存在,修复反应容易进行。

大部分的单链损伤需要切除修复来解决。当双螺旋的两条链中仅一条链有损伤时,另一条链可用作模板来指导损伤链的修复。为了修复两条配对的 DNA 分子中一条链上的损伤,有很多的切除修复机制来去除损伤的核苷酸,并用与未损伤 DNA 链互补的正常核苷酸来取而代之。这种修复过程称为切除修复(excision-repair)。

1. 一般切除修复

一般切除修复是生物体普遍采用的修复途径。这种修复的特点是:

①损伤仅涉及一条 DNA 链上的个别碱基,但损伤明显,易于识别。

②一般需要切开磷酸二酯键,而无需剪切糖苷键。

③修复的过程比较简单、快速。

一般切除修复常指的是 Uvr(Uv/repair)系统参与的修复。它也可修复 UV 诱发的胸腺嘧啶二聚体。由于这种修复过程并不依赖于光的存在故又称为暗修复(dark repair)。

切除修复机制是 1964 年由 P. Howard—Flander,R. P. BOYCE 及 R. Setlow,W. Carrier 两个研究组同时发现的。他们分离到某些对 UV 敏感的 *E. coli* 突变株,经 UV 照射后,它们在暗处具有比正常情况高得多的诱发突变率。这些突变体是 uvr(Uv/repair)A⁻突变体。uvr

A^- 突变体只有在光照时才能修复二聚体，表明它们缺乏暗修复系统。因此野生型的生物在暗处能修复二聚体，野生型的结构以 uvrA$^+$ 来表示。

$E. coli$ 中的切除修复系统并不仅修复嘧啶二聚体，也能修复 DNA 双螺旋的其他损伤。图 6-18 表示这个系统的修复机制为"先切后补"。嘧啶二聚体这个双螺旋的结构变形可被 Uvr 系统所识别，如图 6-19 所示。首先是 UvrAB 组合在一起识别嘧啶二聚体和其他大的损伤；然后 UvrA 解离（需 ATP）而 UvrC 和 UvrB 结合，UvrBC 复合体在损伤位点的两侧剪切，在损伤位点 5′ 端相距 7 nt，3′ 端相距 3～4 nt 处剪切，该过程也需 ATP。UvrD 是一种解旋酶，它可以帮助 DNA 解旋，让两个缺口间的单链片段（包含损伤位点）释放出来。大肠杆菌中的一些酶也能在体外切除嘧啶二聚体，包括具有 5′→3′ 外切酶活性的 DNA 聚合酶Ⅰ和单链特异的外切酶Ⅶ。在这些切除中，任何一个相关基因发生突变 $E. coli$ 都会失去切除嘧啶二聚体的能力。DNA 聚合酶Ⅰ似乎在体内担任最主要的切除任务。

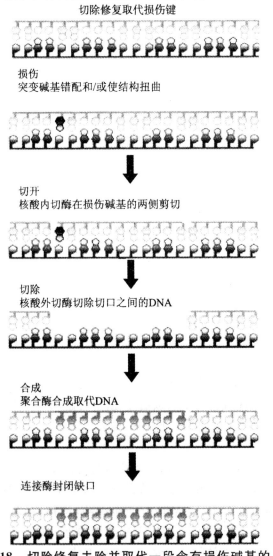

图 6-18　切除修复去除并取代一段含有损伤碱基的 DNA

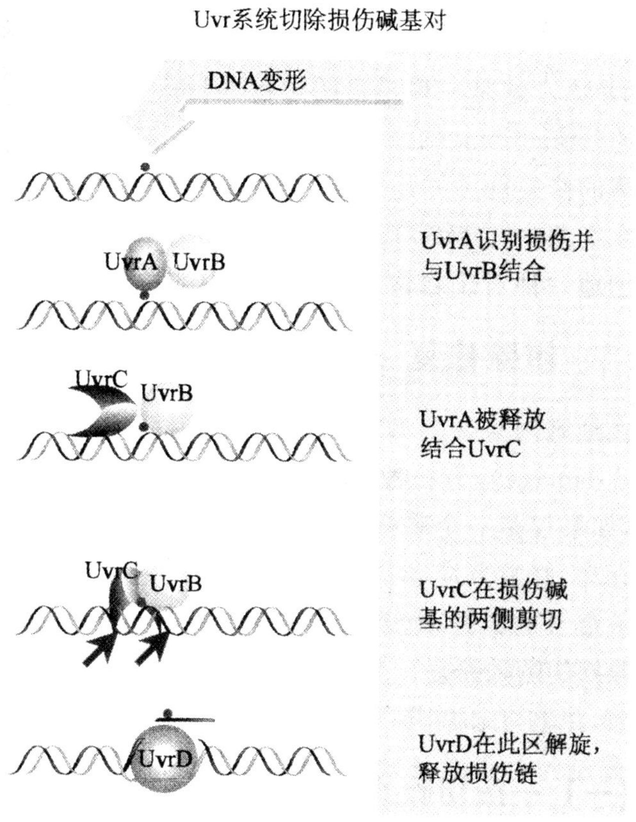

Uvr系统切除损伤碱基对

DNA变形

UvrA　UvrB　　　　　　　UvrA识别损伤并
　　　　　　　　　　　　与UvrB结合

UvrC　UvrB　　　　　　　UvrA被释放
　　　　　　　　　　　　结合UvrC

UvrC　UvrB　　　　　　　UvrC在损伤碱
　　　　　　　　　　　　基的两侧剪切

UvrD　　　　　　　　　　UvrD在此区解旋，
　　　　　　　　　　　　释放损伤链

图 6-19　Uvr 系统作用的各个阶段，UvrAB 识别损伤，UvrBC 剪切 DNA，UvrD 使标记区解旋

被切除的 DNA 片段平均为 12 nt，这种模型称为短补丁修复（short-patch repair），在这个修复合成中涉及的酶可能也是 DNA 聚合酶 I。

2. 特殊切除修复

有些损伤太细微以致产生的变形小到不能被 UvrABC 系统所识别，因此还需要其他的切除修复途径。

（1）碱基的切除修复

碱基的切除修复是在修复中通过剪切糖苷键来去除错配碱基的一种途径。这些错配碱基若不及时修复，经过 DNA 的复制，就会使遗传信息发生改变而产生点突变。

由于氧化、烷基化、水解或脱氨而引起单个碱基的损伤，损伤的碱基通过 DNA 糖基酶（DNA glycosylase）来切除，故称为碱基的切除修复（base excision repair，BER）。DNA 糖基酶并不能剪切磷酸二酯键，但可以剪切 AP 位点上的 N-糖苷键使链断裂。释放出改变了的碱基，产生一个无嘌呤（apurinic）和无嘧啶（apyrimidinic）位点，即 AP 位点（AP site）。这样经过 AP 内切酶切割磷酸二酯键，再由 DNA 聚合酶 I 的外切酶活性和 $5'$-$3'$ 的合成活性进行修复，最后由连接酶封闭裂缺（nick），完成修复（图 6-20）。

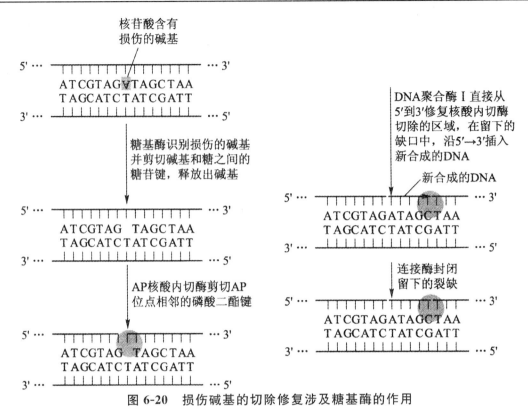

图 6-20　损伤碱基的切除修复涉及糖基酶的作用

　　DNA 糖基酶有很多种,其中之一是尿苷-DNA 糖基酶,它可从 DNA 上切除尿嘧啶(图 6-21)。C 因自发脱氨基而产生 U,若不修复可能导致 C→U 的转换。实际上在 DNA 中只有 A:T 配对而没有 A:U 配对,这是由于偶尔掺入的 U 可被识别和切除的原因。若 U 是 DNA 中的正常成分,那么这种修复就不需要了。

　　还有一种糖基酶可识别和切除由 A 脱氨而产生的次黄嘌呤(H);另一些糖基酶可切除被烷化的碱基(例如$^{3-m}$A、$^{3-m}$G 和 $^{7-m}$G)、开环嘌呤、氧化损伤的碱基及在某些生物中的 UV 光化二聚体;一些新的糖基酶仍不断被发现。

　　(2)核苷酸切除修复

　　核苷酸切除修复(nucleotide excision repair,NER)可识别庞大的双链扭曲损伤,如嘧啶二聚体和 6,4 光生产物(6,4 photoproducts)。

　　NER 分为 DNA 损伤的识别和切除两步进行。对于不同的情况 NER 可分为全基因组修复(global genome repair,GGR)和转录偶联修复(transcription-coupled repair,TCR)两种途径。这两种途径在开始部分有所不同:GGR 作用于 DNA 的非转录区,TCR 作用于活性转录区。一旦启动后两者所利用的酶相同。如果损伤发生在转录 DNA 的非模板链,也进行GGR,这需通过对 DNA 损伤具有特殊亲合识别能力的 XPC/hHR23B 复合物来启动修复。

　　XPC/hHR23B 复合物的形成是 NER 损伤识别的起始阶段。如果损伤发生在转录活性基因模板链上,则进行 TCR。TCR 是由 RNA 聚合酶在转录过程遇到核苷酸损伤,因无法识别而停滞时所激活的修复机制。RNA 聚合酶的停滞可作为一种信号,立即募集 NER 相关的修复蛋白 XPG(XP,xeroderma pigmentosum,着色性干皮病)、CSA、CSB(CS,Cockayne syndrome,凯恩综合征)。XPG 的作用是切除损坏的 DNA 链,CSA 和 CSB 可能使停滞的 RNA 聚合酶Ⅱ解离,以允许有足够的空间,供给其他蛋白质结合以进行 NER。CSB 参与了 DNA 的修复(图 6-22)。

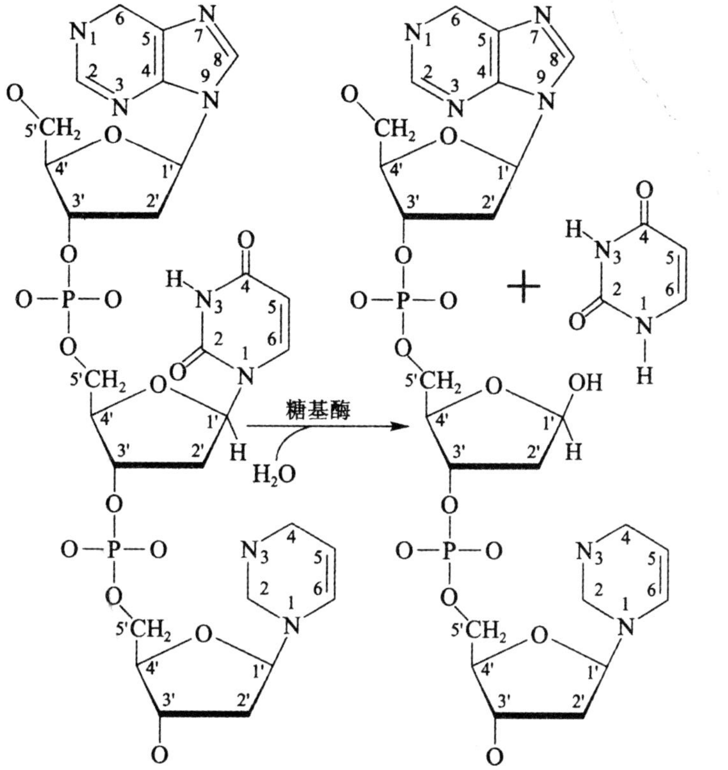

图 6-21　糖基酶通过剪切脱氧核糖和碱基之间的键而去除 DNA 上的碱基

TCR 修复比 GGR 迅速且效率也较高,GGR 需漫长地等待。但也正因如此,TCR 所修复的范围仅局限于能够转录 RNA 的 DNA 序列。TCR 修复也解释了患有凯恩综合征(Cock-ayne syndrome,一种罕见的常染色体隐性遗传病,患者对紫外线异常敏感,并伴有神经系统和发育异常,该病可分为两个亚群:CSA 与 CSB)的婴儿是因为在出生后不断积累转录上的缺陷,导致了细胞的死亡,造成了患者神经元的退化。

TCR 也是人类的一个极其重要的修复途径。有一种罕见的遗传病叫着色性干皮病就是一种切除修复酶的缺陷,患者的暴露部位易发生色素沉着,皮肤萎缩,角化过度和癌变,大部分患者在 30 岁前可能死于皮肤癌。由此可见 TCR 途径的作用是如何重要。

(3)GO 系统修复

mnutM 和 mutY 基因产生的两种糖基酶共同作用,可阻止突变产生的 8-氧-7,8-二氢脱氧鸟嘌呤(8-O-G)或胸苷乙二醇(GO),这些糖基酶形成了 GO 系统。当 GO 丢失时,DNA 中会因自发氧化作用造成损伤,切除 GO 损伤的是由 mutM 基因编码的一种糖基酶。如果在复制时产生了氧化损伤形成 GO,经复制,C 仍和 G 配对,而 GO 和 A 配对。若得不到修复就导致 C∶G 转换为 A∶T,但 mutY 编码的糖基酶 MutY 可切除错配的 A,经过复制恢复为 GO∶C。如果在复制的底物中掺入了 8-O-G,一种情况是它可能和模板链上的 A 配对,但细胞中有一种糖基酶 MutT,它起到 dUTPase 酶的作用,使 8-O-GTP 转换为 8-O-GMP;这样它就不能作为 DNA 合成的底物了。即使如此,还是有部分 GO 逃过了 MutT 酶的"监视",仍然掺入到 DNA 中和 A 结合,糖基酶 MutY 可以将错配的 A 切除,通过复制反而产生了 C:G。使原来的 A:T 转换为 C:G。另一种情况是 GO 掺入到模板中,和 C 配对,当糖基酶切除 GO 后可排除产生 A:T 的危险,仍保持 C:G 配对(图 6-23)。

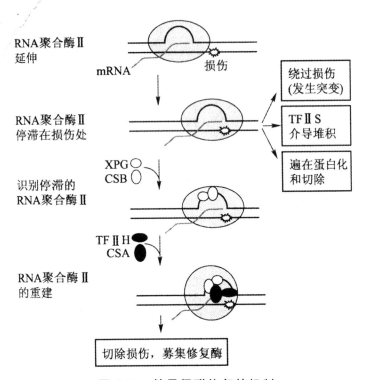

图 6-22　转录偶联修复的机制

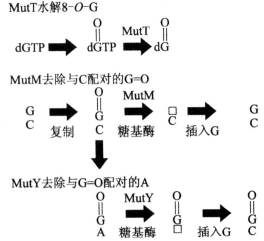

图 6-23　含有氧化鸟嘌呤的碱基对能被优先去除,使突变减少到最小

6.2.3　复制后修复

复制后修复(post-repli cation repair)在非复制时期对 DNA 损伤区域的修复。通常这类修复发生在细胞周期的 G，期或 G2 期，包括对 DNA 的错配修复、单链的损伤修复和双链的断裂修复。

假设需设计一个可以修复复制错误的酶，那么这个酶应当是什么样的呢？看来至少它要具备以下 3 个功能：

①识别错配的碱基对。

②对错配的一对碱基要能准确区别哪一个是错的，哪一个是对的。

③切除错误的碱基，并进行修复合成。

以上第二点最为重要，除非它能区分错误和正确的碱基，否则错配修复系统就无法决定切除哪一个碱基。例如，^{5-m}C 脱氨变成 T，有一个特殊的系统要将此修复成正常的序列。脱氨的结果使得 C:G 转换为 G:T 错配，这个系统必须将 G:T 修复成 G:C，而不是 A:T。

1. 错配修复

有些修复途径能够识别 DNA 复制中出现的错配，这种系统叫做复制后错配修复(mismatch repair，MMR)系统。MMR 主要是校正 DNA 在复制和重组过程发生的错配(但未损伤)。

VSP 系统(very short patch repair system)是不能胜任这项工作的，损伤修复系统中的 MutL 和 MutS 也不能解决问题，它们只从错配的 G:T 和 C:T 中切除 T，其他的如 MutY 可以切除错配的 C:A 中切除 A。这些系统的功能都是直接地从错配碱基对中切除其中一个特定的碱基。MutY 是一种腺嘌呤糖基酶，它可以产生一个 AP 位点来进行切除修复，同样不能确定哪一个是错误的碱基。

在 *E. coli* 复制中发生错配时，是可以区分原来的模板链和新合成链，因为 DNA 复制后只有在亲本链上带有甲基，新合成的链尚在等待着甲基化。因此两条链的甲基化状态是不同的，这就给复制差错的校正系统提供了一个标志。

dam 基因编码了一个甲基化酶，它的靶位点是 GATC 上的 A，使 A 成为 ^{6-M}A，这个半甲基化位点是被用来作为复制中母链的标志，同样用于与复制相关的修复系统。图 6-24 表示可能的复制后错配修复模型，MutS 能识别错配位点，MutL 能作用新合成的链，UvrD 是解旋酶可使错配区双链打开，然后 SSB 结合在单链上防止复性(图中未显示)，MutH 作为核酸外切酶将含有错配碱基的新链片段切除掉，再由 DNA 聚合酶工进行修补，最后由连接酶将裂缺封闭好。这样就完成了复制后错配修复。

在高等真核生物中也存在 MutS/MutL 的同源物 MS H(MutS homolog)蛋白 MLH/PMS。它们的类型多，作用也不同。有的用于简单的错配修复，有的用于在短的重复序列(如微卫星)区修复复制滑动而产生的错配。它们能识别结合复制滑动产生的突出于 DNA 双链的单链环，在核酸外切酶、解旋酶、DNA 聚合酶和连接酶的参与下去除环状错配区(图 6-25)。

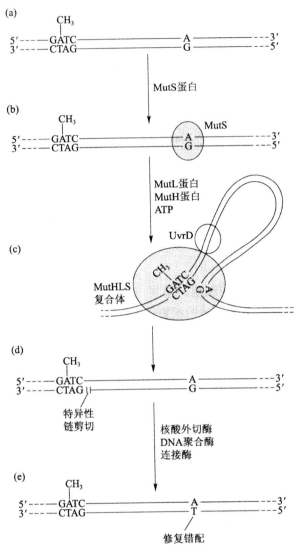

图 6-24 *E. coli* 复制中的错配修复

　　(a)甲基化酶,作用于 GATC 上的 A,这个半甲基化位点是被用来作为复制中母链的标志;(b)MutS 识别错配碱基,并移位到 GATC 位点;(c)MutL 蛋白、MutH 蛋白和 ATP 的加入,形成 Mut HLS 复合体;(d)MutH 在 GATC 位点剪切未甲基化的单链;(e)核酸外切酶切除从 GATC 位点到错配位点之间的单链。DNA 聚合酶 I 以母链为模板合成 DNA 进行修复,由连接酶封闭裂缺

　　2. 重组修复

　　重组修复(recombination—repair)系统是在 DNA 复制时模板链上含有损伤的碱基,导致新合成链上产生裂缺而进行重组的修复系统,也属于复制后修复。

　　若 DNA 上的一条链含有结构变形,如嘧啶二聚体,当 DNA 复制时嘧啶二聚体就使损伤位点失去作模板的作用,复制就跳越过这一位点。DNA 聚合酶可能继续前进或者在嘧啶二聚体附近再重新开始合成。这样在新合成的链上留下了一个裂缺,使两个子链的性质不同。一条子链的亲代链上含有损伤,新合成的相应位点上有一个裂缺。另一条子链的亲代链是完好的,没有损伤,新合成的互补链也是正常的,恢复系统就利用了这条正常的子链。

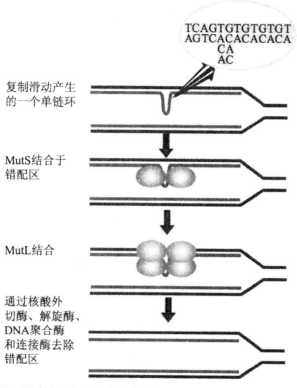

図 6-25　因复制滑动而产生的错配 MutS/MutL 系统启动修复

新合成链因损伤产生的裂缺由另一条正常亲本链上的同源片段通过重组来填补,随着单链交换(single-strand exchange)受体的双链中有一条是有损伤的亲本链,另一条经重组后变成为野生型的新合成链;而供体双链有一条是正常的新合成链和一条带有裂缺的母链,这个裂缺可通过一般的修复系统(DNA 聚合酶 I)来修复,最终产生正常的双链。这样损伤就限制在原来的链上,不至影响到新合成的 DNA(图 6-26)。

在一个具有切除修复缺陷的 E. coli 中,recA 基因的突变使其失去所有的修复能力,人们试图在双突变体(uvr⁻ recA⁻)的细胞中进行复制产生一段 DNA 片段,预期其长度是在两个胸腺嘧啶二聚体之间。实验结果表明根本得不到复制的 DNA,这是由于细胞缺乏了 recA 的功能,妨碍了复制而致死。它解释了为什么双突变体(uvr⁻ recA⁻)的基因组中不能容忍超过 1~2 个胸腺嘧啶二聚体,而野生型细胞允许存在多达 50 个。

RecA 蛋白的功能是促使 DNA 链之间的交换。在 DNA 重组和涉及重组修复的单链交换中 RecA 都起着重要的作用,它还涉及易错修复。

双突变体(uvr⁻ recA⁻)的特点表明 RecA 参与两种 Rec 途径,将单个基因突变体的表型和双突变体进行比较,来测定两者的相关功能是部分相同还是不同。如果这些基因是在相同的途径中,那么双突变体的表型将和单个突变体的表型相同。如果这些基因是在不同的途径中,那么双突变体应影响到两种途径而不是一种,因此影响的表型应比单个突变体的要多。通过这种方法发现，Rec 途径和 recBC 基因有关，另一个途径涉及 *rec*F。

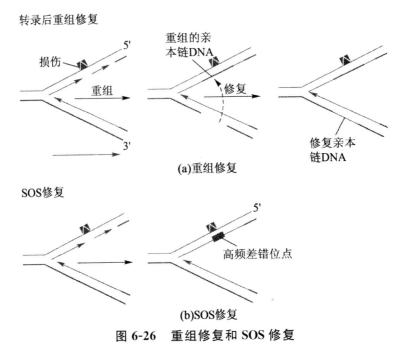

图 6-26　重组修复和 SOS 修复

*rec*BC 这两个基因编码核酸外切酶 γ 的两个亚基，它们的活性受到此途径的其他成分的限制。RecF 蛋白的功能尚不清楚，其他的 *rec* 座位也都通过影响到重组和重组修复的突变而被鉴别出来。

Uvr 系统是负责切除大量的 $\overline{TT}$，而 Rec 系统是负责清除那些未被切除的二聚体。这些遗漏的二聚体虽数量不多，但常常是致命的。

3. SOS 修复系统

SOS 应答（SOS response）这个术语是用于 *E. coli* 中描述基因表达的改变及其他细菌对于广泛的 DNA 损伤的应答。J. Weigle 等曾用紫外线照射入噬菌体然后再去感染细菌，而细菌又分为两组，一组是事先也用 UV 照射过，另一组是没有照射过，结果前一组中入噬菌体的存活率反而高于后一组。以上的现象称为 UV-复活（UV-reactivation），也叫做 W-复活（Weigle 的第一个字母），现称为 SOS 应答。

原核生物 SOS 应答系统受 LexA 和 RecA 两种关键蛋白质调控。LexA 同二聚体是一种转录抑制物，已知 LexA 调节 48 个基因的转录，其中包括 *rec*A、*lex*A、*uvr*A、*uvr*B、*umu*C、*umu*D 和 *him*A，它们被称为损伤可诱导基因（damage inducible，*din*）。这些基因都具有 SOS 盒（SOS box）。SOS 盒是在启动子附近长 20 nt 的回文保守序列，而 LexA 可识别结合 SOS 盒。这个特点导致 LexA 可结合于不同基因的启动子上，产生 SOS 应答。在不同基因座上的 SOS 盒也是不同的，但都有 8 bp 的保守序列。像其他的操纵位点一样，SOS 盒和启动子有重叠。在 LexA 座位属于自我阻遏物，其启动子附近有两个相邻的 SOS 盒。

SOS 应答和其他修复途径不同。其他修复途径的酶系是已存在于细胞中的，而 SOS 修复韵酶系统是经损伤诱导才产生的。激活 SOS 应答的共同信号是 DNA 的单链区,单链区是因复制延宕或双链断裂后,经解旋酶的作用而形成。LexA 是一种相对稳定的小分子蛋白质(22×10^3),是很多操纵子的阻遏物。在起始阶段,RecA 蛋白结合于 ssDNA,ATP 水解驱动反应,产生 RecA-ssDNA 纤丝。RecA-ssDNA 激活 LexA 潜在的蛋白酶活性,使 LexA 裂解而失去了阻遏活性,并且同时诱导了 LexA 所阻遏的操纵子,使 SOS 基因得以转录(图 6-27)。RecA 也触发细胞中其他靶物质的剪切。RecA 激活后也剪切 UmuD 蛋白产生 UmuD′,UmuD′可激活 UmuD2C 复合体,结合到损伤位点的单链区,然后合成一段 DNA 来置换损伤的部分。激活信号和 RecA 的相互作用是很快的,SOS 应答在产生损伤的几分钟内就发生了。

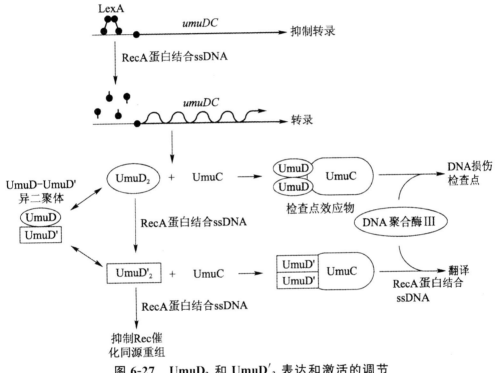

图 6-27　UmuD$_2$ 和 UmuD′$_2$ 表达和激活的调节

从逻辑上讲,这些损伤修复基因在 SOS 应答开始即被诱导。易错跨损伤聚合酶(error prone translesion polymerases),如 UmuD′$_2$C(也称 DNA 聚合酶 V)作为最后的一种手段,一旦启用 DNA 聚合酶 V 或通过重组使 DNA 损伤被修复或绕过,细胞中单链 DNA 的数量会减少,随着 RecA 纤丝数量的减少,剪切 LexA 同二聚体的活性也降低,然后 LexA 结合于启动子附近的 SOS 盒上,重新阻抑 SOS 基因群。

SOS 修复是细菌 DNA 受到严重损伤、处于危急状态时所诱导的一种 DNA 修复方式。修复结果只是能由 SOS 修复酶类修补损伤所产生的裂缺,以减少细胞的死亡,但随着修复也带来了较多错误,使细胞有较高的突变率,又称为易错修复(error-prone repair)。SOS 的作用不限于 UV 导致的损伤,不同种类的 DNA 损伤也能使此系统活化。

人们推测在真核细胞中也存在这种系统。当细胞遭到大损伤时,会被诱导产生一种应答来阻止细胞死亡。例如,采用跨损伤合成(translesion synthesis),这是一种对 DNA 损伤的容忍,即允许穿过 DNA 损伤位点(如胸腺嘧啶二聚体或 AP 位点)进行 DNA 复制,这种复制将常规的 DNA 聚合酶换成一种专门跨损伤聚合酶(如 DNA 聚合酶 V),这种酶具:有大量的活性部位,能在损伤的区域插入碱基。这种聚合酶的转换是通过进行性因子增殖细胞核抗原(PCNA)介导的。跨损伤合成的聚合酶与常规的聚合酶相比,其合成的忠实性较低(高度倾向插入错误的碱基)。然而,它在特殊类型损伤的相对位置能很有效地插入正常的碱基。例如,聚合酶 η 能绕过 UV 照射所产生的损伤位点,但聚合酶 ζ 可诱发这些位点发生突变。从细胞的前景出发,在跨损伤合成时,冒突变危险比采用更为激烈的修复机制要好一些,否则可能会导致染色体的畸变或细胞的死亡。

4. 双链断裂的修复

双链断裂对细胞的危害很大,幸好真核生物细胞已进化出数套途径,用来修复 DNA 双股断裂的产生,这些途径是同源重组、非同源性末端连接和微同源末端连接。

(1)同源重组修复

同源重组修复(homologous recombination repair,HRR)是利用真核生物二倍体细胞内每一条染色体都具有一条同源染色体的特性。在同源重组(double-strand breaks recombination-tion,DSB)模型中,若一条染色体上的 DNA 发生双股断裂,则另一条染色体上对应的 DNA 序列即可当作修复的模板来恢复成断裂前的序列(图 6-28)。HRR 需要相同或相似的序列用于作为断裂修复的模板。在修复过程中,酶的作用和在减数分裂时促成染色体交换的作用相同。这种途径允许损伤的染色体用一条姐妹染色单体或同源染色体作为模板。

在减数分裂过程中,由 Spo11 蛋白催化形成断裂双链,RecA 蛋白系列结合于断裂的 DNA 末端形成 DNA 蛋白质细丝,能够催化同源配对,使单链 DNA 末端入侵其同源区段,Rad51 和 Dmc1 蛋白(两个 RecA 的同源蛋白)在这一过程中起重要作用。但是科学家对入侵后的同源重组过程则了解得比较少。

(2)非同源末端连接

非同源末端连接(non-homologous end joining,NHEJ)是修复与复制相关断裂的主要途径,这种断裂大部分是被电离辐射所诱导。NHEJ 修复机制与前面的 HRR 最大的差异是 NHEJ 完全不需要任何模板的帮助。NHEJ 修复蛋白可以直接将双股裂断的末端彼此拉近,再由 DNA 连接酶的作用,将断裂的双链重新连接。与 HRR 相比,NHEJ 的机制既简单又无需 DNA 模板。但 NHEJ 会导致核苷酸的丢失,产生较多的错误。在高等真核生物中,编码序列所占比例很小,丢失的核苷酸位于非编码区的概率很高,这样导致基因突变的可能性就比较小。因此基因组越复杂、包含越多垃圾 DNA(junk DNA)的生物体,NHEJ 的活性比 HRR 更为活跃。基因组越简单,尤其是单细胞生物,NHEJ 很有可能会破坏基因组序列的完整性,反而不适合。

在 NHEJ 中,一种特异的 DNA 连接酶——DNA 连接酶 IV,和辅因子 XRCC4 可直接连接两个断裂端。参与 NHEJ 修复的蛋白质还有有 ATM(ataxia-telangiectasia mutated)、NBS1 及 γ-H2AX。首先 NBS1 蛋白会将 ATM 蛋白招募到 DNA 断裂处,然后共同解开被蛋白质缠绕的 DNA,暴露出 DNA 的断裂点,使参与修复 DNA 的另一些蛋白质也能与断裂处接触,并发挥作用。ATM 及 NBSl 蛋白的另一作用是确保 XRCC4 能到达 DNA 断裂处进行修补。首先与 DNA 断裂处结合的是 ATM 蛋白,直到 XRCC4 蛋白到达时,才置换出 ATM 蛋白。

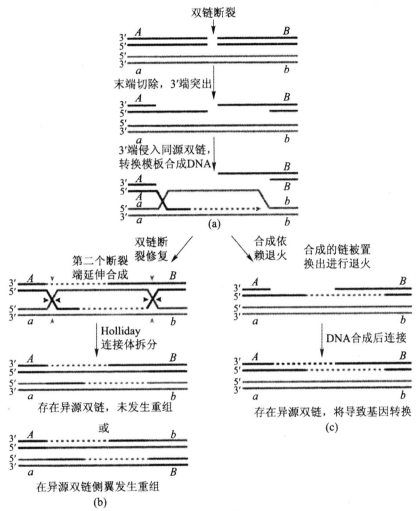

图 6-28　双链断裂重组模型

(a)DSB 的切除所产生的单链 DNA(ssDNA)的 3′端突出(overhang)侵入同源双链序列中而启动,然后侵入端继续延伸。下一步又有两种途径:一是 DSBR,另一种是 SDSA(c);(b)在单链侵入和延伸后,第二个 DSB 端也相继合成,形成带有两个 Holliday 连接体(Holliday junction,HJ)的中间体。在 DNA 裂缺被封闭后,拆分 HJ。这有两种模式:一种拆分(黑色箭头表示)的结果是不发生基因重组,但会产生异源双链区;另一种拆分(在一个 HJ 处为灰色箭头,在另一个 HJ 处为黑色箭头表示)的结果是不仅产生异源双链区,而且在此区的侧翼还会发生基因重组;(c)在第二个断裂段延伸之前,还有另一种选择,可通过链的置换进行 SDSA。即已延伸的 3′端被置换出,与第二个断裂端的 5′端连接,然后第二个断裂段再开始合成、连接、修复断裂。这种途径不会产生重组,但会出现基因转变

为了指导精确地修复,NHEJ 依赖微同源的短同源序列(short homologous sequences),位于 DNA 断裂端单链尾部。如果突出端是可配对的,修复通常是精确的。NHEJ 在修复时也可导致突变。在断裂位点失去损伤的碱基可导致缺失,而连接不匹配的末端可导致复制后

错配。NHEJ 在细胞的 DNA 复制前特别重要,因没有模板来提供同源重组。

在脊椎动物免疫系统中,B 细胞免疫球蛋白的 V(D)J 重组和 T 细胞受体重组时,也是需要 NHRJ 来连接编码端。

(3)微同源介导末端连接

微同源介导末端连接(microhomology-mediated end joining,MMEJ)是修复 DNA 双链断裂的一种途径。MMEJ 不同于其他的修复机制,是在连接前以 5~25 个碱基的微同源序列与断裂链连接,用 Ku 蛋白和 DNA 依赖的蛋白激酶(DNA-dependent protein kinase,DNA-PK)的修复机制。Ku 蛋白是一种保守的 DNA 结合蛋白,能与 DNA 末端及 DNA 损伤导致的双链 DNA 断裂结合。在酵母中通过 Mre11 复合物的作用介导末端连接(图 6-29)。MMEJ 发生在细胞周期的 S 期,它是通过连接断裂端,切除不能互补的突出核苷酸区域,填补丢失的碱基。当断裂发生在 5~25 同源的互补碱基对时,两条链被识别并作为微同源配对的基础。一旦连接,任何多余的碱基和链上错配的碱基都会被切除,而丢失的核苷被插入。这种途径是建立在与断裂位点的上、下游微同源的基础上。MMEJ 连接 DNA 链无须检查链的一致性,由于切除了不能互补配对的核苷酸片断而导致缺失。MMEJ 是一种易错修复的方法,可引起缺失突变而导致细胞癌变。在大多数情况下,细胞在难以获得 NHEJ 或不适合使用 NHEJ 时才不得已而采用 MMEJ 途径。

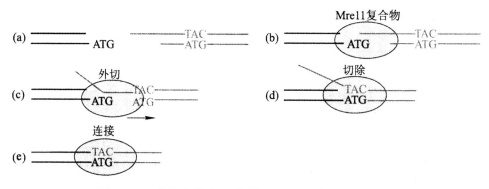

图 6-29　酵母中的复合物微同源介导末端连接模型

(a)产生 DNA 断裂端,在单链突出端含有"ATG"序列(粗线),在断裂的另一端的双链区(细线)也存在"ATG"序列;(b)Mre11 复合物同时结合两个断裂端,5′突出端不能配对,Mre11 复合物的核酸外切酶活性作用断裂端(图右侧);(c)切除少量核苷酸后,突出端仍不能与另一端配对,于是,Mre11 复合物就进一步外切;(d)直到将非突出端链上的 ATG 降解掉(右侧细线下端),露出其互补链上的"TAC"序列,产生了黏性末端,此时停止外切;(e)左侧断裂端上的 ATG 与其互补结合,再通过连接酶封闭切口(nick),修整上部的链,将多余的核苷酸切除还需要别的酶。

6.3　基因突变

突变涵盖遗传物质的改变和这一改变的过程两层意思。一个因基因突变而带有新表型的生物称为突变体(mutant)。广义地来说,突变指的是一个细胞或生物的基因型所发生的任何突然的可遗传的改变。基因突变不同于 DNA 的损伤,但损伤的结果又常导致基因的突变。除回复突变和抑制(suppressor)效应的存在外,基因突变是不能修复的,而是能导致表型变异并稳定遗传,这和损伤完全不同。

对于一个多细胞生物来说,如果突变仅发生在体细胞中,那么这种突变是不会传递给后代的。这种类型的突变称为体细胞突变(somatic mutation)。但若突变发生在生殖细胞中,那么这种突变就能通过配子传递给下一代,这种突变称为种系突变(germ-line mutations)。

如果突变发生于某个基因的特定位点,则称为点突变(point mutation),点突变包括一碱基对发生了置换和碱基的插入或删除。现在,"突变"一词常用来专指点突变。

6.3.1　基因突变的类型

根据突变的性质可分为 3 种类型:

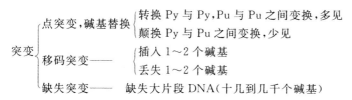

有了以上这些背景,我们现在就可以介绍有关基因突变的一些术语。

碱基对取代突变(base-pair substitution mutation)是指在基因中一个碱基对被另一个碱基对所取代。转换(transition)是碱基替换中的一种类型,是指嘌呤与嘌呤之间,或嘧啶与嘧啶之间的替换。例如,G:C 被替换成 A:T。颠换(transversion mutation)是碱基替换中的另一种类型,是指嘌呤与嘧啶之间的替换。例如,A:T 被替换成了 T:A 或 C:G。

根据突变表型和野生型相比较将点突变分成两类:一类是正向突变(forward mutation),其突变方向是从野生型突变成突变型;另一种是回复突变(reverse mutation),其突变方向是从突变型突变成野生型。回复突变可使突变基因产生的无功能或有部分功能的多肽恢复部分功能或完全功能。当 DNA 碱基对发生改变,使其 mRNA 中相应的有义密码子得到恢复,可以编码某种特殊的氨基酸,这个改变的密码子可以是原来野生型的相应密码子或者是其他氨基酸的密码子。

突变的作用还可以通过其他位点的突变而得到减弱或校正,这便是前面已介绍过的抑制突变(suppressor mutation)。

碱基置换突变(base substitution mutation)是指在基因中一个碱基对被另一个碱基对所取代,如 Tyr 的 DNA 密码子中 C:G 变成 A'T。

根据突变后密码子的含义将突变分为错义突变、无义突变 2 种类型。

错义突变(missense mutation)是指改变密码子含义的碱基替换,导致编码的多肽链中某一个氨基酸残基被另一种氨基酸所取代。如果新的氨基酸具有与原来的氨基酸同样的化学性质,这个错义突变是保守(conservative)的。如果原来的氨基酸被具有不同化学性质的氨基酸所取代,错义突变是非保守(nonconservative)的。例如,AAG 突变为 GAG,编码的氨基酸由亮氨酸变成谷氨酸。错义突变的影响取决于它是保守还是非保守的,还取决于被替换的残基在多肽链功能中的重要程度。保守的替换一般是中性的,除非突变发生在一个关键的残基(如酶的活性位点),而非保守的替换一般会破坏多肽链的结构和/或改变多肽链的性质,从而产生突变的表型。有些错义突变的影响十分微妙,可能只在一定的环境条件下(如高温)表现出来。

无义突变(nonsense mutation)是将有意义的密码子改变成无义密码子(终止密码子)的碱基替换。翻译时在相应的位点会导致提前终止,而产生一条不完整的多肽链,通常是没有功能的。无义突变效应的严重性取决于突变位点在编码区的位置。5′端的无义突变导致产生很不完整的多肽链,引起多肽链功能的丧失。3′端无义突变可能对编码多肽链的结构影响不大,但可能影响 mRNA 的稳定性。在真核基因中的无义突变偶尔会在剪切中引起外显子跳跃。

根据突变产生的无义密码子类型可分成琥珀突变(amber mutation)(突变为终止密码子UAG),乳白突变(opal mutation)(突变为终止密码子 UGA)和赭石突变(ochre mutation)(突变为终止密码子 UAA)。

导致获得原先没有的功能的突变称为功能获得突变(gain-of-function mutation)。相反,导致丢失原有功能的基因突变称为功能失去突变(loss-of-function mutation)。使一对杂合等位基因成为纯合状态的突变称为杂合性丢失(loss of heterozygosity,LOH)突变。可检测其表型改变的突变称为可见突变(visible mutation)。相反,不能检测到其表型改变的突变称为不可见突变(invisible mutation)。

渗漏突变(leaky mutation)指某基因发生突变后其产物仍具有原来的功能,但活性比野生型弱,也称为亚效等位基因(hypomorph)。

中性突变(neutral mutation)基因序列中密码子的改变并没有改变产物的功能,即不影响生物适应性的突变和不影响生物表型效应的突变。中性突变在群体中可产生多态性。

沉默突变(silent mutation)是中性突变中的一种特殊情况。不影响密码子含义的碱基替换,因而对多肽链结构没有影响,实际上就是同义突变。沉默突变的发生是由于遗传密码的简并性。例如,ATT 突变为 ATC,两者都编码异亮氨酸。

移框突变(frameshift mutation)是由于基因中增加或减少碱基(改变的碱基数不是 3 或 3 的倍数)所致。一较短的 $3n+1$ 个核苷酸的插入与缺失,使阅读框发生变化,大部分阅读框有读框外(out-of-frame)的终止密码子,所以移框突变往往造成蛋白质合成的提前终止,产生不完整的多肽链。即使不提前终止,但由于肽链的一级结构发生了很大的改变,所以产生的蛋白质常是无功能的。移框突变的效应取决于它的位置,位于 5′端突变的后果要比 3′端突变更为严重。

非移框插入/缺失突变(indel mutation)(indel 是"insertion"和"delete"前缀的组合表示插入或缺失的统称)是指较短的 $3n$ 个核苷酸的插入与缺失。这类突变不破坏可读框,往往是可以容忍的,但蛋白质一级结构的改变也可能影响或丧失其原有的功能。

通读突变(readthro ugh mutation)是将终止密码子转变成有义密码子,造成通读,使多肽链延长。例如,TAG(终止密码子)突变为 CAG(谷氨酰胺)。通读突变可能影响多肽链的性质和 mRNA 的稳定性。一般情况下,多肽链不会延长太多,因为在天然的终止密码子的下游有不定位置的终止密码子存在。

突变的作用还可以通过其他位点的突变而得到减少或校正,这便是前面已讨论过的抑制突变(suppressor mutation)。

6.3.2　基因突变的原因

自然发生的突变是自发突变(spontaneous mutation)。一些物理的或化学的诱变剂(mutagen)都能增加这种自发突变的频率,但不改变突变的方向。而诱变剂处理所诱发的突变称为诱发突变(induced mutation),这两种突变之间并没有本质的区别。无论是自发突变还是诱发突变,除复制差错以外,多是 DNA 损伤未能修复所致。

自发突变是在自然中发生的,不存在人类的干扰。长期以来遗传学家们认为自发突变是由环境中固有的诱变剂所产生的,如放射线和化学物质,但证据表明并非如此。自发突变可能由很多因素中的一种所引起,包括 DNA 复制中的错误、DNA 自发的化学改变。自发突变也可能由于转座因子的移动而引起。

人们对突变的发生进行定量时常使用两种不同的术语:突变率(mutation rate)和突变频率(mutation frequency)。突变率是指在单位时间内(如一代),在细胞或微生物群体中,某种突变发生的概率;突变频率是指在一个细胞群体或个体中,某种突变发生的数目,即每 10 万个生物中发生突变的数目,或每百万个配子中突变的数目。有时,突变频率和突变率可变通使用。

在果蝇中自发突变率为 $10^{-4} \sim 10^{-5}$/每代每个基因,在人类中为 $10^{-4} \sim 4 \times 10^{-6}$/每代每个基因,而细菌是 $10^{-5} \sim 10^{-7}$/每代每个基因。自发突变频率受到生物遗传特征的影响,如在雄性和雌性果蝇中相同的性状其突变频率不同,不同的性状可具有不同的突变频率。

1. DNA 复制错误

(1)碱基错配

在复制中有 10^{-3} 的概率可能发生碱基错配(base mismatch),经 DNA 聚合酶的校正作用实际的错配率为 $10^{-8} \sim 10^{-10}$,但毕竟仍有错配的存在而造成遗传信息的改变。

在 DNA 复制时可能产生碱基的错配,如 A:C 配对。当带有 A:C 错配的 DNA 重新复制时,一条子链双螺旋在错配的位置上形成 G:C,而另一条子链的双螺旋在相应位点将形成 A:T。这样就产生了碱基对的转换。

原核 DNA 聚合酶都具有 $3' \rightarrow 5'$ 的外切酶活性,可对复制中错误掺入的碱基进行校正,使得 DNA 复制中实际的差错率大大减少。在真核生物中 DNA 聚合酶 δ 也具有 $3' \rightarrow 5'$ 外切酶活性。在介绍原核 DNA 聚合酶结构时已说明 DNA 聚合酶 $3' \rightarrow 5'$ 外切酶功能是 ε 亚基承担的,若编码这个亚基的基因发生突变,那么就失去校正的功能,引发点突变。

(2)互变异构移位

由于碱基本身存在着互变异构体(tautomers),所以也能形成错误的碱基对。当碱基以它常见的形式出现时就可能和错误的碱基形成配对。J. D. Watson 和 F. H. C. Crick 就曾指出,DNA 的碱基结构并不是静态不变的,在嘌呤或嘧啶中的氢原子可以从一个位置移到另一个位置上,如从氨基基团转移到位于环上的氮。这种现象称为互变异构移位(tautomeric shifts)。这种互变异构移位很少发生,但它在 DNA 代谢中十分重要,因为它可能导致碱基配对的改变。我们在第一章详细阐述的 DNA 结构是一种最常见的稳定结构,其中的腺嘌呤总和胸腺嘧啶配对,而鸟嘌呤总和胞嘧啶配对。胸腺嘧啶和鸟嘌呤较为稳定的酮型结构可能因互变异构移位而变为烯醇式结构;而腺嘌呤和胞嘧啶较为稳定的胺基型结构也可能因互变异构移位而变为亚胺基型结构。这些碱基只能在很短的时间内处于这些较不稳定的结构形式,但是如果它们处于这种不稳定构型时正好 DNA 复制到此处或正好被加入到新生的 DNA 链中,就会产生一个突变。在这种很少见但又不稳定的烯醇型或亚氨基型情况下,可以形成腺嘌呤与胞嘧啶的配对或鸟嘌呤与胸腺嘧啶的配对(图 6-30)。

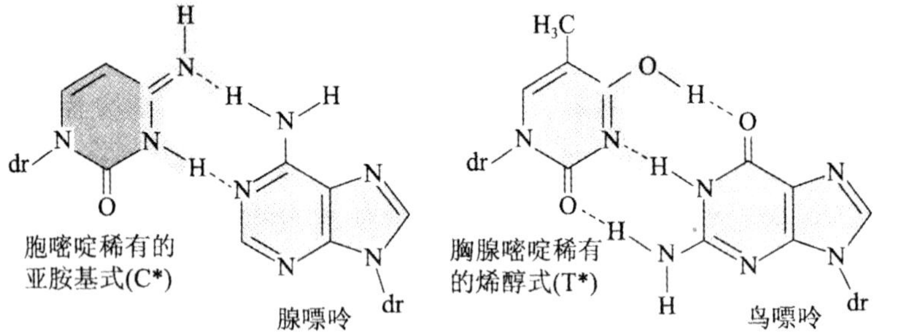

(a)因稀有的嘧啶异构体而引起的错配

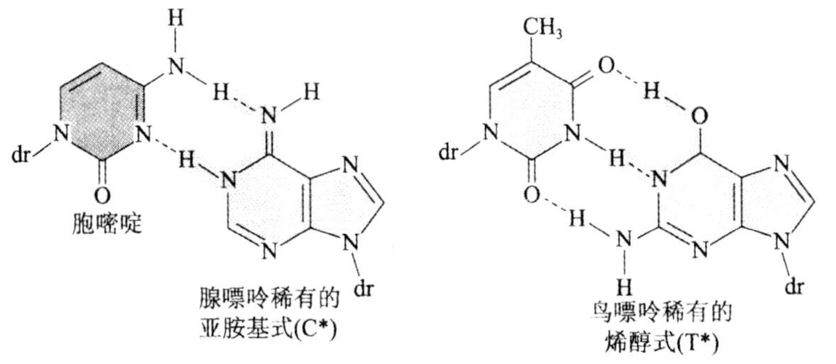

(b)因稀有的嘌呤异构体而引起的错配

图 6-30 错配碱基

这些错配发生后,在随后的复制过程中就会出现错配碱基对的分离,从而导致 A∶T 置换 G∶C 或 G∶C 置换 A∶T 的情况(图 6-31)。如果没有 DNA 聚合酶校正活性的话,那么互变异构移位所产生的突变要比实际发生的多得多。

(3)复制滑动

复制滑动(replication slippage)或称复制跳格:在极短的重复序列区域,新合成的子链与其模板链间发生重排,于是 DNA 聚合酶向后滑动并产生多余的重复单位。子链中的这些重复单位突出而形成单链环,它们能被 MutSL 的同源物修复(图 6-32)。

在 DNA 复制中少量碱基的增加和缺失也能自发的产生,这可能由于新合成链或模板链错误地环出[跳格(slipping)]而产生的。若是新合成链的环出可增加一个碱基对,若在模板链上的环出则会缺失一个碱基对。DNA 中少量碱基的增加和减少,除增加或减少 $3n$ 个碱基以外,都会引起移码突变。

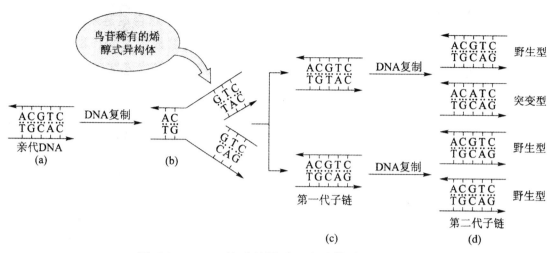

图 6-31　DNA 的碱基通过互变异构移位而突变

复制滑动改变重复序列的长度

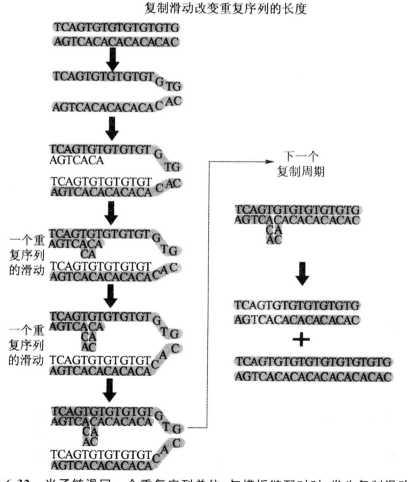

图 6-32　当子链滑回一个重复序列单位,与模板链配对时,发生复制滑动

2. DNA 损伤的后果

DNA 的化学损伤如未能修复,则常导致基因组中碱基的转换,这种转换如果在基因的编码区,就会引起基因的点突变。

3. 转座因子的作用

转座因子(transposable element)转座时能给基因组带来新的遗传信息,也能诱发染色体的断裂,缺失和倒位。在某些情况中又能像一个开关那样启动或关闭某些基因。

6.3.3 基因突变的检测方法

基因突变是形成等位基因、遗传多样性以及遗传病发病的根本原因。突变检测在疾病诊断与控制、家畜家禽的品种改良中具有重要的应用价值。大规模、快速基因突变检测已成为分子遗传研究的热点。突变检测技术按突变位点是否已知可分为两大类,第一类是对未知突变位点进行检测的技术,常见的方法有单链构象多态性分析(SSCP)、DNA 测序法等。第二类是对已知突变位点进行检测的技术,常用的方法有聚合酶链反应—限制性片段长度多态性法(PCR-RFLP)、基因芯片法、Taqman 探针法、高分辨率溶解曲线法(HRM)、高效液相色谱法(DHPLC)等。用于未知突变检测的方法都可以用于对已知突变进行检测;PCR-RFLP、基因芯片法也可用于对未知突变进行检测。本节对基因突变的一些常用检测方法进行总结。

1. PCR-RFLP 法

PCR-RFLP 法是在 PCR 技术基础上建立发展起来的。通过 PCR 扩增出可能包含突变的基因组片段,然后利用限制性内切酶对这些 PCR 片段进行酶切,电泳检测后根据酶切片段的长度差异来判断是否存在突变(或多态)位点。PCR-RFLP 法一般是用于检测已知的突变位点。例如在猪氟烷敏感基因,也称为兰尼定受体基因(rynodine receptor,RYR1)外显子的 1843 位存在一个 C/T 突变,导致受体蛋白的 615 位的氨基酸由精氨酸突变成半胱氨酸,引起该基因的结构和功能改变。氟烷敏感基因是导致猪应激综合征,产生 PSE 肉的主效基因。CC 型个体和 CT 型个体表现正常,TT 型个体表现为应激个体,淘汰 CT 和 TT 型个体对种猪选育具有重要意义。序列分析结果发现 C/T 突变改变了限制性内切酶 Hha I 的识别位点(5′-GCGC-3′),因此可以通过 PCR-RFLP 方法检测该突变位点,具体过程是:首先进行 PCR 扩增出包含 RYR1 基因 1843 位点的片段,再用 Hha I 对 PCR 片段进行酶切,然后电泳,根据电泳结果即可对此位点进行检测,如果 PCR 片段完全被切开,则电泳形成 2 条带,该个体为 CC 型(正常个体);如果 PCR 片段完全切不开,则电泳仍然为 1 条带,该个体为 TT 型(敏感个体);如果 PCR 片段部分被切开,则电泳形成 3 条带,该个体为 CT 型(隐性携带个体)(图 6-33)。PCR-RFLP 方法的优点是操作简单、准确性高、检测成本低,广泛用于已知突变位点检测;缺点在于使用范围有限,只有导致酶切位点改变的突变位点才能用此方法进行检测。

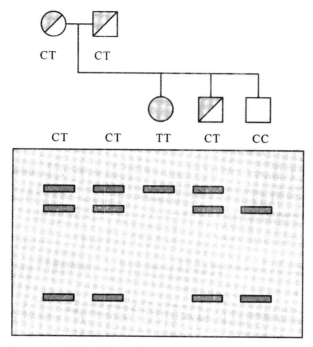

图 6-33　猪氟烷敏感基因 PCR—RFLP 检测模式图

2. SSCP 法

SSCP 法的基本原理是单链 DNA 分子在中性条件下会形成二级结构,这种二级结构依赖于单链 DNA 分子的碱基组成,即使是一个碱基的不同,也会形成不同的二级结构。在非变性电泳条件下,不同的二级结构具有不同的电泳速度,因此根据电泳后带型差异即可判断是否存在突变。随着 DNA 片段长度的增加,突变对单链 DNA 二级结构的影响会减小,因此使用 SSCP 法时,对所检测的 DNA 片段长度有一定限制,最合适长度为 150～200 bp,较长的 DNA 片段需要分段进行多次 SSCP 检测。SSCP 法的优点是操作比较简单、检测比较快速,适用于未知突变位点的检测;缺点在于不能检测到全部突变,有一定比例的假阴性或假阳性。

3. Taqman 探针法

Taqman 探针法是基于荧光定量技术发展起来的。Taqman 探针长度为 20～30 bp,是与目标核酸序列专一性互补的核酸片段,探针的 5′端标记有荧光报告基团(repOrter,R)。如 FAM、VIC 等,3′端标记有荧光淬灭基团(quencher,Q)。当探针完整的时候,报告基团发射的荧光能量被淬灭基团吸收,因此没有荧光信号发出。而当 Taqman 探针被切断时,荧光报告基团发出的荧光就不会被淬灭,因此就会有荧光信号发出。运用 Taqman 探针法检测突变(或多态)位点时,需要在突变位点处设计两种探针,分别标记两种不同的荧光基团(FAM 和 VIC),这两种探针分别和两种等位基因的突变位点特异性结合(图 6-34)。当 PCR 反应时,DNA 聚合酶的外切酶活性,会将探针切断,发出荧光信号,通过检测荧光基团种类,即可来判断突变位点信息,如果检测到 FAM 和 VIC 两种荧光,则说明该位是一个突变位点;个体基因型判定时,如果只检测到 FAM 荧光,则判断为 AA 型个体;如果只检测到 VIC 荧光,则为 BB 型;如果检测到两种荧光,则为 AB 型个体。Taqman 探针法的优点是操作简单、快速,结果准确可靠;缺点是只能对已知突变位点进行检测,成本相对较高。

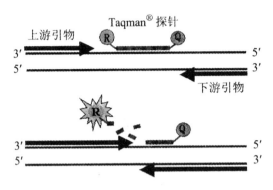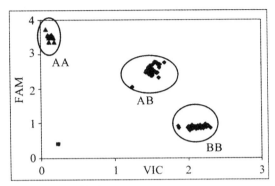

图 6-34　Taqman 探针法检测突变模式图

4. 高分辨率溶解曲线法(HRM)

HRM 法是近几年来兴起的一种突变(或多态)研究方法,该方法也是基于荧光定量 PCR 技术发展起来的。由于有突变的参与,因此不同的 PCR 片段的溶解曲线也不相同,例如 G/ T 突变,GG 与 TT 纯合子个体 PCR 扩增都只有一种产物且 GG 个体的 PCR 片段比 TT 个体的 PCR 片段溶解曲线要高;GT 杂合子个体 PCR 扩增产物中有 4 种片段,即两种完全配对片段和两种包含错配碱基对的片段,因此 GT 杂合子的溶解曲线与 GG 个体、TT 个体都不相同,通过溶解曲线即可分辨出是否存在突变位点。为了准确测定溶解曲线,必须在 PCR 反应时加入饱和荧光染料,反应结束后通过逐步升温的方法来检测各个 PCR 片段的溶解曲线。如果只有 1 条溶解曲线,表明没有突变;如果有 2 条或 2 条以上的溶解曲线,则说明存在 1 个或多个突变位点。图 6-35 是一个典型的单个位点突变的溶解曲线图。HRM 方法不受突变碱基位点与类型的局限,无需序列特异性探针,在 PCR 结束后直接进行高分辨率溶解,即可完成对样品基因型的分析,因其操作简便、快速、成本低、结果准确,受到普遍的关注。

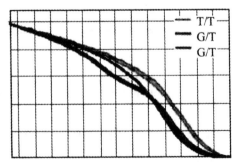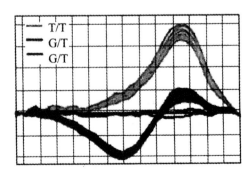

图 6-35　高分辨率溶解曲线法 HRM 检测突变模式图

5. 高效液相色谱法(DHPLC)

DHPLC法与HRM法原理类似,也是利用了DNA分子解链温度差异的特征。纯合子个体的PCR扩增产物中只有同源双链,而杂合子个体的PCR产物不仅有同源双链,还会有异源双链,异源双链中由于错配位点的氢键被破坏,因此会形成"鼓泡";在部分加热变性的条件下,异源双链DNA分子更易于解链。高效液相色谱包括固相和液相,固相可以结合DNA分子,液相可以洗脱固相DNA分子。由于异源双链DNA分子在加热时更易解链,解链后的DNA分子与固相的结合力下降,因此当液相流过时会首先被洗脱下来,出现一个DNA样品检测峰,根据DNA峰值的多少可以判断DNA序列中是否存在突变以及突变的个数。图6-36是单碱基突变的杂合子个体,通过高效液相色谱检测所形成的典型洗脱峰。DH-PLC法的优点是对于单碱基突变检测准确、可靠;对于多碱基突变洗脱峰较为复杂,结果不易分析。

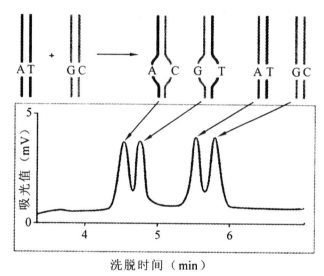

图 6-36　高效液相色谱法检测突变的模式图

6. 等位基因特异性扩增法(allelerspecific amplification,ASA)

该法主要用于检测已知突变位点,例如对于C/T突变位点,运用ASA法进行检测时,需要在C/T突变位点的5′或3′序列分别设计P1、P2两种引物,P1、P2引物的3′端最后一个碱基位于突变位点上分别与C和T互补,同时还需要设计另外一条引物反向引物(reverse premier,Pr),分别组成P1、Pr和P2、Pr引物对进行PCR扩增。当进行突变检测时,每个个体需要利用P1、Pr和P2、Pr引物对分别进行两次平行PCR;CC型个体只有P1、Pr引物对有产物,TT型个体只有P2、Pr引物对有产物,CT型个体两引物对都有产物(图6-37)。因此,根据PCR反应的结果即可直接判断个体的基因型。ASA方法的优点是操作简单、快速,检测成本低;缺点是只能针对已知突变进行检测,而且有些错配引物也可以扩增出产物,会出现假阳性。

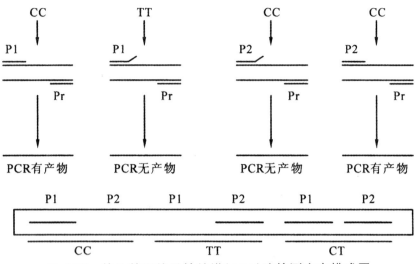

图 6-37　等位基因特异性扩增(ASA)法检测突变模式图

6.4　基因突变的校正

6.4.1　基因内校正

基因内校正与起始突变发生在相同的基因内,它可能通过点突变或移码突变来实现校正,不过点突变一般只能校正点突变,移码突变只能校正移码突变(图 6-38)。

如果是由点突变来校正,一般是通过恢复一个基因产物内 2 个残基(氨基酸残基或核苷酸残基)之间的功能联系来实现的。具体机制可能是 2 次突变相互抵消了 2 个残基的变化,从而恢复了 2 个残基之间的相互作用,致使基因产物能够正确折叠,或者是 2 个相同的亚基能够组装成有功能的同源二聚体。现举一例说明,假如一个蛋白质的正确折叠需要 Lys3 残基和 Glu50 残基侧链之间的离子键,显然,如果 Lys3 残基突变成 Glu3 残基,将会导致原来的蛋白质因不能正确折叠而丧失功能,但是,如果它的 Glu50 残基因第二次突变变成了 Lys50,则可以恢复 Glu 残基与 Lys 残基之间的离子键,致使突变的蛋白质仍然能够正确折叠,并恢复原有的功能。

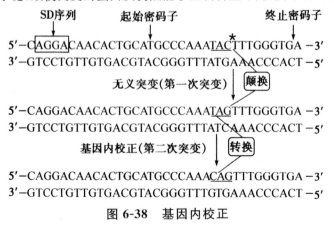

图 6-38　基因内校正

如果是由移码突变来校正,则起始突变一般也是移码突变,而且移码的方向相反,但数目相同。例如,一个基因的第一次突变是 +1 移框,如果有第二次突变正好发生在它的附近,而且是 -1 移框的话,那么,第二次突变很有可能就是一次基因内校正。

6.4.2　基因间校正

基因间校正发生在另外一个与第一次突变不同的基因上,绝大多数是在翻译水平上起作用。这种发生第二次突变具有校正功能的基因被称为校正基因。一般而言,每一种校正基因只能校正无义突变、错义突变或移框突变中的一种。

校正基因通常通过恢复 2 个不同的基因产物之间的功能关系来实现,如在 2 条不同的多肽链、2 个不同的 RNA 或者 1 条多肽链和 1 分子 RNA 之间。绝大多数校正基因编码 tRNA,这些具有校正功能的 tRNA 被称为校正 tRNA。校 tRNA 通过其内部突变的反密码子来校正 mRNA 上一个突变的密码子,恢复两者之间的功能联系,从而使翻译出来的多肽链的氨基酸序列恢复正常。

校正 tRNA 不仅能够校正无义突变,还能校正错义突变,甚至能校正移码突变。但由于校正 tRNA 基因在细胞内与野生型 tRNA 基因共存,其产物即校 tRNA 会与野生型 tRNA 或翻译的终止释放因子竞争,这可能会导致正常的翻译反而出现错义或通读。

如果校正基因不是 tRNA 的基因,而是一个蛋白质基因,则校正机制通常是通过其编码的蛋白质上的一个氨基酸残基变化去抵消第一次突变的那一个蛋白质上的氨基酸残基变化,从而使这两种蛋白质能够正常地组装在一起形成有功能的异源寡聚体蛋白。

1. 无义突变的校正

如果 mRNA 上一个特定的密码子发生无义突变,那么校正突变就发生在 DNA 上编码野生型 tRNA 的反密码子上,从而使发生突变的密码子能被突变的 tRNA 识别,结果依然能够被翻译成正常的氨基酸。例如,一个 $tRNA^{Tyr}$ 的反密码子发生突变,从 GUA 颠换成 CUA,这样的突变使之能识别一个 mRNA 分子上因突变产生的终止密码子 TAG(由一个 Tyr 的密码子 TAC 颠换而成),于是原来的无义突变得到校正(图 6-39)。

2. 错义突变的校正

对于这种形式的校正还不完全了解,一般指一个异常的 tRNA(突变产生)能阅读一个 mRNA 上错误的密码子而导致正常的氨基酸参人。

3. 移码突变的校正

这种方式非常罕见,有两种方式:一种方式是指一个突变的 tRNA 分子上的 1 个由 4 个核苷酸组成的密码子能够阅读一个 mRNA 分子上的 1 个 4 核苷酸密码子;第二种方式由核糖体蛋白的突变引起,特定的核糖体蛋白的突变导致核糖体在翻译的时候发生反方向的移框。

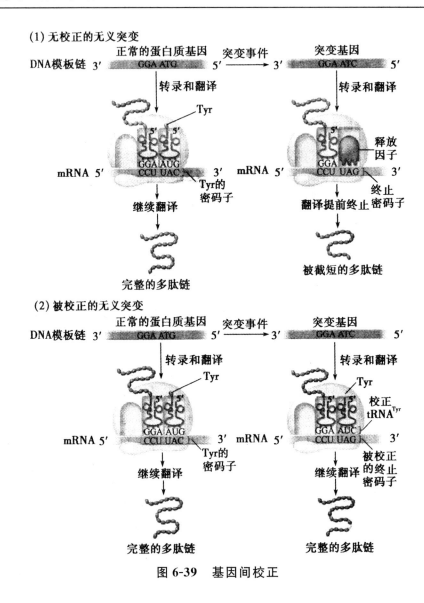

(1) 无校正的无义突变

正常的蛋白质基因　突变事件　　突变基因
DNA模板链 3' GGA ATG 5' ── 3' GGA ATC 5'

转录和翻译　　　　　　转录和翻译

Tyr　　　　　　　　　　　　　　释放因子

mRNA 5' GGA AUG 3' mRNA 5' GGA 终止 3'
CCU UAC CCU UAG
Tyr的密码子　　　　　　　　　终止密码子

继续翻译　　　　　　翻译提前终止

完整的多肽链　　　　　被截短的多肽链

(2) 被校正的无义突变

正常的蛋白质基因　突变事件　　突变基因
DNA模板链 3' GGA ATG 5' ── 3' GGA ATC 5'

转录和翻译　　　　　　转录和翻译

Tyr　　　　　　　　　Tyr　校正 tRNA^Tyr

mRNA 5' GGA AUG 3' mRNA 5' GGA AUC 3'
CCU UAC CCU UAG
Tyr的密码子　　　　　被校正的终止密码子

继续翻译　　　　　　继续翻译

完整的多肽链　　　　　完整的多肽链

图 6-39　基因间校正

4. 迁回校正(bypass suppressor)

迁回校正是一种生理意义上的校正,该机制通常适用于一条调控途径。如图 6-40 所示,蛋白质 C 的突变使得信息无法从 C 传给 D,从而导致整个调控途径无法正常运转。然而,蛋白质 D 的同时突变使得它能够绕过 C 直接从蛋白质 B 得到信息,从而使原来的调控途径恢复畅通。

再如,一种突变导致一种给定产物的量减半,而另外一种突变提高该产物的可得性和运输能力,从而防止了第一种突变给机体带来的危害。

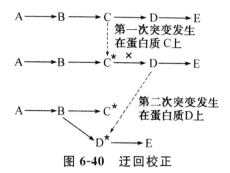

图 6-40　迂回校正

第7章　可转移的遗传因子

7.1　质　粒

7.1.1　质粒的一般性质及类型

虽然各种质粒之间具有互不相同的基因和调控位点,但也主要依赖于宿主的代谢功能进行复制。然而每一种质粒有自己控制复制时间和控制在每个细胞中质粒拷贝数的基因。在细胞分裂时质粒要分配到子代细胞中去得小心地控制,即假如一个细胞内的质粒已为细胞分裂准备了两个质粒分子,则每个子代细胞中有一个质粒 DNA 分子,若该过程出现差错,分裂时就会出现无质粒细胞,这种情况出现的频率是 10^{-4}/代。质粒的这些稳定性质受质粒和染色体的联合控制。

在不同的大肠杆菌菌株中发现了许多类型的质粒,F、R 和 Col 是被研究得较多的三种质粒。这些质粒的不同之处在于:

①F 性因子。能将染色体基因和它本身转移到无质粒的细胞中。

②R 抗药性因子。抗一种或多种抗生素并且能将抗性转移到无 R 质粒的细胞中。

③Col 大肠杆菌素因子。能合成大肠杆菌素。该种蛋白能将不含 Col 质粒亲缘关系的菌株杀死。

除了酵母 killer 质粒(为 RNA 分子)以外,已知的所有质粒都是环状超螺旋 DNA 分子,它们的分子量从 10^6U 到 10^8U。表 7-1 给出了几种目前研究比较多的质粒的分子量。根据质粒的超螺旋性质,通过离心、密度梯度离心和电泳很容易将其和染色体 DNA 分离。

通过分离完整 DNA 都要经过去蛋白步骤,大约有一半的超螺旋质粒 DNA 分子含有三个紧密结合的蛋白质分子,这种 DNA-蛋白质复合物称作松弛复合物。如果用加热、碱、蛋白水解酶或去污剂处理这种复合物,这三种结合蛋白其中之一有核酸酶活性,使质粒 DNA 的一条链上产生切口,使超螺旋松弛,形成环状切口形式。这个切口在 DNA 上的一个专一位点上产生。在超螺旋松弛过程中,两个小蛋白质分子释放出去,而一个大蛋白质分子仍共价结合在切口 DNA 的 5′末端。松弛酶只能使超螺旋 DNA 分子专一位点上产生切口,而不能使松弛环产生切口。产生切口在接合转移时质粒由一细胞转移到另一细胞中起作用。

表 7-1　几种质粒及各自的性质

质粒	分子量×10⁶(U)	拷贝数	自我转移能力	表型特征
Col				
Col E1	4.2	10～15	不	大肠杆菌素 E1(膜改变)
Col E2	5.0	10～15	不	大肠杆菌素 E2(Dnase)
Col E3	5.0	10～15	不	大肠杆菌素 E3(核糖体 RNase)
性质粒				
F	62	1～2	能	性纤毛
F′lae	95	1～2	能	性纤毛:lac 操纵子
R 质粒	70	1～2	能	Camʳ strʳ Sulʳ Tetʳ
R100	78	12	能	Tetʳ Str
R64	25	1～2	能	Ampʳ Strʳ
R6K				
PSCl01	5.8		不	Terʳ
噬菌体质粒				
λdv	4.2	≈50	不	λ基因 cro,CI,O,P
重组质粒				
pDM500 pBR322	9.8	≈20	不	λ 果蝇组蛋白基因
pBR345	2.9	≈20	不	高拷贝数
	0.7	≈20	不	ColEl 型复制
酵母质粒				
2μm	4.0	≈60	不	不知道其基因

7.1.2　质粒的复制机制及其拷贝数的控制

从表 7-1 中可以看到有些质粒有转移能力,而有些质粒无转移能力。一般分子量小的质粒无转移能力,而分子量大的质粒有转移能力。

在质粒中,对遗传结构、行为、分子性状研究得最早和最为详细的是大肠杆菌的性因子(F),具有这种质粒的细菌能形成表面毛状物,借它之助与其他细菌接触时可发生结合作用,并将质粒 DNA 传递给对方。在 F 因子的基因组中,具有一些容易与其他 DNA 发生重组的特殊结构,也常和寄主染色体发生重组,在结合传递时把一部分染色体转入受体菌内。

根据 F 因子的有无和存在状态,可以把大肠杆菌区分为三种类型,即 F⁻细胞中无 F 因子;F⁺细胞中有 F 因子,存在于细胞质中;Hfr 细胞中有 F 因子,整合在染色体上,即所谓的高频重组菌株;F′因子是 F 因子上带有寄主染色体基因,这是由于 Hfr 错误割离造成的。

质粒的转移过程可分为四步:

①有效接触。

②动员。

③DNA 转移。

④受体中一个有复制功能的质粒形成。

下面对几个名词进行说明。

结合质粒是携带有有效接触功能基因的质粒。

可动员质粒是能够为转移准备自己的 DNA 的质粒。

自身转移性质粒是具备结合和动员两种功能的质粒,如 F 因子。图 7-1 是 F 因子转移的详细过程。

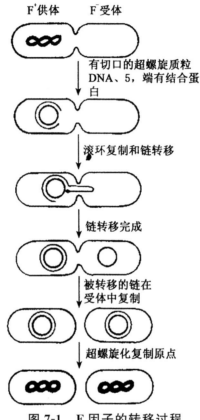

图 7-1　F 因子的转移过程

当质粒编码的松弛复合物中的切口蛋白在质粒 DNA 的一条链的特定顺序上产生切口时,动员就开始。切口环状 DNA 从切点处开始滚环复制,切口蛋白仍结合在 5′末端并且转移到受体细胞,环化后再复制形成环状超螺旋质粒 DNA 分子。

在结合转移中,供体和受体中都发生了 DNA 的合成。供体中的 DNA 合成叫做供体结合 DNA 合成,受体中的 DNA 合成叫受体结合 DNA 合成。以上质粒 DNA 的转移指的是细胞对细胞接触后的转移。在实验室通过把自由质粒 DNA 和适当处理的受体细胞混合,质粒 DNA 也可以转移,这叫做转化。

质粒 DNA 的复制很大程度上依赖于寄主的复制机器,但不同的质粒对寄主复制机器的利用程度也不同。另一些质粒如 F 的温度敏感突变体在 42℃时质粒不能复制,含这种突变体质粒的细菌在 42℃培养几代之后,许多子代细胞中则不再含有质粒。许多质粒的复制不需要寄主全部的与复制有关的基因产物。另一些质粒复制需要寄主基因产物,这个产物对寄主也是需要的。

不同的质粒其复制机制也不同：

(1)复制的方向不同

纯粹地单向复制和纯粹地双向复制在质粒的复制中都曾观察到。有些质粒存在这两种复制方式。

(2)终止

按单方向复制的环状 DNA 分子,复制终点就在复制的起点。双向复制的环状 DNA 分子的复制终点有复制叉延伸到同一区域时终止和在固定的位置终止两种类型。

(3)复制形式

在对复制研究得清楚的质粒中,复制以 butterfly 模式进行,在复制的部位解旋,不复制的部位仍为超螺旋,复制时的形状像 θ,所以称为 θ 复制。当一次复制完成时,其中一个环必须被切开,复制后产生一个切口环状分子和一个超螺旋分子,切口环状分子随后再被连接形成超螺旋。

质粒拷贝数的控制。我们知道有些质粒是低拷贝,有些则是多拷贝。则各种质粒在细胞中的拷贝数是如何控制的呢? 有人提出由质粒基因编码一种抑制物抑制质粒的复制,质粒进入寄主后,质粒基因还没有表达之前,它可以利用寄主复制机器进行复制,复制一到两次后,质粒基因产物就可抑制质粒的复制。这样细胞分裂后母子代细胞中只有 1～2 个质粒,这种低拷贝数质粒可能只受抑制物单体分子作用即可,所以对复制的抑制不需要高浓度抑制物的存在。对于多拷贝质粒,其复制的抑制受多聚体抑制蛋白的作用,因此需要抑制物达到高浓度时才能抑制其复制,因此这种质粒有时间复制多次,产生高拷贝。

在杂合质粒 pSCl34 中可以看到质粒拷贝数的控制情况。pSCl34 是由完整的质粒 ColEl 和质粒 pSCl01 杂合组建的。质粒 ColEl 的拷贝数为 18,质粒 pSCl01 的拷贝数为 6 个,从 pSCl34 中可得到以下三个事实,如图 7-2 所示。

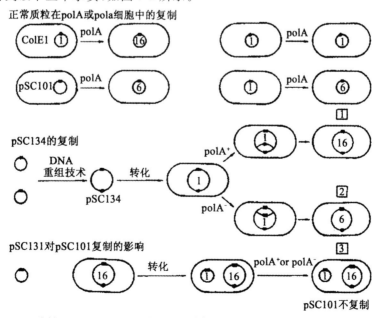

图 7-2　质粒 ColEl、pSCl01 和重组质粒 pSCl34 在不同细胞中的拷贝数

①质粒 pSCl34 从 ColEl 的复制原点进行复制具有 16 个拷贝,与 ColEl 的拷贝数差不多相等。

②若 pSCl34 放到一个 polA⁻ 细胞中,ColEl 原点不能开始复制,pSCl01 的原点可以用来复制,pSCl34 在 polA⁻ 细胞中的拷贝数是 6,与 pSCl01 的拷贝数相等,这两个结果说明拷贝数的控制与复制原点的利用有关系。

③若将 pSCl01 引入到一个含有 pSCl34 质粒的细菌中,pSCl01 则不能复制,该结果表明结合在 pSCl01 上的抑制物是由 pSCl34 质粒制造的。

对质粒 ColEl 的抑制机制如图 7-3 所示。ColEl 复制的起始过程是从复制原点上游 651 bp 处转录一个长的 RNA 开始的,该 RNA 分子的合成只有 3′端少数几个碱基与 DNA 保持配对状态。由于分子内部的互补,释放的 RNA 形成具有几个茎环的结构,成功形成的此二级结构以某种方式使新产生的 RNA 保持与 DNA 接触,大约 100 个碱基与 DNA 形成 RNA。

DNA 杂合区,RNaseH 在复制原点处的 RNA 链中产生一个切口,产生 3′-OH 末端,确保在 3′-OH 末端加上脱氧核苷酸合成 DNA。

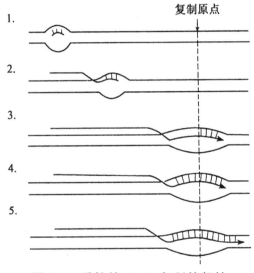

图 7-3　质粒的 ColEl 复制的起始

另一个 RNA 也在原点区转录,该 RNA 分子叫 RNAI,在距 RNAⅡ 转录起始点右边 110 碱基处从右向左转录,如图 7-3 所示的方向。RNAI 有 108 碱基长并且被左向转录,即 RNAI 的 RNA 模板链与 RNAⅡ 的模板链互补,也就是说 RNAI 和 RNAⅡ 的 5′端互补,RNAI 可与 RNAⅡ 形成双链结构以防止 RNAⅡ 的二级结构形成,从而影响 RNAⅡ 与 DNA 形成杂合双链而使 RNaseH 不能在复制原点产生切口,这样也就抑制了 ColEl 的复制从而控制拷贝数。

另一调控因子——质粒编码的一种小的蛋白质叫 Rom 是很重要的,Rom 决定 RNAI-RNAⅡ 双股分子形成的速度。

高拷贝数质粒可表现出扩增现象,如果把氯霉素或别的蛋白质合成抑制剂加到含质粒的细菌培养基里,细菌染色体的合成就被抑制,但质粒 DNA 的合成则不受抑制,每个细菌中质粒的数目可增至 1000 个以上。其原因在于与细菌 DNA 合成有关的一类起始蛋白不能被合成,然而若质粒复制只是利用细菌稳定的复制蛋白或利用质粒编码的一些稳定的蛋白质,质粒 DNA 的合成就会继续下去。实际上,由质粒拷贝数控制的控制因子是一种浓度依赖性抑制物,在不存在蛋白质合成的情况下,抑制蛋白的数量不足,质粒 DNA 的复制将会反复地起始而不受控制。因为没有细菌 DNA 的合成,细菌的复制蛋白用于质粒 DNA 复制的效力增加了,加上不稳定的 RNA II 分子如 RNAI 被降解,促成了质粒 DNA 的过量合成。

不相容性即关系相近的两种质粒不能在同一细胞中稳定共存。抑制物模型可以解释该现象。

两种完全不相同的质粒,它们的抑制物不同,因此两种质粒的复制互不依赖,由于一种类型质粒的抑制物不能对另一种类型质粒的复制进行控制,即该两种质粒为相容性质粒。

这种质粒相容性的情况在图 7-4 中的质粒 A 和 B 中则不同。A 和 B 的抑制物可以互为调控,加上抑制物的作用是随机的,所以分裂几代之后,就有可能产生同一种质粒存在于同一细胞的情况,如图 7-4 所示。

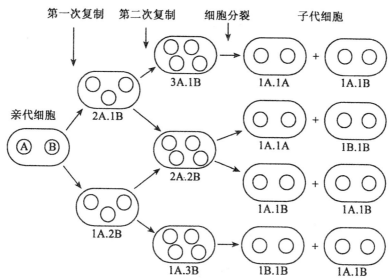

图 7-4　不相容性质粒 A 和 B 在细胞分裂过程中可能的分配情况

质粒的不相容性其原因在于:
① 两种质粒具有类似的抑制物。
② 质粒 DNA 的复制是随机被选择的。

7.1.3　几种质粒

1. 性质粒 F 和它的衍生物

F 是分子量为 62.5×10^6 U 的环状 DNA 分子。利用分子生物学手段已测出了 F 因子的遗传图和物理图,如图 7-5 所示,从遗传图上可看到除结构基因外还有插入顺序 IS2,IS3,$\gamma\delta$,这些是可转座的因子,它们的性质将在后面讨论。

F 的一个重要性质是它能整合到细菌染色体上形成 Hfr,整合过程是通过互相交换,就像

λ噬菌体形成溶源菌一样。然而F对细菌染色体的整合方式与λ噬菌体方式的不同在于：

①F上的交换位点不是单一的，当然交换主要发生在IS3即物理图上94.5的位置，交换也发生在其他IS3和γδ处。

②染色体上有许多位点能够发生整合，现在已知的就不少于20个。F对每个位点的亲和力不同。

③F因子可以顺时针和逆时针两个方向整合，F因子转移到受体细胞中去是从一个原点以一个方向进行的，有些Hfr菌株可以以两个方向转移染色体。事实上，很少有F因子能在一个位点上以两个方向整合的例子。

F因子也可割离。这个过程很像λ噬菌体从染色体上割离发生错误而产生转导型噬菌体一样，F因子割离时发生错误后可产生F'因子。

在最初分子遗传学研究中F'质粒是非常有用的工具，如用F'做部分二倍体用以分析lac操纵子，在研究DNA转移中也很有用。

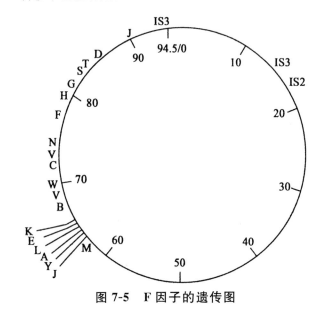

图7-5 F因子的遗传图

2. 抗药性质粒（R）

使宿主细胞具有抗抗生素能力并且具有自身转移的能力为抗药性R质粒的明显特征。许多R质粒由两个邻接的DNA片段组成。一个片段叫RTF（抗性转移因子），它携带着调控DNA复制和拷贝数的基因——转移基因，有时还携带抗四环素（tet）基因，其分子量为11×10^6U。另一个片段叫抗性子（rdeterminatant），其大小很不同，携带另一些抗生素抗性基因，抗药物青霉素（Pen）、抗氨苄青霉素（Amp）、氯霉素（Cam）、链霉素（Str）以及卡那霉素（Kam）和磺胺（Sul），这些抗性基因以一个或多个结合在一起是普遍现象。小的抗性质粒失去了转移能力，但仍有抗四环素抗性基因。双组分R因子使人联想到F'质粒，然而R质粒的抗药性基因是从转座过程中获得的。

3. 产生大肠杆菌素的质粒(Col 质粒)

Col 质粒是大肠杆菌质粒可产生大肠杆菌素,这种蛋白质能阻止不含这种质粒的大肠杆菌菌株的生长,大肠杆菌素有许多类,如表 7-2 所示,每一种大肠杆菌素都以特有的模式抑制敏感细胞。对大肠杆菌素产生的监测与对噬菌体的监测分析相类似,将产生大肠杆菌素的细胞和敏感细胞一起铺平板,在产生大肠杆菌素的菌落周围形成敏感菌不能生长的亮区域,称为抑菌圈或空斑。

大肠杆菌素可能是真正的大肠杆菌素和缺陷的噬菌体粒子两种类型,后一种类的推论来自于对许多提纯的大肠杆菌素的研究。只有很少的大肠杆菌素是简单的蛋白质;其他的当用电镜检查时类似于噬菌体的尾,因而被认为是从残留的古老噬菌体转录的基因产物。这个假设认为原噬菌体经反复突变失去了复制头部蛋白和裂解有关的基因,但还完整地保留了编码抑制系统和尾部的基因,大概这些噬菌体负责吸附但不注入 DNA 而引起生物大分子合成被抑制。

表 7-2　几种大肠杆菌素的性质

Colicin	大肠杆菌素的作用
ColicinB Colicinb	损坏细胞质膜
ColicinE1 ColicinK	以一种未知的作用终断膜上依赖能量的过程
ColicinE2	降解 DNA
ColicinE3	切割 16S rRNA

Col 质粒分子量大小范围只有几百万 U,因此无自身转移能力,研究得最好的 Col 质粒是 ColEl,分子量是 4.4×10^6 U。它的全序列为 6646bp。ColEl 广泛地被用于 DNA 重组研究。

ColEl 是一个具动员能力但无结合能力的质粒,其为转移需要质粒编码的核酸酶提供了可靠的证据。ColEl 的核酸酶由 mob 基因编码,酶作用的一段专一碱基顺序叫 bom,关键性实验如图 7-6。在图中,相容性质粒 F 和 ColEl 共存于同一细菌细胞中,F 提供 ColEl 缺少的结合功能,这样能够使 ColEl 被转移。图中(a)表示 ColEl 在 F⁻ 细胞中的状态,mob 基因被转录产生 mob 产物使 bom 位点产生切口,ColEl 超螺旋环状 DNA 变成切口环。不能转移的原因在于 ColEl 无产生性纤毛形成接合对的能力。(b)细菌含有 F 和 ColEl 两种质粒,F 合成纤毛和转移装置;ColEl 可被转移。已经分离到了当 F 提供转移装置时 ColEl 也不能被转移的突变体(mob⁻),通过遗传学分析表明 mob⁻ 突变是隐性的,从而说明 mob 基因编码一种蛋白质,进而分离到了这种突变质粒,发现其存在形式并不是松弛复合物。图中(c)表明 F 不能帮 mob⁻ 突变体进行转移,在该情况下,尽管 F 能提供转移的装置,但 ColEl 质粒 DNA 上不能产生切口,另一种 DNA 突变体表型为 mob⁻,但它却是一种顺位显性突变,这是缺失了 bom 位点,mob 蛋白虽能产生但不能在质粒 DNA 上产生切口,因而也不能转移,如图 7-6(d)所示。

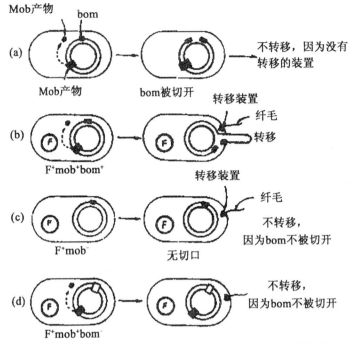

图 7-6　在一定条件下 F 因子能使质粒 ColEl 变成可移的

4. 土壤细菌质粒 Ti

在许多双子叶植物中发现的根茎擦伤瘤是由土壤细菌引起的。这种引起肿瘤的活性存在于一种质粒叫 Ti 之中,当植物被感染,这种细菌进入植物细胞,在里面生长并在里面裂解,将它们的 DNA 释放到该细胞中。从这时起,Ti 质粒的一个含复制基因的小片段以一种机制整合到植物细胞染色体上。这个整合片段打破了控制细胞分裂的激素调节系统,使细胞变成肿瘤细胞。这种质粒目前在植物的育种中非常重要,由于特定的基因可通过重组 DNA 技术插入到 Ti 质粒上,有时这些基因又可整合到植物的染色体上,从而永久地改变这种植物的基因型和表型。采用该方法可培育出各种各样的人们需要的和有经济价值特征的新植物品种。

5. 真核生物中的质粒

已知单细胞真核生物酵母中存在质粒,killer particle 为最有趣的质粒之一,它是分子量为 15×10^6 U 左右的双链 RNA 分子,它是已知唯一不含 DNA 的质粒。这个质粒含有十个与复制有关的基因和几个合成杀伤物质的基因,这种杀伤物质与大肠杆菌素类似。

另一种研究得最清楚的酵母质粒是 DNA 长度为 2μ,分子量为 4×10^6 U 的质粒。该质粒在每个细胞中的拷贝数为 60 个,并且都存在于酵母的细胞核中,像所有核内 DNA 一样,这种质粒 DNA 也和组蛋白结合在一起。显然质粒 DNA 不是整合到宿主 DNA 上的。2μ 质粒的碱基顺序包含两个反向重复,每个为 599 bp;这两个反向重复顺序被两个单一顺序隔开。在一个细胞里有两类这种质粒,这两类质粒是以一个单一顺序的方向来区分的。两类质粒数目相等,因为反向重复顺序之间的频繁重组,两类可以互相改变,这种互变由质粒基因 flp 催化。在实验室中 flp⁻ 质粒可在宿主酵母细胞中复制,尽管不存在缺陷。

2μ 质粒的复制具有与其他质粒不同的特征,其为高拷贝数质粒,大概其拷贝数也应是由一个与大肠杆菌质粒 pSCl01 和 ColEl 有关的系统来调控,然而对于 2μ 质粒来说不存在这种情况,而是在细胞分裂的每一周期每个质粒 DNA 分子复制一次,不再多复制。它是如何被调控的还不清楚。

大部分真核生物质粒像原核生物质粒一样是环状 DNA 分子,但已从玉米、高粱和几种真菌中分离到的少数几种质粒是线状 DNA 分子,这样的分子有一个复制终止的问题。这种质粒的碱基顺序测定显示出独特的终止结构,这些是回文、发夹和重复顺序,很像酵母和四膜虫的端粒,也许这些质粒终止复制的方式类似于染色体中所用的方式。

7.2　转座因子

7.2.1　插入顺序 (insertion sequence IS)

插入顺序可以在不同的复制子之间转移位置。以非正常重组的方式从一个位点插入到另一个位点,对新位点基因的结构与表达产生多种遗传效应,常常对插入点之后的基因的功能表达产生极性效应。

1. 插入顺序的发现

1966~1967 年插入顺序在研究大肠杆菌半乳糖操纵子和乳糖操纵子自发极性突变时发现的。当时发现一些极性突变,在恢复突变方面与一般的点突变不一样。

20 世纪 60 年代初期,在大肠杆菌中分离到一种乳糖操纵子的突变株。突变位点发生在 lacZ 基因上,它不但使细菌不能合成有活力的 lacZ 基因所编码的 β-半乳糖苷酶,而且也使 lacY 基因所编码的半乳糖苷透性酶和 lac a 基因所编码的半乳糖乙酰转移酶的合成量也减少了,即所谓的极性效应。另一些突变株的突变位点在 lacY 基因,这些突变株不合成 β-半乳糖苷透性酶且半乳糖苷乙酰转移酶的合成量也减少了。然而合成半乳糖苷酶的量却完全正常。

通过实验发现由于在突变位点上发生了一个碱基的改变。从而导致使转录后的 mRNA 的相应处产生了一个无义的密码子,信息转移到此处时,肽链的延长终止,产生的是无酶活性的多肽片段。并且影响同一操纵子中后面酶的合成。将该类型的突变称为无意义极性突变。

下面给出证实插入顺序的实验过程。

O,P 区及结构基因 E、T、K 组成大肠杆菌的半乳糖操纵子。GalE、GalT 和 GalK 基因编码的酶催化以下反应,使半乳糖变为葡萄糖-1-磷酸。

当 GalE 基因发生突变时,半乳糖-1-磷酸与尿苷二磷酸半乳糖(UDP Gal)在细胞中积累。这两种糖磷酸脂对大肠杆菌有毒性。因此突变株不能在含有半乳糖的培养基上生长。但当涂布大量突变株于含半乳糖的平皿时,也会长出少数对半乳糖抗性的菌落。通过研究证明,这是在 GalT 基因发生子突变,使该突变株不能合成 GalT 基因所编码的尿苷酸转移酶,并且使

GalK 基因编码的半乳糖激酶合成量也减少。结果是 UDP Gal 不积累,而半乳糖-1-磷酸的堆积量也减少到对细胞无毒性水平以下,所以突变株能在含半乳糖的培养基上生长。这种对半乳糖有抗性的突变株也能回复成对半乳糖敏感的菌株。所以该突变不是缺失突变。但是它们回复突变的频率不能被碱基取代型或移码型诱变剂所增加,所以它们也不是无意义突变和移码突变。除此之外的可能性是半乳糖操纵子内 DNA 的倒位、重复或由于半乳糖操纵子以外的 DNA 片段插入所引起。要区别这三种可能性,需要测定半乳糖操纵子的 DNA 含量。因为倒位并不增加 DNA 含量;重复则增加 DNA 含量,但不出现新的 DNA 顺序;而操纵子以外的 DNA 的插入既增加半乳糖操纵子的 DNA 含量,也出现新的 DNA 顺序。

Jardan 和 Shapiro 分别比较了半乳糖操纵子与带极性突变的半乳糖操纵子的 DNA 的分子量。他们制备 λdgal 和带极性突变的 λdgal 的 DNA,用密度梯度离心法比较这两种 DNA 的密度后发现带极性突变的 λdgalDNA 比 λdgal DNA 密度大。说明极性突变的半乳糖操纵子的 DNA 分子量的确是有所增加。从而排除了这种极性突变是由于倒位所引起的可能性。

在 1969 年 Michaelis 用带极性突变的 λdgal 的 DNA 在体外转录,将得到的 mRNA 与亲株 kdgal 的 DNA 反复杂交,从中得到一段不能与亲株杂交但能与带极性突变的 λdgal DNA 杂交的 mRNA,从而说明突变是由于增加了半乳糖操纵子以外的 DNA 顺序所引起的。甚至,一种极性突变的 λdgal 所转录的 RNA 能与带另一种极性突变的 λdgal DNA 杂交,表明此种顺序是专一性的。因此称这种极性突变为插入型极性突变。

在 1972 年 Hirsch 等用异源双链法证明了插入型极性突变是 λdgal DNA 中的一段不能与其亲株 λdgal DNA 杂交的 DNA。它在异源双链中形成一个单链环。

根据异源双链所形成的单链环的大小可以测定出 IS 的大小。IS 的大小范围是 768 bp 到 7500 bp。IS 只带有转座必需的遗传信息,如 IS1(图 7-7)。

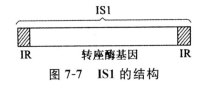

图 7-7　IS1 的结构

2. 大肠杆菌染色体和 F 因子上的 IS

在 1973 年 Saedler 等将带有极性突变操纵子的噬菌体 DNA 固定在滤膜上,以[3]H 标记细菌染色体,制成[3H]DNA,与固定在滤膜上的含 IS 的噬菌体 DNA 杂交,测定膜上的[3]H 放射活性。用这种方法计算出 E.coli K12 染色体上有 3 个拷贝的 IS1,5 个拷贝的 IS2 和 5 个拷贝的 IS3。

在 1975 年 Davidson 等用电镜研究 F 因子的异源双链,证实 F 因子的 0～17.6 区段存在 IS2 及 IS3。这个区段是 F 因子插入寄主染色体的热点。这些 IS 全部在重组区段中。图 7-8 表示 F 因子上 IS 及其位置。

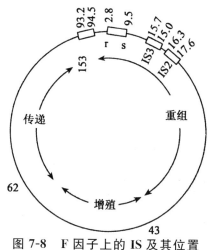

图 7-8　F 因子上的 IS 及其位置

3. IS 在 Hfr 和 F 因子形成中的作用

Hfr 是 F 因子重组到细菌染色体上形成的。如图 7-9 所示,重组是发生在 F 因子的 F_1、F_8 和染色体的 b_1、b_8 之间。发生传递时,F 因子的起点方向决定移动方向。按图中所示的例子, F 因子插入后在染色体上标记的顺序是 b_3、b_2、b_1、F_1、F_2、F_3 … F_7、F_8、b_n、b_{n-1}、b_{n-2}。F 因子如果按反方向插入则在染色体上标记的顺序完全颠倒过来,变成 b_3、b_2、b_1、F_8、F_7 … F_3、F_2、F_1、 b_n、b_{n-1}、b_{n-2}。

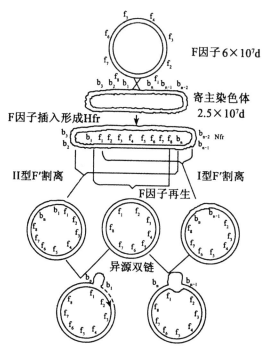

图 7-9　F 因子插入及割离模型缺失一部分 F 因子 DNA 的是 I 型, 完全不缺失 FDNA 的割离是 II 型

如果发生与上述过程相反的反应,则 F 因子由 Hfr 重新回复到自主复制的状态。但在异常割离时,F 因子会失去一部分 DNA(图中失去 F_1),代之以染色体片段(b_{n-1}、b_n)而生为 F' 因子。假如异常割离发生在染色体的两个部位上,F 因子本身不丧失任何部分,而生成取得染色体片段的 F' 因子(图中为 b_n 和 b_1)。F 因子失去一部分的割离称为 I 型割离,F 因子没有丢失的割离称为 II 型割离。异源双链法研究证明 $F'8gal$,$F'lac$ 等是 I 型割离;$F'13lac$,$F'14ilv$ 是 II 型割离。

上面谈的是 Hfr 和 F' 因子的形成。下面再来讨论 IS 在 Hfr 和 F' 形成中所起的作用。Davidson 等将几种 F' 因子与 F 因子并列排出,发现 F' 因子中与寄主染色体的接合位点上都有 IS,这些因子中的 IS 位点有对应关系,如图 7-10 所示。由图可见各种 F' 因子和 *E. coli* 染色体的连接点上都有 IS 参加。

图 7-10　F 因子和染色体的连接点

图 7-11 表示三种 F 因子怎样在 pr0B、lac、proc、tsx、purE、lip 等基因之间掺入。Hfrp804 是 F 因子处于 93.2 位点上的 IS3 和寄主染色体上的 $\alpha_3\beta_3$(IS3)发生重组而形成的。Hfrl03 是 F 因子处于 17.6 位点上的 IS2 和寄主染色体上的 $\varepsilon\delta$(IS2)发生重组而形成的。Hfr p3 是 F 因子处于 93.2 位点上的 IS4 和寄主染色体上的 $\alpha_4\beta_4$(IS4)发生重组而形成的。

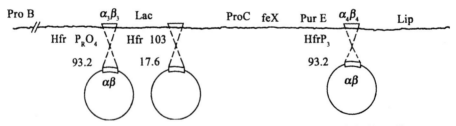

图 7-11　Hfrp804、Hfrl03、Hfrp3 都是 F 因子和寄主染色体上的 IS 插入部位发生重组而形成的

由此可 F 因子整合成为 Hfr 和割离形成 F' 因子是以 IS 片段为媒介发生重组的。F 因子的 IS 都集中在重组区段而形成插入的热点这就不足为奇了。

4. R 因子中的 IS

在抗药性因子(R)中发现存在 IS,例如 R1 发现其中存在 IS。

R1 是自然产生的复杂质粒。它含有来源于转座子编码的抗氯霉素(Cm)和卡那霉素

（Km）的基因，并且还含有完整的转座子 Tn4 携带的抗链霉素（Sm）、磺胺（Su）和氨苄青霉素（Ap）基因，如图 7-12 所示。

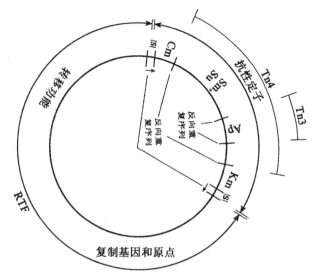

图 7-12　R1 是一个自然产生的 94kb 的复杂质粒，它抗 5 种菌素
（Cm、Km、Sm、su、Ap），由抗性定子和 RFT 两部分组成

7.2.2　转座子

转座重组（transposition recombination）的机制依赖 DNA 的交错剪切和复制，但不依赖于同源序列。转座重组含有两种类型：转座和非同源末端连接。

转座涉及转座酶，解离酶识别重组分子中的短特异序列。转座的过程中会形成共合体。两个转座因子之间的重组会引起缺失和倒位。

转座是重组中的一种特殊类型，它是由转座因子产生的特殊行为。转座和其他类型的重组不同，转座因子是不依赖于供体和受体位点序列间的同源性。

转座子可以作为基因组中的一种"便携式同源区"（portable region of homology）发挥重组的功能。转座子在基因组中的移动可导致基因的沉默，DNA 的缺失、插入、倒位和易位。

可移动的遗传因子可分为 3 类：①转座因子。②附加体（episome），如噬菌体久。③盒式元件，如锥虫的可变表面糖蛋白盒，酵母的交配型盒及整合子。转座因子是其中最为复杂的一类。

转座（trans position）是一种特殊类型的重组，通常指特定的遗传因子从宿主 DNA 的一个位点移动到另一个新位点。这些可移动的遗传因子称为转座因子（transposable element）、转座子（transposon）或跳跃基因（jumping gene）。它们可直接以 DNA 的形式或以 RNA 为介导进行转座。转座时能给基因组带来新的遗传信息，也能诱发突变。在某些情况中又能像一个开关那样启动或关闭某些基因。现在一些转座因子已被改建为转基因的载体。

转座子是 DNA 分子的一条片段，有些相当短，有些相当长。转座子以相当高的频率从基因组的一个位点转移到另一位点上,当插入到某个基因座位以后,会影响该基因及其邻近基因的表达。由于转座子在 DNA 分子中的位置不稳定,因此转座后对插入位点基因的影响也可能随之消除。通常,转座子转座时所需的酶类由转座子本身所编码。

转座子的主要特征如下:

①当转座子插入到某个基因之中或附近时,往往会降低或完全抑制这一基因表达,造成所谓的隐性突变(recessive mutation)。转座子转座后会使该基因恢复正常功能,但因转座子序列的结构特征不同,基因功能的恢复程度也有所不同。

②转座子转座后,在转座子两端产生两段短的重复序列,其中左端的一段重复序列是受体 DNA 位点上原有的一段序列,而右端的重复只是左端重复的一个拷贝,其长度和序列同源性因转座子不同而有别。

③大多数转座子在右端都有 AATAAA 结构,这段序列与 mRNA 的多聚 A 化有关。

④在许多情况下,转座子的一部分序列可以转录 mRNA,其编码产物有些与转座有关。

⑤在同一生物的基因组中可能存在数种不同的转座子。

⑥有些转座子为一种复合结构,由 2 个或 2 个以上不同转座子组成,每个成员都可能影响邻近其插入位点基因的活性。

7.2.3 转座子分类

根据转座过程中的介导物的不同转座因子基本分为两类(表 7-3):一类称为Ⅰ型转座因子(Ⅰ class of transposable element),也称为反转录转座子(retrotransposon)或逆转座子(retroposon);另一类称为Ⅱ型转座因子(Ⅱ class of transposable element),或转座子(transposon)。这两类转座子广泛存在于很多物种中,但在真核生物中反转录转座子占优势,在细菌中转座子占优势。

表 7-3 不同类型转座因子的转座机制和主要的结构特点

类别	转座机制	结构特点	转座因子(例)	生物
Ⅰ型转座因子	由 RNA 介导转座			真核生物
1. 病毒超家族	整合转座	有 LTR,编码反转录酶和整合酶	Ty	酵母
			copia,*gypsy*	果蝇
2. 多聚腺苷酸反转录转座子		无 LTR,3′端带有聚腺苷酸序列		
(1)LINE	靶序列引发反转录	编码反转录酶/核酸内切酶	L1	人类
			E,*G*,*J*,*He TA*,*TART*	果蝇
(2)非病毒超家族	靶序列引发反转录	不编码转座酶	SINES,*Alu* 家族	人类
			B1,B2,ID,B4	小鼠
Ⅱ型转座因子	由 DNA 介导转座			
1. 简单转座子	切割—粘贴(非复制型)	两端为 IR,编码转座酶	IS 和类插入序列	细菌
			Ac/DS	玉米
			P,*mariner*,*hobo*,*minos*	果蝇
			Tcl elements	线虫
			睡美人	鲑鱼
2. 复杂转座子	复制—重组(复制型)	两端为 IR,编码转座酶、解离酶和抗性标记	TnA 等	细菌
3. 复合转座子	切割—粘贴(非复制型)	两端为 Is,编码转座酶和抗性标记	Tn5,Tn9,Tnj0 等	细菌

1. I 型转座因子

反转录转座子普遍存在于真核生物中,但在细菌中也有发现。它们在结构和复制上与反转录病毒(retrovirus)类似,只是没有衣壳基因(en v)和独立感染的形式,它们通过转录合成mRNA,再反转录合成 cDNA 整合到基因组的靶序列中完成转座。反转录转座子又可分为病毒超家族(Vira superfamily)和多聚腺苷反转录转座子(poly-A retrotransposon)两种类型。后者又可分为长散在核元件(long interspersed nuclear element,LINE)和非病毒超家族(non-viral suberfamily)两种类型。

(1)病毒超家族

病毒超家族这类反转录转座子两端具有调节表达作用的长末端重复序列(long terminal repeats,LTR),这些 LTR 最初是在反转录病毒中发现的。在 LTR 中有很强的启动子、增强子及 mRNA3′端的加尾信号,如图 7-13 所示。LTR 的存在是这个家族成员的特点。这类反转录转座子编码反转录酶或整合酶,能自主地进行转录,其转座的机制同反转录病毒相似,但不能像反转录病毒那样以独立感染的方式进行传播,如酵母中的 *Ty* 因子和果蝇中的 *copia*。

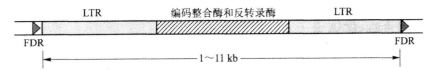

图 7-13 病毒超家族的反转录转座子的结构和反转录病毒相似,仅不编码衣壳蛋白,**两端具有 LTR,在其两侧有侧翼同向重复序列(FDR)**

(2)多聚腺苷反转录转座子

多聚腺苷反转录转座子的特点是两端没有 LTR,而 3′端都有 poly(A)尾。根据是否编码转座酶又分为 LINE 和非病毒超家族两类。

LINE 两端没有 LTR 结构,但含有 5′UTR 和 3′UTR(非翻译区),3′端带有多聚腺苷酸序列的 A-T 碱基对。中央区含有不同的可读框,如图 7-14 所示。它们最初是在哺乳动物中发现的,但现在知道它们分布的范围广泛,包括真菌中也有发现。在哺乳动物中一般是 LINE1家族,也称为 L1。LINE2 家族发现较晚。L1 与反转录病毒相似,编码反转录酶和核酸内切酶及其他一些蛋白质。但其启动子不是 LRT。LINE 全长约 6.5 kb,含有 ORF1 和 ORF2 两个可读框,ORF1 编码一种 RNA 结合蛋白;ORF2 编码具有反转录酶和核酸内切酶活性的蛋白质。在人类中约有 10000 个拷贝的 LINE,但其中有绝大多数拷贝的 5′UTR 有缺失,因而失去了转座能力,不能自主地进行转座,而依赖细胞内已有的酶系统进行转座。

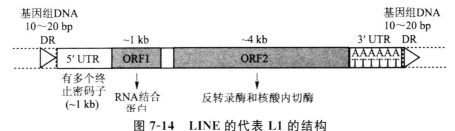

图 7-14 LINE 的代表 L1 的结构

　　LINE 这类反转录转座子家族的转座机制是用靶序列引发反转录（target primed reverse transcription，TPRT）转座的模式。LINE 元件两端没有 LTR，但其 ORF2 编码反转录酶和核酸内切酶。靶序列的剪切不依赖转酯反应，而由核酸内切酶来完成。转座的过程，如图 7-15 所示。

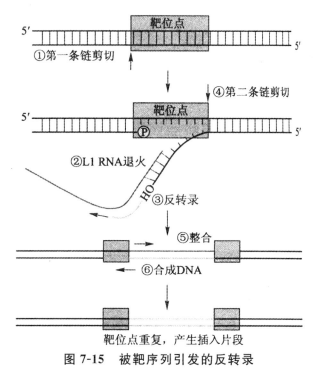

图 7-15　被靶序列引发的反转录

　　①靶序列的第一次剪切。由核酸内切酶在靶位点（富含 AT，常为保守序列 TTAAAA）的 A 和 T 之间切开一个切口。

　　②转录产物 RNA 和靶序列的结合。被剪切的链解离，其 3′ 端游离的单链 TTTT 与 RNA 分子其 3′ 端的 poly（A）序列互补结合，使 IdNE 元件成为合成 cDNA 的模板。而 TTTT 的 3′-OH 为反转录提供了引物。

　　③靶序列的第二次剪切。第二条链的剪切发生在第一个切口下游 7～20 nt 处，产生的 3′-OH 作为引物，引发 L1cDNA 第二条链的合成。

　　④两条 cDNA 链的延伸填补了 L1 两端的缺口，形成了靶位点重复序列（TSD）。有些内含子归巢也称移动内含子（mobil eintron）及已加工假基因（processed pseudogene）都是通过相同的机制产生的，所不同的是这种假基因来源的 RNA 分子是由 RNA 聚合酶Ⅱ转录合成的，其启动子是位于基因 5′ 端的上游启动子，转录的产物中不含启动子，因此反转录产生的 cDNA 分子上游没有启动子，由此形成的假基因也不能转录而失去活性。非病毒超家族的成员没有 LTR 结构，3′ 端带有多聚腺苷酸序列的 A-T 碱基对，但不编码转座酶或整合酶，所以不能自主地进行转座，而在细胞内已有的酶系统作用下进行转座。这一家族的最典型的例子是短散在重复元件（short interspersed repetitive elements，SINES）。人类中的 *Alu* 家族（*Alu* family）是基因组中最常见的短散在 DNA 重复序列。它广泛分布在非重复 DNA 序列中。在

二倍体基因组中约有 30 万个拷贝(相当于每 6 kb 就有一个)。单个 *Alu* 序列分散分布,几乎每个基因的附近都有 *Alu* 序列的存在,因此 *Alu* 序列也可作为人类 DNA 的特异标志。每个 *Alu* 序列约含 300 bp,由两个 130 bp 序列串联重复组成(*Alu* 左序列和 *Alu* 右序列),在二聚体的右半个中部有 31 bp 无关的序列插入在里面,如图 7-16。这个插入序列来自 7SL RNA(是信号识别蛋白 SRP 的一个成分)。7SL RNA 长 300 nt,其 5′端的 90 bp 和 *Alu* 序列左端同源,其中央的 160 bp 和 *Alu* 并不同源,而 3′端的 40 bp 和 *Alu* 右端同源。编码 7SL RNA 的基因由 RNA 聚合酶Ⅲ转录,因此非活性的 *Alu* 序列可能是这些基因(或者相关基因)产生的。

图 7-16　人类 *Alu* 序列的结构

每个 *Alu* 家族的成员间同源性为 87%。在小鼠中 *Alu* 相关序列称为 B1 家族(约 5 万个),也存在于大鼠和其他哺乳动物中。但在啮齿类动物中 *Alu* 相关序列为一个 130 bp 左右的单体。*Alu* 家族成员的结构和反转录转座子类似,两端都是短的同向重复,3′端具有 poly(A)尾,内部没有内含子,家族中不同成员间的序列长度不相同。此外,由于它们来源于 RNA 聚合酶Ⅲ的转录产物,所以某些成员可能携带下游启动子。正是由于 *Alu* 序列具有反转录转座子的特征,可由 RNA 聚合酶转录成 RNA 分子,再经反转录酶的作用形成 cDNA,然后重新插入基因组,使其广泛散布于整个基因组。这个过程和 LINE 中 L₁ 的转座机制相似。

2. Ⅱ型转座因子

转座子是直接以 DNA 形式在基因组中移动的遗传因子。广泛分布于原核生物、真核生物及质粒的 DNA 中。转座子可编码转座酶,其两端具有供转座酶识别和剪切的反向重复序列(IR)。转座子按照结构可分为简单转座子(即插入序列和类插入序列)、复杂转座子(即TnA 家族)和复合转座子 3 类。按照转座的机制可分为复制型和非复制型两类。

(1)简单转座子

插入序列(insertion sequence,IS)是基因组中可移动遗传因子家族中较短的成员,它可以整合到宿主非同源位点上,若 IS 插入到某基因内,通常这个基因就会失活。人们正是通过它们的插入而引起的基因突变来发现的。正常的细菌基因组和质粒都含有 IS。不同的 IS 其序列为 800~2000 bp,其两端有序列相同的反向重复序列(10~40 bp),如图 7-17 所示,因此如果质粒上有 IS,那么经变性和复性后,在电镜下可以观察到茎环结构的存在。

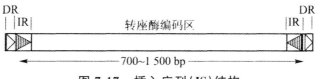

图 7-17　插入序列(IS)结构

IR 不同于侧翼同向重复序列(flanking direct repeat,FDR),FDR 是宿主靶序列重复而产生,故又称为靶位点重复序列(target site duplication,TSD)。IR 是 IS 本身的成分。在一个物种中 IS 的每个家族是以数字来表示。IS 编码一种转座酶催化转座。转座酶的量可以调节并初步决定转座率。

类插入序列的结构和 IS 完全相同,但是作为复合转座子侧翼的组件,而不独立存在。

(2)复杂转座子

转座子(Tn)是较长的转座因子,也称为复杂转座子,大小为 2500~21000 bp。它和 IS 的区别就在于其中心区不仅编码转座所需的转座酶,通常还编码一个抗药性基因(drug resistance gene)或其他的标记基因,图 7-18 所示为 TnA 的机构和转录。

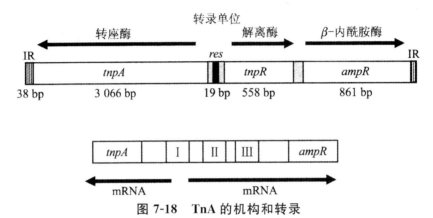

图 7-18　TnA 的机构和转录

(3)复合转座子

复合转座子是在其两端由 IS 元件构成其两"臂"。其中的一个 IS 有功能或两个都有功能,IS 编码转座酶,而复合转座子中心区编码抗药性基因或其他的选择标记具体可见表 7-4 所示。

复合转座子有可能是由两个 IS 插在一个基因的两侧而产生的。一个 IS 组件可转座其本身,也能转移整个的转座子。一个复合转座子两端的 IS 组件如相同时,每个都能产生转座,如 Tn 9。若不同时,它们之间的功能可能有差异。

表 7-4　复合转座子的结构和功能

转座因子	长度/bp	遗传标记	末端组件	方向	两组件的关系	组件的功能
Tn903	3100	kan^R	IS903	反向	相同	两者皆有功能
Tn9	2500	cam^R	IS1	正向	推测相同	预计有功能
Tn10	9300	tet^R	IS10R IS10L	反向	有 2.5% 的差异	有功能 无功能
Tn5	5700	kan^R	IS50R IS50L	反向	1bp 的改变	有功能 无功能

复合转座子可能由两个独立的 IS 和一个中心区连接演化而来。当一个 IS 识别并转座到其附近的受体位点时,可能会产生这种情况。如果这两个 IS 比较起来有一个具有选择优势,那么这种优势可被固定下来,使得其在复合转座子中承担转座的功能。

7.3　病毒及其与质粒、转座因子之间的关系

所有病毒都含核酸,有些病毒核酸是 DNA,有些是 RNA,如图 7-19 所示。这些病毒核酸被包装在蛋白质外壳中,有些病毒有囊膜,几种病毒,如图 7-20 所示。病毒基因组的结构和复制模式在病毒中存在很大的差异。病毒在宿主细胞中扩增最终摧毁宿主细胞,病毒感染细胞一般使细胞裂解而释放有感染性的病毒粒子。

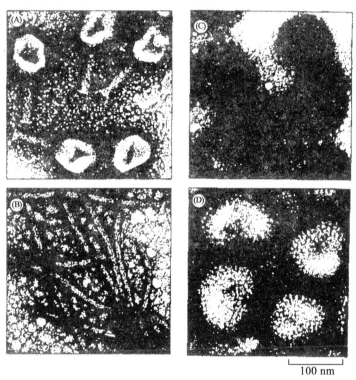

100 nm

图 7-19　病毒囊膜

由于许多病毒可以以整合方式进入染色体,也可以割离后而离开染色体,所以一个大型基因组上可能含有多个不同的原病毒,大多数基因组也可能含有多种不能形成病毒粒子和不能离开细胞的可移动的 DNA 序列。

转座机制多样。转座因子的一个大家族使用逆转病毒生活周期中某一部分机制转座。

这种转座因子叫逆转座子(retrotransposons),如酵母中的 Ty-1 因子研究得最为清楚,转座的第一步是完整的转座因子的转录,产生一个 5000 多碱基的 RNA,该 RNA 编码逆向转录酶,通过逆向转录,合成双链 DNA(dsDNA),这和逆转病毒感染后的早期步骤一样,该dsDNA 在整合酶作用下,整合到染色体上的随机位点上。虽然它们和逆转录病毒的相似性引人注目,但不像逆转录病毒,Ty-1 没有蛋白质外壳,它只能在一个细胞内移动并产生子代,因此认为一些可转移因子和逆转病毒关系密切。

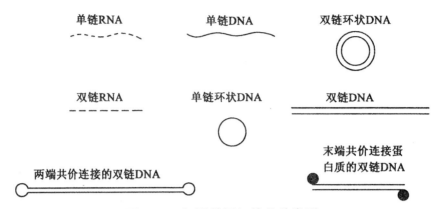

图 7-20　炳霉基因组的几种类型

大多数病毒可能由质粒进化而来,甚至最大的病毒也依赖于宿主细胞进行它们的生物合成,因而细胞必须在病毒之前进化。能自主复制的因子称为质粒,能在细胞染色体外自主复制。质粒分为两种形式:DNA 和 RNA。

质粒与病毒的相似点:它们含有一段特别的核酸序列作为它们的复制原点。

质粒与病毒的不同之处:它们不能制造衣壳蛋白,所以它们不能像病毒那样在细胞间移动。

第一个 RNA 质粒类似在一些植物细胞中发现的类病毒,这些仅仅 300～400 核苷酸大小的环状 RNA,可被复制,没有衣壳,只能通过受体和供体的受伤的细胞表面之间而传递,因受伤处无细胞膜保护。预料这些可自主复制的因子可能从宿主细胞获得一些核苷酸序列,从而促进它们的复制,也包括编码衣壳蛋白的序列。

目前发现的有些质粒,可以编码控制它们复制的蛋白质和 RNA 分子,也编码控制它们分配进入子代细胞的蛋白质。

当一个 RNA 质粒获得编码衣壳蛋白基因时,就可能出现第一个病毒。但一个衣壳只能把有限的核酸包在里面,因此,一个病毒所含有的基因的数目是有限的。病毒被迫最有效地利用它们有限的基因组,一些小病毒发展重叠基因,在同一部分 DNA 序列内利用不同的阅读框编码两种以上的蛋白。

许多重组经常是在病毒的一种又一种宿主基因组之间进行,通过这种方式,它们随机地得到一种宿主的一小段染色体,并把它带到不同的细胞或机体中去,甚至整合的病毒 DNA 成为大多数宿主基因组的正常部分。整合的原病毒能转变成不再产生完整的病毒,但仍能产生它所编码的蛋白质,有些蛋白对宿主是有用的,因此,像有性生殖一样,病毒通过促进基因库的混合而加速进化。

第8章 常用的生物技术

8.1 基因工程

8.1.1 基因工程的概念

基因工程是 20 世纪 70 年代在微生物遗传学和分子生物学发展的基础上形成的学科。基因工程,就是在分子水平上,提取不同生物的遗传物质,在体外切割,再和一定的载体拼接重组,然后把重组的 DNA 分子引入细胞或生物体内,使这种外源 DNA(基因)在受体细胞中进行复制与表达,按人们的需要繁殖扩增基因或生产不同的产物或定向地创造生物的新性状,并能稳定地遗传给下代基因克隆和基因表达为基因工程的核心内容。

8.1.2 基因工程的基本过程与研究意义

1. 基因过程的基本过程

基因工程的核心内容为基因重组、克隆和表达。其基本操作过程可以归纳为以下五个主要步骤,简述为"切、连、转、筛、检"(图 8-1)。

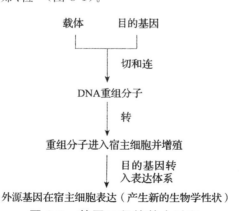

图 8-1 基因工程的基本过程

①切,目的 DNA 片段的获得。目的 DNA 片段可以来自化学合成的 DNA 片段、从基因组文库或 cDNA 文库中分离的基因、通过 DNA 聚合酶链反应(PCR)扩增出来的片段等。

②连,目的 DNA 片段与含有标记基因的载体在体外进行重组。利用 DNA 重组技术,将目的 DNA 片段插入到合适的载体中,形成具有自主复制能力的 DNA 小分子。

③转,重组 DNA 导入宿主细胞。借助于细胞转化手段将 DNA 重组分子导入微生物、动物和植物受体细胞中,获得具有外源基因的克隆。

④筛,筛选能将目的基因表达的受体细胞。如对抗生素有抗性的基因的表达性状为依据,从成千上万的克隆中筛选出目的克隆。

⑤检,目的基因片段表达的检测与鉴定。在人为控制条件下,如通过诱导使导入的基因在细胞内得到表达,产生出所期望的新物质或使生物获得新的性状。

2. 基因工程研究的意义

概括地讲,基因工程研究与发展的意义体现在两个方面:

第一,大规模生产生物分子。利用微生物基因表达调控机制相对简单和生长速度较快等特点,令其超量合成其他生物体内含量极微但却具有较高经济价值的生化物质。

第二,设计改造现有物种,使之具有新性状。借助于基因重组、基因定向诱变,甚至基因人工合成技术,赋予生物一些新性状,以便更加有利于生物自身生存,并满足人类需求,最终卓有成效地将人类生活品质提高到一个崭新的水平。

因此,基因工程诞生的意义毫不逊色于有史以来的任何一次技术革命。

8.1.3 基因文库的构建

基因文库构建一般都包括以下基本程序:
①目的 DNA 的获得。
②载体的选择及制备。
③DNA 片段与载体连接。
④重组体转化宿主细胞。
⑤重组子的筛选。

1. 基因库的类别

根据目的基因的来源,基因文库可分为 cDNA 文库和基因组文库。cDNA 文库是指生物在某一发育时期所转录的 mRNA 经逆转录形成的 cDNA 片段与某种载体连接而形成克隆的集合。

cDNA 文库构建的起始信息物质是 mRNA。因此构建 cDNA 文库首先要考虑的问题是 mRNA 的含量及质量。生物细胞中 mRNA 含量较低。通常 cDNA 文库构建需要微克级的 mRNA。对于低丰度的 mRNA(0.5%),要通过富集或增大克隆数目来保证构建的文库中能够含有它们的克隆。由于 PCR 反应具有极高的灵敏性及可达数百万倍的放大作用,已应用于 cDNA 文库构建。

基因组文库是指将某生物的全部基因组 DNA 切割成一定长度的 DNA 片段克隆到某种载体上而形成的集合。基因组文库根据 DNA 来源又可以分为核基因组文库、叶绿体基因组文库及线粒体基因组文库。

为了最大限度地保证基因在克隆过程中的完整性,用于基因组文库构建的外源 DNA 片段在分离纯化操作中应尽量避免破碎。用于克隆外源 DNA 片段的切割主要采用机械断裂或限制性部分酶解两种方法,其基本原则有两条:

①DNA 片段大小均一。

②DNA 片段之间存在部分重叠序列。

外源 DNA 片段的分子质量越大,经进一步切割处理后,含有不规则末端的 DNA 分子比率就越小,切割后的 DNA 片段大小越均一,同时含有完整基因的概率相应提高。

2. 克隆文库和表达文库

根据基因文库的功能可将其分为克隆文库和表达文库。克隆文库由克隆载体构建。载体中具复制子、多克隆位点及选择标记,可通过细菌培养使克隆片段大量增殖。表达文库是用表达载体构建。载体中除上述元件外,还具有控制基因转录和翻译的一些必需元件,可在宿主细胞中表达出克隆片段的编码产物。表达载体又有融合蛋白表达载体及天然蛋白表达载体之分。

3. 基因文库的完备性

基因文库的完备性是指从基因文库中筛选出含有某一目的基因的重组克隆的概率。从理论上讲,如果生物体的染色体 DNA 片段被全部克隆,并且所有用于构建基因文库的 DNA 片段均含有完整的基因,那么这个基因文库的完备性为 1,但在实际操作过程中,上述两个前提条件往往不可能同时满足,因此任何一个基因文库的完备性只能最大限度地趋近于 1。尽可能高的完备性是基因文库构建质量的一个重要指标。它与基因文库中重组克隆的数目、重组子中 DNA 插入片段的长度及生物单倍体基因组的大小等参数的关系可用公式描述为 $N = \dfrac{\ln(1-P)}{\ln\left(1-\dfrac{x}{y}\right)}$。式中,$N$ 为克隆数目;P 为设定的概率值;x 为插入片段平均大小(15~20 kb);y 为基因组的大小(以 kb 计)。完整的基因文库,必须使任何一个基因进入库内的概率均达 99%。换句话说,要求在文库内取任何一个基因,均有 99% 的可能性。

8.1.4　重组体的构建、转化及鉴定

1. 重组体的构建

(1)载体 DNA 的分离纯化

含有目的基因的 DNA 片段,必须同载体 DNA 分子结合之后,才能够通过转化或其他途径导入寄主细胞。根据载体 DNA 的特征,分离载体的 DNA 有多种不同的方法。

(2)目的基因与载体的连接

外源 DNA 片段分子体外重组,主要是依赖于限制性内切核酸酶和 DNA 连接酶的作用。一般说来在选择外源 DNA 同载体分子连接反应程序时,需要考虑到下列两个因素:

①实验步骤要尽可能地简便易行。

②连接形成的"接点"序列,应能被一定的限制性内切核酸酶重新切割,以便回收插入的外源 DNA 片段。

连接方法主要有以下四种:

①接头连接法。若目的 DNA 片段缺乏合适限制位点,可在外源基因两端加接头(由具有一个或数个限制位点的 10~12 bp 寡聚核苷酸组成),然后用限制酶切割,使目的 DNA 两端形成黏性末端,再与载体连接。

②黏性末端连接法。若外源基因与载体都有相同的限制酶识别位点。两者用相同的酶切割后,由于末端碱基互补,缺口直接用连接酶连接,形成重组 DNA 分子。

③寡聚物加尾法。若载体和目的片段都不具有限制位点,则可用末端转移酶在目的 DNA 片段 3′加上寡聚(A)或寡聚(G);在载体 3′加上相应的寡聚(T)或寡聚(C),然后通过 DNA 连接酶连接。

④平末端连接法。若目的 DNA 片段和载体都是平末端,可以直接用 DNA 连接酶连接,但是比黏性末端连接效率低。

2. 重组体导入宿主细胞

(1)受体细胞的选择

野生型的细菌一般不能用作基因工程的受体细胞,因为它对外源 DNA 的转化效率较低,因此必须对野生型细菌进行改造,使之具备下列条件:

①高效吸收外源 DNA。宿主细胞能形成感受态细胞,以利于细胞吸收外源 DNA。

②转化亲和型。受体细胞必须对重组 DNA 分子具有较高的可转化性,在用人噬菌体 DNA 载体构建的 DNA 重组分子进行转染时用对人噬菌体敏感的大肠杆菌 K12。

③重组缺陷型。外源 DNA 分子不与染色体 DNA 发生体内同源重组反应。

④限制缺陷型。限制系统缺陷型的受体细胞一般不会降解未经修饰的外源 DNA。

⑤安全性。受体细胞应对人、畜、农作物无害或无致病性。

⑥遗传互补型。受体细胞必须具有与载体所携带的选择标记互补的遗传性状,方能使转化细胞的筛选成为可能。例如,若载体 DNA 上含有氨苄青霉素抗性基因(ampr),则所选用的受体细胞应对这种抗生素敏感。

(2)外源基因通过转化或转染进入原核细胞

转化是指质粒载体 DNA 分子进入感受态的大肠杆菌细胞的过程;而转染,则指感受态的大肠杆菌细胞捕获和表达噬菌体 DNA 分子的过程。习惯上,人们往往也通称转染为广义的转化。这两个过程都需要制备感受态细胞。经典的感受态细胞制备方法是通过 Ca^{2+} 诱导而产生,然后通过热激处理使外源 DNA 进入细胞。

(3)外源基因进入真核细胞

在基因工程中,根据不同的真核细胞特点,而选择不同的方法把重组子导入受体细胞。

外源基因导入植物细胞的方法如下:

①农杆菌介导法。借助土壤农杆菌把重组 Ti 质粒中 DNA 导入到细胞中,然后通过植物再生体系获得植株。这种方法具有很高的重复性,便于大量常规地培养转化植株。用这种方法所得到的转化体,其外源基因能稳定地遗传和表达,并按孟德尔遗传方式分离。

②电激法。电激法的原理是,在很强的电压下,细胞膜会出现电穿孔现象可使 DNA 从小孔中进入细胞,经过一段时间后,细胞膜上的小孔会封闭,恢复细胞膜原有特性。电激法具有简便、快速、效率高等优点。

③基因枪法。又称高速微型子弹射击法,是将 DNA 吸附在由钨制作的微型子弹(直径约为 1.2 μm)表面,通过特制的手枪,将子弹高速射入细胞、组织和细胞器内,具有快速、简便、安全、高效的特点。

外源基因进入动物细胞的方法如下:

①磷酸钙沉淀法。这是一种经典而又简单的方法。具体做法大致是先将需要被导入的 DNA 溶解在氯化钙溶液中,然后在不停地搅拌下逐滴加到磷酸盐溶液中,形成磷酸钙微结晶与 DNA 的共沉淀物。再将这种共沉淀物与受体细胞混合、保温,DNA 可以进入细胞核内,并整合到寄主染色体上。这种方法多数用于单层培养的细胞,也可用于悬浮培养的细胞。

②病毒介导法。通过病毒载体把外源基因导入细胞中。例如,利用重组杆状病毒感染昆虫,从而把外源基因导入昆虫细胞中。

③显微注射法。又称为微注射法。利用极细的毛细玻璃管(外径为 0.5~1 μm)将已经线性化的外源 DNA,注入受精卵的雄原核,当双亲染色体相遇后,注入的外源基因有可能整合到染色体上。

④脂质体载体法。这种方法即用脂质体包埋核酸分子,然后将其导入细胞。脂质体是一种人工膜,制备方法很多,其中反相蒸发法最适于包装 DNA。用于转移 DNA 较理想的膜成分是带负电荷的磷脂酰丝氨酸。

外源基因进入酵母细胞的方法如下:

①原生质球法。常利用蜗牛酶除去酵母细胞壁,再用 $CaCl_2$ 和 PEG 处理,重组 DNA 以转化方式导入原生质体中,通过再生培养基培养形成完整的酵母细胞。

②LiCl 直接转化法。这种方法不需要消化酵母的细胞壁产生原生质球,而是将整个细胞暴露在 Li^+ 盐(如 0.1 mol/L LiCl)中一段时间,再与 DNA 混合,经过一定处理后,加 40% PEG4000,然后经热激等步骤,即可获得转化体。这种方法的主要缺点是效率低,为原生质球的 1/100~1/10。

3. 重组体的鉴定

在 DNA 体外重组实验中,外源 DNA 片段与载体 DNA 的连接反应物直接用于转化,因此必须使用各种筛选与鉴定手段鉴定重组子(含有重组 DNA 分子的转化子)。常用三种方法来鉴定含重组质粒的细菌菌落:目的基因序列鉴定法、载体遗传标记法和外源基因表达产物检测法。

(1)目的基因序列鉴定法

①菌落原位杂交法。菌落原位杂交法又称探针原位杂交法。利用一小段与所要筛选的目的基因互补的寡聚核苷酸片段,作为核酸探针,与待筛选的菌落进行原位杂交。

②限制性图谱鉴定。将初步鉴定的阳性克隆进行小量培养后,提取重组 DNA,然后用合适的限制性内切核酸酶进行酶切,通过电泳分析与预期的图谱是否一致。

③DNA 序列确定。为验证目的基因序列的正确性,对含目的克隆的 DNA 进行测序确认。

(2)载体遗传标记法

载体遗传标记法的原理是利用载体 DNA 分子上所携带的选择性遗传标记基因筛选转化

子或重组子。由于标记基因所对应的遗传表型与受体细胞是互补的,因此在培养基中施加合适的选择压力,即可从众多菌落中筛选出重组子。

①营养缺陷性筛选法。如果载体分子上携带有某些营养成分的生物合成基因,而受体细胞因该基因突变不能合成这种生长所必需的营养物质,则两者构成了营养缺陷性的正选择系统。将待筛选的细菌培养物涂布在缺少该营养物质的合成培养基上,就可以进行筛选。

②抗药性筛选法。抗药性筛选法实施的前提条件是载体 DNA 上携带针对某种抗生素的抗性基因,如 pBR322 质粒上的氨苄青霉素抗性基因,则只需将转化扩增物涂布在含有 Amp 的固体平板上,理论上能长出的菌落便是重组子。

③噬菌斑筛选法。以 λDNA 为载体的重组 DNA 分子经体外包装后转染受体菌,重组 DNA 分子大小必须在野生型 XDNA 长度的 78%～105%范围内,才能在体外包装成具有感染活力的噬菌体颗粒,感染细菌后,形成清晰的噬菌斑,很容易辨认。

(3)外源基因表达产物检测法

如果克隆在受体细胞中的外源基因编码产物是蛋白质,也可通过检测这种蛋白质的生物功能或结构来筛选和鉴定期望重组子。

①蛋白质生物功能检测法。某些外源基因编码具有特殊生物功能的酶类或活性蛋白(如 α-淀粉酶、葡聚糖内切酶或 β-葡萄糖苷酶等),则根据特性常用平板法进行筛选测定其活性。

②蛋白凝胶电泳检测法。对于那些生物功能难以检测的外源基因编码产物,手头又没有现成的抗体做蛋白免疫原位分析实验,可以通过聚丙烯酰胺凝胶电泳对重组克隆进行筛选鉴定。从重组克隆中分别制备蛋白粗提液,用非重组子作对照,进行蛋白凝胶电泳分析。如果克隆在载体质粒上的外源基因能高效表达,则会在凝胶电泳图谱的相应位置上出现较宽较深的考马斯亮蓝染色带,由此辨认期望重组子。

③免疫活性检测法。若外源基因在受体细胞中表达出具有正确空间构象的蛋白产物,同时也具有抗原性,可以用与之相对应的特异性抗体进行免疫反应检测。

8.1.5 基因工程的应用

1973 年 Jacbon 等人在一次分子生物学学术会上,首次提出基因可以人工重组,并能在细菌中复制。从此以后,基因工程作为一个新兴的研究领域得到了迅速的发展,并取得了惊人的成绩。尤其是近十年来,基因工程的发展更是突飞猛进。基因转移、基因扩增等技术的应用不仅使生命科学的研究发生了前所未有的变化,并且在医药卫生、农牧业、食品工业、环境保护等实际应用领域也展示出美好的应用前景。

1. 基因工程在生命科学基础理论研究中的应用

基因工程的理论和技术几乎在所有生命科学分支学科中都得到了应用。例如,在分子生物学领域,利用基因工程技术对大肠杆菌体内 50%以上的基因进行定位,并已测出其 DNA 序列,基本搞清其基因表达调控关系;对 N 噬菌体 60%的基因进行定位,并已测出其 DNA 全序列。在真核生物中,利用基因工程的理论和技术已发现上百种癌基因和 200 余种抗癌基因。在发育生物学方面,利用基因工程技术可以对精细胞的分化、受精过程所发生的变化,基因表达的发育调控进行研究。在神经生物学方面,利用基因工程技术可以对人类的脑结构与功能进行研究,从而在分子水平上揭示脑思维、记忆功能的机制。

基因工程的理论和技术对人类基因组计划的实现能够产生重大的影响,能够为人类基因组作图和测序,以及了解人类的全部基因构成提供可资查的一个完美的基因信息库,同时还能够为认识人类遗传疾病和癌发病机理提供有价值的信息。

2. 基因工程在农业中的应用

利用基因工程的方法构建转基因植物,可以增加农作物产品的营养价值,如:增加种子、块茎的蛋白质含量,改变植物蛋白的必需氨基酸比例等;可以提高农作物抗逆性能,如:抗病虫害、抗旱、抗涝、抗除草剂等性能;可以提高光合作用效率,从而提高农作物产量;可以增加植物次生代谢产物产率。

基因工程在农业上的应用十分广阔,下面列举基因工程在农业上应用的几个有代表性的应用领域:

①为了获得能独立固氮的新型作物品种,利用基因工程技术,若将固氮菌的固氮基因转移到生长在重要作物的根际微生物或致瘤微生物中去,与通过常规方法发展氮肥工业达到同样效果相比其研究经费仅为其二百分之一至二千分之一;若将固氮基因直接引入到作物的细胞中则更为节省,其成本甚至不到上述的二千分之一。

②地球上贮存着大量的、可永续利用的廉价原料,利用基因工程技术将木质素分解酶的基因或纤维素分解酶的基因重组到酵母菌内,可以使酵母菌充分利用上述原料直接生产酒精,从而为人类开辟一个取之不尽的新能源和化工原料来源。

③自然界中存在着大量的不同种类的细菌,它们身上存在着抗虫、抗病毒、抗除草剂、抗盐碱、抗干旱、抗高温等各种抗性,而这些也是很多植物所需要的,如果能将这些抗性基因转移到作物体内,将从根本上改变作物的特性。利用基因工程技术就可以改良和培育农作物和家畜、家禽新品种,包括提高光合作用效率以及各种抗性基因工程(植物的抗盐、抗旱、抗病基因,鱼的抗冻蛋白基因)等。

基因工程在畜牧养殖业上也具有广阔的应用前景,运用转基因动物的技术,可以培育畜牧业新品种。例如,科学家将某些特定基因与病毒 DNA 构成重组 DNA,然后通过感染或显微注射技术将重组 DNA 转移到动物受精卵中。由这种受精卵发育成的动物可以获得人们所需要的各种优良品质,如具有抗病能力、高产仔率、高产奶率和高质量的皮毛等。基因工程还可以为人类开辟新的食物来源。

3. 基因工程在工业中的应用

在工业上,由于用微生物进行发酵生产体现出更多的优越性,而基因工程方法在改造所用微生物的特性中有极大潜力,因此,可以应用在工业生产的许多方面,提高质量、改进工艺或发展新产品。下面仅举其中较为典型的应用:

①酿酒酵母能够把麦芽汁中的葡萄糖、麦芽糖、麦芽二糖等成分转变成乙醇,它是啤酒酿造中主要的发酵微生物,但是麦芽汁中有一种称为糊精的物质,它约占碳水化合物总数的20%,是不能被酿酒酵母利用的。而另一种糖化酵母能分泌把糊精切开成为葡萄糖的酶,但是它产生的啤酒口味不好。利用基因工程技术可以把糖化酵母中编码切开糊精的酶的 DNA 基

因引入酿酒酵母中去,产生一种酿酒酵母工程菌,从而能够最大限度地利用麦芽中的糖成分,大大提高啤酒产量和质量。

②在白酒和黄酒的酿造和酒精生产中,首先要消耗大量的能量对淀粉进行高温蒸煮,使淀粉颗粒溶胀糊化,这样才能使其在霉菌产生的淀粉糖化酶作用下糖化,然后由酿酒酵母把糖转化为乙醇。利用基因工程技术可以把淀粉糖化酶的基因转入酿酒酵母,由酵母来完成使淀粉糖化及乙醇发酵这两步操作,从而免去蒸煮过程,大为节约能源。

③干酪是高附加值奶制品,且有极高的营养价值。凝乳酶是制造干酪所必需的,传统的方法是从哺乳小牛的第四个胃中提取凝乳酶粗制品,很不经济。利用基因工程技术可以将小牛的凝乳酶基因转入酿酒酵母中去,经酵母菌培养生产出大量具天然活性的凝乳酶,用于干酪制造业。

④生产干酪的过程中,在取出凝乳块后往往会产生大量乳清,其中含有很多乳糖、少量蛋白质、以及丰富的矿物质和维生素。如果把乳清作为废弃物排出,势必会造成环境的污染。利用基因工程技术可以把乳酸克鲁维酵母的水解乳糖的基因转入酿酒酵母,酿酒酵母可以利用乳清发酵来产生酒精。

⑤油轮的海上事故往往会造成海面和海岸严重的石油污染,对生态环境产生不良影响。早在1979年美国GEC公司构建成具有较大分解烃基能力的工程菌,这是第一例基因工程菌专利。在石油污染的状况出现时,人们把"吃油"工程菌和培养基喷洒到污染区,能从一定程度上缓解污染问题。

随着基因工程技术的不断发展,人们提出了更多更新的构想,如抗生素生产菌放线菌或霉菌的有关遗传基因转移至发酵时间更短、更易于培养的细菌细胞中;将动物或人产胰岛素的遗传基因转移至酵母或细菌的细胞中;将家蚕产丝蛋白的基因引入细菌细胞中;把人或动物产抗体、干扰素、激素或白细胞介素等的基因转移至细菌细胞中;把不同病毒的表面抗原基因转移到细菌细胞中以生产各种疫苗;用基因工程手段提高各种氨基酸发酵菌的产量;构建分解纤维素或木质素以生产重要代谢产物的工程菌;用基因重组技术培育工业和医用酶制剂等高产菌的工作等。这类设想如果成为现实,将会产生巨大的经济效益。

4. 基因工程在医学中的应用

目前,基因工程在医药领域的应用非常广泛,下面仅举其中较为典型的应用:

①胰岛素是治疗糖尿病的一种由51个氨基酸残基组成的蛋白质,传统的生产方法是从牛的胰脏中提取,但是产量很低。通过基因工程方法,把编码胰岛素的基因送到大肠杆菌细胞中去,造出能生产胰岛素的工程菌,从而可以大大提高胰岛素的产量。

②干扰素是一种治疗乙肝的有效药物,它具有广谱抗病毒的效能,是国际上批准的唯一治疗丙型病毒性肝炎的药物,人体内产生干扰素的数量微乎其微,如果通过诱导的方法获得,其成本极高。采用基因工程的方法进行生产,能够大大降低其成本,提高其产量。

③常用的制备疫苗的方法,一种是弱毒活疫苗,一种是死疫苗。前者隐含着感染的危险性,后者活性不高。采用基因工程的方法,把编码抗原蛋白质的基因重组到载体上去,再送入细菌细胞或其他细胞中大量生产。这样得到的亚基疫苗往往效价很高,且无感染毒性等危险。如乙型病毒性肝炎(以下简称乙肝)疫苗的制备就是一个典型的例子。

目前用基因工程生产的蛋白质药物已达数十种,许多以前本不可能大量生产的生长因子、凝血因子等蛋白质药物,现在用基因工程办法便可能大量生产。生产基因工程药物的基本方法是:首先,将目的基因用 DNA 重组的方法连接在载体上;然后,将载体导入靶细胞(微生物、哺乳动物细胞或人体组织靶细胞),使目的基因在靶细胞中得到表达;最后,将表达的目的蛋白质提纯及做成制剂,从而成为蛋白类药或疫苗。生产胰岛素、干扰素和乙肝疫苗等基因工程药品,这将是制药工业上的重大突破。

若上述目的基因直接在人体组织靶细胞内表达,就成为基因治疗。人体基因的缺失,会导致一些遗传疾病。应用基因工程技术使缺失的基因归还人体,通过将健康的外源基因导入有基因缺陷的细胞中来进行恶性肿瘤、艾滋病、心血管疾病、糖尿病等疾病的治疗,是基因工程在医学方面的又一重要应用。

8.2 细胞工程

8.2.1 细胞工程的概念

细胞工程是应用细胞生物学和分子生物学的方法,在细胞整体水平或细胞器水平上,按照特定设计目标,改变细胞内的遗传物质,从而获得新型生物或细胞产品的技术。避免了分离、提纯、剪切、拼接等繁琐的基因操作程序,只需将细胞遗传物质直接转移到受体细胞,形成杂交细胞为细胞工程的优势所在,提高了基因转移效率。

8.2.2 细胞工程技术

1. 细胞融合技术

将两个细胞在融合剂的作用下,融合成一个异核细胞的技术称为细胞融合合技术。应用细胞融合技术进行细胞杂交的优点在于能够克服远缘杂交不育的缺陷,对培育新品种具有广阔的应用前景。

2. 细胞拆合技术

细胞拆合技术也称为细胞核移植技术,是将细胞核和细胞质用某种方法拆开,再把分离的细胞核和细胞质重新组合成一个新细胞。如果把从细胞中分离出来的染色体或基因转入另一个细胞中,赋予重建的细胞以某种新的功能,则属于染色体导入、基因转移的技术范畴。

3. 细胞培养技术

将生物体内的某一组织分散成单个细胞,接种在人工配制的适于细胞生长发育的培养基上,然后在适当的无菌的生长条件下进行培养,使细胞能够生长和不断增殖的技术称为细胞培养技术。由于从组织中分离单细胞并分化成生物体的技术难度较大,目前采用较多的技术为组织培养技术。

4. 胚胎移植技术

将一个雌性生物体内的胚胎移植到另一个雌性生物体内进行繁殖的技术称为胚胎移植技术。过程为先注射雌性激素在雌性动物的体内,促使其大量排卵,然后在体外人工授精后发育成为胚胎,或进行早期胚胎体外切割,再植入其他同类动物的子宫内使其发育成为成熟个体,从而大批量繁殖优良品种。

5. 染色体导入技术

利用染色体替换来改变生物遗传特性,以获得新的染色体组合的技术称为染色体导入技术。

8.2.3　细胞工程在医药领域的应用

1. 制备单克隆体

利用细胞工程技术可以生产单克隆抗体。B 淋巴细胞是人及哺乳动物体内重要的免疫细胞。每个 B 淋巴细胞都能专一地产生、分泌一种针对某种抗原决定簇的特异性抗体。要想获得大量专一性抗体,就需从某个特定 B 淋巴细胞培养繁殖出大量的细胞群体,也就是克隆培养。由此克隆出的细胞其遗传特性高度一致,由其分泌出的抗体称为单克隆抗体。单克隆抗体既可用于疾病治疗,又可用于疾病的诊断。

2. 试管婴儿

1978 年世界首例"试管婴儿"成功诞生,1988 年我国首例试管婴儿出生。目前,试管婴儿技术已成为世界上最广为采用的生殖辅助技术。试管婴儿技术是体外受精和胚胎移植的全过程。包括取卵、体外受精、体外培养和胚胎移植等阶段。具体过程是:从母体内取出卵子,放入试管内培养后,加入处理过的精子,使卵子受精,形成受精卵。受精卵经过继续培养,发育成为前期胚胎,再将前期胚胎转移到母体子宫内,发育成胎儿并分娩。因此过程的最初阶段有两天是在试管内进行的,故称"试管婴儿"。

8.3　生物芯片

8.3.1　生物芯片的应用

生物芯片技术是近年出现的一种分子生物学与微电子技术相结合的最新 DNA 分析检测技术。生物芯片也称为生物微阵列,是指通过微电子、微加工技术,用生物大分子(例如核酸、蛋白质)或细胞等在数平方厘米大小的固相介质表面构建的微型分析系统,用以对生物组分进行快速、高效、灵敏的分析与处理。该项技术是随着"人类基因组计划"的进展而发展起来的,具有深远的影响。

生物芯片包括基因芯片、蛋白质芯片、组织芯片、微流控芯片和芯片实验室等,用以对基因、抗原或活细胞、组织等生物组分进行快速、高效、灵敏的分析与处理,具有高通量、微型化和集成化的特点。使用生物芯片可以同时检测样品中的多种成分,检测原理是利用分子之间相互作用的特异性(例如核酸分子杂交、抗原—抗体相互作用、蛋白质—蛋白质相互作用等),将待测样品标记之后与生物芯片作用,样品中的标记分子就会与芯片上的相应探针结合。通过荧光扫描等并结合计算机分析处理,最终获得结合在探针上的特定大分子的信息。制备生物芯片常用硅芯片、玻璃片、聚丙烯膜和尼龙膜等固相支持物。

　　生物芯片技术是一项重要的生物技术,在农业、医学、环境科学、生物、食品、军事等领域有着广泛的应用前景。

8.3.2　基因芯片的概念及其应用

1. 基因芯片的概念及制作

　　基因芯片(gene chip)又称为 DNA 芯片,它是最早开发的生物芯片。基因芯片还可称为 DNA 微阵列(DNA microarray)、寡核苷酸微阵列(oligonucleotide array)等,是专门用于检测核酸的生物芯片,也是目前运用最为广泛的微阵列芯片。

　　基因芯片技术是近年发展和普及起来的一种以斑点杂交为基础建立的高通量基因检测技术。其基本原理是:先将数以万计的已知序列的 DNA 片段作为探针按照一定的阵列高密度集中在基片表面,这样阵列中的每个位点(cell)实际上代表了一种特定基因,然后与用荧光色素法标记的待测核酸进行杂交。用专门仪器检测芯片上的杂交信号,经过计算机对数据进行分析处理,获得待测核酸的各种信息,从而得到疾病诊断、药物筛选和基因功能研究等目的。

　　基因芯片技术的基本操作主要分为四个基本环节:芯片制作、样品制备和标记、分子杂交、信号检测和数据分析。

　　①芯片制作是该项技术的关键,它是一个复杂而精密的过程,需要专门的仪器。根据制作原理和工艺的不同,制作芯片目前主要有两类方法。第一种为原位合成法,它是指直接在基片上合成寡核苷酸。这类方法中最常用的一种是光引导原位合成法,所用基片上带有由光敏保护基团保护的活性基团。原位合成法适用于寡核苷酸,但是产率不高。第二种为微量点样法,一般为先制备探针,再用专门的全自动点样仪按一定顺序点印到基片表面,使探针通过共价交联或静电吸附作用固定于基片上,形成微阵列。微量点样法点样量很少,适合于大规模制备 eDNA 芯片。使用这种方法制备的芯片,其探针分子的大小和种类不受限制,并且成本较低。

　　②样品制备和标记是指从组织细胞内分离纯化 RNA 和基因组 DNA 等样品,对样品进行扩增和标记。样品的标记方法有放射性核素标记法及荧光色素法,其中以荧光素最为常用。扩增和标记可以采用逆转录反应和聚合酶链反应等。

　　③分子杂交是指将标记样品液滴到芯片上,或将芯片浸入标记样品液中,在一定条件下使待测 DNA 与芯片探针阵列进行杂交。杂交条件包括杂交液的离子强度、杂交温度和杂交时间等,会因为不同实验而有所不同,它决定着杂交结果的准确性。在实际应用中,应考虑探针的长度、类型、G/C 含量、芯片类型和研究目的等因素,对杂交条件进行优化。

　　④对完成杂交和漂洗之后的芯片进行信号检测和数据分析是基因芯片技术的最后一步,也是生物芯片应用时的一个重要环节。分子杂交之后,用漂洗液去除未杂交的分子。此时,芯

片上分布有待测 DNA 与相应探针结合形成的杂交体。基因芯片杂交的一个特点是杂交体系内探针的含量远多于待测 DNA 的含量,所以杂交信号的强弱与待测 DNA 的含量成正比。用芯片检测仪对芯片进行扫描,根据芯片上每个位点的探针序列即可获得有关的生物信息。

　　2. 基因芯片的应用

　　基因芯片技术自诞生以来,在生物学和医学领域的应用日益广泛,已经成为一项现代化检测技术。该技术已在 DNA 测序、基因表达分析、基因组研究(包括杂交测序、基因组文库作图、基因表达谱测定、突变体和多态性的检测等)、基因诊断、药物筛选、卫生监督、法医学鉴定、食品与环境检测等方面得到广泛应用。

　　人类基因组计划的实施推动着测序方法向更高效率、能够自动化操作的方向不断发展。芯片技术中杂交测序(SBH)和邻堆杂交(CSH)技术都是新的高效快速测序方法。使用含有 65536 个 8 聚寡核苷酸的微阵列,采用 SBH 技术,可以测定 200bp 长 DNA 序列。CSH 技术在应用中增加了微阵列中寡核苷酸的有效长度,加强了序列性,可以进行更长的 DNA 测序。

　　人类基因组编码大约 35000 个不同的功能基因,如果想了解每个基因的功能,仅仅知道基因序列信息资料是远远不够的,这样,具有检测大量 mRNA 的实验工具就显得尤为重要。基因芯片能够依靠其高度密集的核苷酸探针将一种生物所有基因对应的 mRNA 或 cDNA 或者该生物的全部 ORF(open reading frame)都编排在一张芯片上,从而简便地检测每个基因在不同环境下的转录水平。整体分析多个基因的表达则能够全面、准确地揭示基因产物和其转录模式之间的关系。同时,细胞的基因表达产物决定着细胞的生化组成、细胞的构造、调控系统及功能范围,基因芯片可以根据已知的基因表达产物的特性,全面、动态地了解活细胞在分子水平的活动。

　　基因芯片技术可以成规模地检测和分析 DNA 的变异及多态性。通过利用结合在玻璃支持物上的等位基因特异性寡核苷酸(ASO)微阵列能够建立简单快速的基因多态性分析方法。随着遗传病与癌症等相关基因发现数量的增加,变异与多态性的测定也更显重要了。DNA 芯片技术可以快速、准确地对大量患者样品中特定基因所有可能的杂合变异进行研究。

　　基因芯片使用范围不断增加,在疾病的早期诊断、分类、指导预后和寻找致病基因上都有着广泛的应用价值。如,它可以用于产前遗传病的检查、癌症的诊断、病原微生物感染的诊断等,可以用于有高血压、糖尿病等疾病家族史的高危人群的普查、接触毒化物质者的恶性肿瘤普查等,还可以应用于新的病原菌的鉴定、流行病学调查、微生物的衍化进程研究等方面。

　　药物筛选一般包括新化合物的筛选和药理机理的分析。利用传统的新药研发方式,需要对大量的候选化合物进行一一的药理学和动物学试验,这导致新药研发成本居高不下。而基因芯片技术的出现使得直接在基因水平上筛选新药和进行药理分析成为可能。基因芯片技术适合于复杂的疾病相关基因和药靶基因的分析,利用该技术可以实现一种药物对成千上万种基因的表达效应的综合分析,从而获取大量有用信息,大大缩短新药研发中的筛选试验,降低成本。它不但是化学药筛选的一个重要技术平台,还可以应用于中药筛选。国际上很多跨国公司普遍采用基因芯片技术来筛选新药。

　　目前,基因芯片技术还处于发展阶段,其发展中存在着很多有待解决的问题。相信随着这些问题的解决,基因芯片技术会日趋成熟,并必将为 21 世纪的疾病诊断和治疗、新药开发、分子生物学、食品卫生、环境检测等领域带来一场巨大的革命。

8.3.3　蛋白质芯片的概念及其应用

1. 蛋白质芯片的概念

蛋白质芯片(protein microarray)是一种新型的生物芯片,它是在基因芯片的基础上开发的,其基本原理是在保证蛋白质的理化性质和生物活性的前提下,将各种蛋白质有序地固定在基片上制成检测芯片,然后用标记的抗体或抗原与芯片上的探针进行反应,经过漂洗除去未结合成分,再用荧光扫描仪测定芯片上各结合点的荧光强度,分析获得有关信息。

2. 蛋白质芯片的应用

蛋白质芯片技术是近年来出现的一种蛋白质的表达、结构和功能分析的技术,它比基因芯片更进一步接近生命活动的物质层面,有着比基因芯片更加直接的应用前景。蛋白质芯片技术可以用于研究生物分子相互作用,并且还广泛用于基础研究、临床诊断、靶点确证、新药开发等多个领域。

蛋白质芯片可以研究生物分子相互作用,例如,蛋白质—蛋白质相互作用、蛋白质—核酸相互作用、蛋白质—脂类相互作用、蛋白质—小分子相互作用、蛋白质—蛋白激酶相互作用、抗原—抗体相互作用、底物—酶相互作用、受体—配体相互作用等。

特别地,蛋白质芯片可以用于检测基因表达。例如,可以用抗体芯片(antibody microarray)在蛋白质水平检测基因表达;可以用不同的荧光素标记实验组和对照组蛋白质样品,然后与抗体芯片杂交,检测荧光信号,分析哪些基因表达的蛋白质存在组织差异。检测基因表达可以用于研究功能基因组,寻找和识别疾病相关蛋白,从而发现新的药物靶点,建立新的诊断、评价和预后指标。

随着科学的不但发展,蛋白质芯片技术不仅能更加清晰地认识到基因组与人类健康错综复杂的关系,从而对疾病的早期诊断和疗效监测等起到强有力的推动作用,而且还会在环境保护、食品卫生、生物工程、工业制药等其他相关领域有更为广阔的应用前景。相信在不久的将来,这项技术的发展与广泛应用会对生物学领域和人们的健康生活生产产生重大影响。

8.3.4　组织芯片的概念及其应用

1. 组织芯片的概念

组织芯片(tissue rnicroarray)是近年来发展起来的以形态学为基础的分子生物学新技术。它是将数十到上千种微小组织切片整齐排列在一张基片上制成的高通量微阵列,可以进行荧光原位杂交(FISH)或免疫组化(immunohistochemistry)分析。传统的核酸原位杂交或免疫组化分析一次只能检测一种基因在一种组织中的表达,而组织芯片一次可以检测一种基因在多种组织中的表达。因此,组织芯片是传统的核酸原位杂交或免疫组化分析的集成。

2. 组织芯片的应用

组织芯片技术使科技工作者有可能同时对数十到上千种正常组织样品、疾病组织样品以及不同发展阶段的疾病组织样品进行一种或多种特定基因及相关表达产物的研究。作为生物芯片的新秀,组织芯片的发展很快,应用领域不断扩展,有望应用于常规的临床病理检验,特别是肿瘤诊断。

8.4 克隆技术

1997年随着克隆羊"多莉羊"的诞生,整个世界为之轰动。生物技术的迅猛发展改变着世界,影响着我们的生活。

克隆(clone)是通过无性方式由单个细胞或个体产生的和亲代非常相似的一群细胞或生物体。克隆所指单个细胞,从来源上既可以是体细胞,也可以是胚胎细胞;从年龄上看可以是成体细胞,也可以是幼儿或胚胎细胞。

克隆技术是通过人工遗传操作控制动物繁殖过程的技术,可以分为个体克隆、器官克隆、细胞克隆和分子克隆。

8.4.1 克隆技术的过程

动物克隆,特别是高等动物的克隆,可通过如下两条途径获得:

①将细胞中的遗传物质转入卵细胞后被激活,即已分化的细胞中的细胞核借助于卵细胞质中的某些特殊物质,进行正常的生长发育;

②通过胚胎切割的方式产生孪生子。

1. 胚胎分割技术

处于卵裂2细胞期至囊胚期的早期胚胎,用酶或者机械进行分割,然后由分割的细胞分别发育产生新个体。采用胚胎分割技术产生的后代数量有限,然而其方法简单,可十分有效地获得同卵孪生后代。

2. 细胞核移植方式进行克隆

体细胞核移植是培育克隆动物的一种典型过程。

(1)供体细胞准备

供体细胞可以是早期胚胎细胞、胚胎干细胞、体细胞。它们可来自活体或体外培养的细胞,然后以整个细胞或细胞核为供体。

(2)受体细胞准备

受体细胞主要以去核的卵母细胞、受精卵细胞和卵裂2细胞胚胎。其中以卵母细胞为受体最多。

(3)融合(核转移)

通过显微注射方法将供体核或细胞移入受体的细胞质中,或用融合的方法(化学融合、病毒融合及电融合)而获得单个细胞。

(4)重组胚培养及转移

完成融合或核移植后,形成单个细胞在体外培养一段时间后,移入雌性个体子宫或输卵管进行发育,如图 8-2 所示。

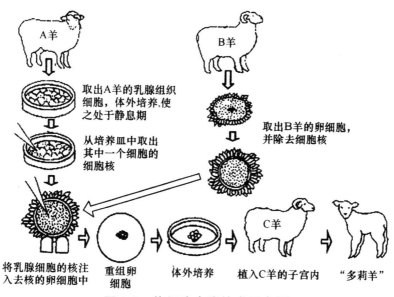

图 8-2　体细胞克隆技术示意图

"多莉羊"的问世,引起世界各国政府及舆论界的广泛关注。首次实用酶或机械方法进行分割,然后由分割的细胞分别发育产生新个体。采用胚胎分割技术产生的后代数量有限,然而其方法简单,可有效地获得同卵孪生后代。实现了用体细胞进行动物克隆的目标,实现了更高意义上的动物复制,同时充分证明了高度分化的动物细胞核具有全能性。

8.4.2　克隆技术的应用

医药卫生领域是当今生物工程技术研究和应用最活跃的领域,克隆技术在医药生产、遗传病的发病机制和疾病的诊断、治疗、预防等方面均显示出广阔的发展前景。

克隆技术可促进人类深入了解生物生长发育的机理,特别是影响生长和衰老的因素。

克隆技术为移植手术提供合适的器官。英国剑桥大学戴维·瓦特主持了一项研究——培养转基因猪以提供用于移植的器官:即通过克隆技术,用患者本人细胞作为供体克隆出新的"订做"的组织、器官,用于治疗糖尿病、帕金森病癌症等。可从根本上解决同种异体移植过程中的免疫排斥反应。

用克隆技术能大批量生产制造某些药物的生物原料。生物药厂需要大量动物来制造某些药品。通过克隆技术可以使该需求得到满足。

用克隆技术能培养家畜家禽优良品种。以往人类靠有性杂交方式培育优良家畜家禽存在以下不足:

①培养周期较长。

②成功率低。

通过克隆技术就可以使具有优良品质的家畜家禽在短期内大量繁殖。用克隆技术能为科学实验提供更合适的动物。现在动物科研基本采用实验鼠作为实验对象。即使实验成功离人体的临床试验还有很大的距离,但通过克隆技术能培育出和我们人类最近的动物作为实验动物,也可以提高实验结果的准确性。

　　用克隆技术能有效保护珍稀动物。我国科学家陈大元也对大熊猫进行了核移植。通过复制珍奇濒危动物,保存和传播动物物种资源,可使野生动物的保护变被动为主动。

　　利用克隆技术能生产转基因动物。利用体细胞核移植技术生产转基因动物比原核显微注射方法来说可大大减少时间和费用。

第9章 水产养殖技术

9.1 鱼类增养殖技术

9.1.1 养殖鱼类的人工繁殖技术

各种鱼类在自然条件下,到了一定季节,只要具备一定的自然条件都可自行繁殖。但是,原来生活在野生环境中的鱼类移养于人工池塘后,或者由于修建水利设施,阻断了鱼类的自然繁殖洄游路线,使其生活环境发生很大的改变,导致亲鱼的性腺不能自然发育到生理成熟(第Ⅴ期)并产卵。此时,通过人为创造适宜的生态条件,使亲鱼达到性成熟,并通过生态、生理的方法,使其产卵、孵化而获得鱼苗的一系列过程,即是人工繁殖。人工繁殖既可保护鱼类天然资源,又可提高鱼类的繁殖效率。

1. 养殖鱼类亲鱼的培育技术

亲鱼是指已达到性成熟并能用于人工繁殖的种鱼。通过良好的饲养管理条件,可以促进亲鱼的性腺发育。培育出成熟率高的优质亲鱼,是家鱼人工繁殖非常重要的一个环节,直接影响到人工繁殖的效果。

(1)亲鱼的来源及选择

1)亲鱼的来源

亲鱼可直接从江河、湖泊、水库、池塘等水体中选留性成熟或接近性成熟的个体,也可以从鱼苗开始专池培育并不断选择优秀个体。为了防止近亲繁殖带来的不良影响,最好在不同来源的群体中对雌雄亲鱼分别进行选留,同时注意选用性成熟个体时年龄不能太大。此外从养殖水体或天然水域捕捞商品鱼时选留的亲鱼,需在亲鱼培育池中专池培育一段时间,至第2年再催产效果较好。

2)亲鱼的选择

鱼类都有一定的生物学特性,应根据其特性挑选。如"四大家鱼"的亲鱼优良种质应符合国家标准,即挑选遗传性状稳定、体形好、体色正常、生长快的个体,避免使用人工繁殖后代。在选择鲤、鲫亲鱼时要特别注意避免选用杂交种作为原种亲鱼。

无论什么品种的亲鱼,使用的有效时间是有限的,一般达性成熟后,大型鱼类("四大家鱼")可连续使用6～8年,而中、小型鱼类为4～6年。

3)亲鱼雌雄鉴别

在亲鱼培育或人工催产时,必须掌握恰当的雌雄比例,因此要掌握雌雄亲鱼鉴别的方法。

4)性成熟年龄和体重

我国南北地区家鱼成熟年龄差异较大,南方成熟较早,个体较小;北方成熟较迟,个体较大;雄鱼较雌鱼早熟一年。通常把洗净的鳞片放在解剖镜下或肉眼进行观察,鉴别亲鱼的年龄。一般以鳞片上的每一疏、密环纹为一龄,或在鳞片的侧区观察两龄环纹切割线的数量,即一条切割线为一龄。以上两种观察方法相结合,确定其年龄大小。

达到性成熟年龄的亲鱼,具有一定的体重。亲鱼性成熟的体重往往与养殖条件、放养密度有_定关系,即养殖条件好,密度较小,体重较大;反之偏小。此外,一般同年龄的雌鱼体重比雄鱼体重大。因此,亲鱼的挑选应将年龄和体重两项参数结合起来进行。

(2)亲鱼培育池的条件

亲鱼培育池要求水源条件好,注排水方便,水质清新,无工业污染;阳光充足,距产卵池、孵化场较近;鱼池面积一般 0.2~0.3 hm²,水深 1.5~2.0 m;长方形为好,池底平坦。草、青鱼亲鱼池以沙壤土为好;鲢、鳙的池底以壤土稍带一些淤泥为好;鲮亲鱼池以沙壤土稍有淤泥为好。

亲鱼培育池一般每年清整、消毒一次,主要是清除过多的淤泥,平整加固池坎,清除野杂鱼,杀灭病原体等。

(3)亲鱼放养的密度

亲鱼放养的密度不宜过大,以重量计算,一般 1500~1800 kg/hm²。一般主养一种亲鱼,适当搭配少量其他亲鱼,以充分利用池塘的饵料生物。

(4)主要养殖鱼类亲鱼的培育方法

1)草鱼亲鱼的培育

草鱼亲鱼培育关键是饲料投喂技术及定期冲水保持水质清新。以草鱼为主,每公顷池塘放养规格为 7~10 kg 的草鱼亲鱼 15~18 尾(雌、雄比为 1∶1 或 1∶1.25)。其中混养鲢或鳙亲鱼 45~60 尾,凶猛鱼类 30 尾左右,青鱼 30 尾左右。饲养管理分产后培育(夏季)、秋季培育、冬季培育和春季培育四个阶段。

亲鱼产后体质明显下降,在催产过程中或多或少有一些外伤。所以饲养管理重点是要保持清洁良好的水质,并经常加注新水,防止感染鱼病。刚催产完的亲鱼可投喂少量嫩绿可口的青饲料和营养丰富的精饲料,以后根据亲鱼摄食情况逐渐增加投饵量,并适当增加精饲料的投喂量。经过 1 个多月的培育,产后亲鱼体质得到基本恢复。

进入盛夏,水温不断上升,鱼体新陈代谢加决,摄食量大增,应尽可能满足其对青饲料的需求。每天投喂青饲料量约为亲鱼体重的 30%~40%。具体投喂量,需参考天气情况和鱼的吃食状态适当增减。在高温条件下,池水容易缺氧,天气剧变又容易泛塘,故夏季应经常给池水增氧,每半个月加入新水 1 次,保持最高水位。天气晴好时,每天中午、下午开增氧机 2 h 左右,同时利用和发挥生物增氧功能,防止泛塘。

进入秋季(9~10 月份),青饲料锐减,应补充精料,主要任务是让亲鱼育肥和冬季保膘。前期投喂以青饲料为主,配以少量精饲料。日投喂量:青饲料约占亲鱼体重的 30%~50%;精饲料约占亲鱼体重的 2%~3%,促进鱼体脂肪积累,准备越冬。

冬季(11 月份至翌年 2 月份)水温低,草源枯竭,亲鱼吃食、活动微弱,则以投喂精饲料为主。一般在晴朗天气,不定期在向阳避风深水区投喂占亲鱼总体重 1%左右的精料,投喂量逐渐减少。我国北方深冬水温较低可不投喂,但冰面上要适当打冰眼,下雪时及时扫雪,防止缺氧死鱼,防止渗漏缺水。

进入春季,应加大换水量,经常冲注新水,水位降低到 1 m 左右,以保持较高水温。水温回升后,亲鱼摄食日渐旺盛,性腺处在大生长发育时期,应投足食物,力争早投喂、早开食、早生长。早春可利用数量有限的黑麦草和一定量的精料,如果青料较多,尽可能保证黑麦草和菜叶供应,不投精料;即使投喂精料,也应将大麦或小麦发芽后再喂养,以利性腺发育。3月份可投喂少量豆饼、麦芽、谷芽,投喂量约为亲鱼体重的 1%～2%,并逐渐转为以青饲料为主,精饲料为辅。青饲料的日投喂量约为亲鱼体重的 40%～60%,喂一些莴苣叶之类的青饲料对性腺发育有利;精饲料日投喂量约为亲鱼体重的 2%～3%。产前一个半月左右,过渡到全部投喂青饲料,以防止积累过多脂肪,影响催产效果。

在整个草鱼亲鱼培育过程中,要注意经常冲水,保持池水清新是促使草鱼亲鱼性腺发育的重要技术措施之一。冲水的数量和频率应根据季节、水质肥瘦和摄食情况合理掌握。一般冬季每周一次;天气转暖后,逐渐过渡到 3～5 天一次;到临产前 15 天,最好隔天冲一次,催产前几天可每天冲一次水,每次冲水 3～5 h,可以促使亲鱼性腺发育成熟。

2)青鱼亲鱼的培育

青鱼亲鱼一般搭养在其他亲鱼池中,青鱼的投喂以螺、蚬、蚌肉为主,辅以饼类、蚕蛹或高质量的配合饲料都能培育成功。以青鱼亲鱼为主养的放养方式与主养草鱼的放养密度和搭配种类基本相似,每公顷放养 20 kg 以上的青鱼亲鱼 8～10 尾,饲养管理的方法也基本相同。青鱼亲鱼以投喂螺蛳为主,每年每尾平均需要螺蛳约 250 kg。投喂量以当天吃完为度,不宜多喂,吃剩的饲料要捞出,防止水质败坏。一般将青鱼亲鱼作为搭配品种混养在其他鱼种的亲鱼池中。由于青鱼性腺成熟较晚,在其他亲鱼催产过程中,陆续将青鱼集中于一池,待催产季节后期再进行催产繁殖。培育期间要经常冲水,以保持水质良好,促使性腺发育,产前一个月可每天冲水 2～3 h。

2. 催情产卵技术

目前我国广泛使用的催产剂主要有三种:鲤鱼脑下垂体(PG)、绒毛膜促性腺激素(HCG)、促黄体素释放激素类似物(LRH-A)。另外,还有可提高催产效果的辅助剂,如马来酸地欧酮(DOM)。

(1)催产药物的配制

鱼类脑垂体、LRH-A 和 HCG,必须用注射用水(一般用 0.6%氯化钠溶液,近似于鱼的生理盐水)溶解或制成悬浊液。即根据亲鱼体重和药物催产剂量计算出药物总量之后,将药物经过适当处理均匀溶入一定量的注射用水中,即配成注射药液。

注射药液一般即配即用,以防失效。如需放置 1 h 以上,则应放入 4℃冰箱中。稀释剂量要方便于注射时换算,一般应控制在每尾亲鱼注射剂量不超过 5 mL。

在配制药液时,还应注意药物特性,释放激素类似物和绒毛膜激素均为易溶于水的商品制剂,只需注入少量注射用水,充分溶解摇匀后,再将药物完全吸出并稀释到所需的浓度即可;脑垂体注射液配制前应取出脑垂体放干,在干净的研钵内充分研磨,研磨时加几滴注射用水,磨成糯糊状,再分次用少量注射用水稀释并同时吸入注射器,直至研钵内不留激素为止,最后将注射液稀释到所需浓度。若进一步离心,弃去沉渣取上清液使用更好,能避免堵塞针头,并可减少异性蛋白所起的副作用。DOM 与其他药混合使用时,DOM 需要单独配制,即利用注射用水总容量的一半配制 DOM,另一半配制其他药物。

配制注射液应考虑在注射过程中造成药物的损失量。鱼尾数越多，损失量越大，一般损失量为配制总容量的 3%～5%。在配制催产药物之前，需根据亲鱼个体的最大注射容量计算总容量，然后根据催产亲鱼的尾数确定损失的百分比，补上损失的容量和相应的药量。还应当注意注射液不宜过浓或过稀。过浓，注射液稍有浪费会造成剂量不足；过稀，大量的水分进入鱼体，对鱼不利。此外，注射器及配制用具使用前要煮沸消毒。

（2）常用催产用具

1）亲鱼网

用于捕捉亲鱼，要求网目不能太大，2～3 cm 即可，且材料要柔软较粗，以免伤鱼。网的宽度一般为 6～7 m，长度一般为亲鱼池宽的 1.4 倍左右，设有浮子和沉子。用于产卵池的亲鱼网可不设浮子和沉子。

2）亲鱼夹和采卵夹

亲鱼夹是提送及注射亲鱼时用的，采卵夹是人工授精时提鱼用的。两种夹规格完全相同，只是采卵夹在夹的后端开了一个洞，使亲鱼的生殖孔露出来。

3）其他工具

注射器（1 mL、5 mL、10 mL）、注射针头（6 号、7 号、8 号）、消毒锅、镊子、研钵、量筒、温度计、秤、托盘天平、解剖盘、毛巾、纱布、药棉等。

（3）催产期的确定

亲鱼性腺的发育随着季节、水温变化而呈周期性变化，从性腺成熟到开始退化之前这段时间就是亲鱼的催产期。最佳催产期持续的时间都不长，只有在催产期内对亲鱼催产，雌鱼卵巢对催产剂才能敏感，催产才能成功。过了催产期，性腺就开始退化。

当早晨最低水温能持续稳定在 18℃以上，就预示催产期到来。催产水温以 22～28℃最适宜；性腺成熟的亲鱼摄食量明显减退，甚至不吃东西。要想准确确定亲鱼的催产期，还要有选择地拉网检查亲鱼性腺发育情况，如雄鱼有精液，雌鱼腹部饱满。

（4）催产亲鱼的选择和配组

主要养殖鱼类的亲鱼培育技术是非常成熟的，一般按照常规技术培育亲鱼，成熟率很高（90%以上），催产盛期亲鱼无需选择。然而在催产早期和晚期或者在亲鱼培育较差的情况下，为了提高催产率，需要严加选择。选择的首要条件是性腺发育良好，其次是无病无伤。

1）催产用雄亲鱼的选择标准

从头向尾方向轻挤生殖孔两侧有精液流出，若精液浓稠，呈乳白色，入水后能很快散开，为性成熟的优质亲鱼；若精液量少，入水后呈线状不散开，则表明尚未完全成熟，若精液呈淡黄色近似膏状，遇水成团不散，表明性腺已过熟。

2）催产用雌亲鱼的选择标准

鱼腹部明显膨大，后腹部生殖孔附近饱满、松软且有弹性，生殖孔红润；将鱼腹部朝上并托出水面，可见腹部两侧卵巢轮廓明显，鲢、鳙亲鱼能隐约见其肋骨，如此时将尾部抬起，可见到卵巢轮廓隐约向前滑动；草鱼可见到体侧有卵巢下垂的轮廓，腹中线处呈凹陷状。

雌亲鱼性腺发育成熟度判断方法：可在催产前用挖卵器由肛门后的生殖孔偏左或右插入卵巢 4 cm 左右，然后转动几下取出少量鱼卵并倒入玻璃培养皿或白瓷盘中，加入少许透明固定液，2～3 min 后可观察卵核位置，并判断其成熟度。若挖卵器在靠近生殖孔处就能得到卵粒,且卵粒大小整齐、饱满、光泽好、易分散,大多数卵核已极化或偏位,则表明雌亲鱼性腺发育进入最佳催产期;若亲鱼后腹部小而硬,卵巢轮廓不明显,生殖孔不红润,卵粒不易挖出,且大小不整齐,不易分散,则表明性腺成熟度不够;若亲鱼腹部过于松软,无弹性,卵粒扁塌或呈糊状,则表明亲鱼性腺已退化。但是青鱼雌鱼往往腹部膨大不明显,只要略感膨大,有柔软感即可选用。检查草鱼亲鱼时,需停食 2～3 天,因草鱼食量大,容易给人造成腹部饱满性腺发育良好的错觉。

3)雌雄亲鱼配组

如果采用催产后由雌雄亲鱼自由交配产卵方式,选择催产亲鱼时,一般雄鱼略多于雌鱼。在同时催产几组亲鱼时,亲鱼自行产卵,雌、雄鱼配组比例为 1∶1.5 或雄体略多,以提高催产效果及受精率;如果采取人工授精,则雌、雄鱼比例为 1∶0.5 或雄体略少,1 尾雄鱼的精液可供 2～3 尾同样大小的雌鱼受精。同时,应注意同一批催产的雌雄鱼,个体重量要大致相同,以保证繁殖动作的协调。

(5)注射催产剂

1)注射次数

应根据亲鱼的种类、催产剂的种类、催产季节和亲鱼性腺成熟度等来决定。可分为一次注射、二次注射,青鱼亲鱼催产甚至还有采用三次注射的。一般情况下,两次注射法效果较一次注射法为好,其产卵率、产卵量和受精率都较高,亲鱼发情时间较一致,适用于早期催产或亲鱼成熟度不够的情况下催产,因为第一针有催熟的作用。第一次注入量为总量的 1/10(若注射量过高,很容易引起早产),剩余量第二次注入鱼体。两次间隔的时间根据当时水温而定,在繁殖季节早期(20℃左右)间隔 8 h 左右,中期(25℃左右)6 h 左右,后期(30℃左右)4 h 左右。水温低或亲鱼成熟度不够好时,间隔时间长些;反之则应短些。

2)注射时间

任何时间都可注射催产药剂,促进亲鱼性腺成熟、发情、产卵。根据天气、水温和效应时间选择适当时间注射,可预测注射后亲鱼发情、产卵的时间,便于人工观察、管理和有关技术操作,提高效率。生产上,为了使亲鱼在早上产卵,一般一次性注射多在下午进行,次日清晨产卵;两次注射,一般第一针在早上 9 时左右进行,第二针在当日下午 6～8 时进行。温差较大的地区可向后移 1～3 h,以便产卵时水温较高。

3)注射方法

注射前用鱼夹子提取亲鱼称重,计算实际需注射的剂量。注射时,一人拿鱼夹子,使鱼侧卧,露出注射部位,另一人注射,注射部位有 3 种。

(6)产卵池

家鱼产卵池是模拟天然产卵场的流水条件,包括产卵池、集卵池和排灌设施。产卵池的种类很多,常见的为圆形、砖、水泥结构的产卵池。直径 8～10 m,面积 50～100 m²。池底由四周向中心倾斜 10～15 cm。池深 1.5～2.0 m 左右,池底中心设方形或圆形出卵口一个,上盖拦鱼栅,出卵时由暗道引入集卵池。墙顶每隔 1.5 m 设向内倾斜的挂网杆插孔一个。集卵池一般为长方形,长 2.5 m,宽 2 m,其池底较产卵池底低 25～30 cm。在集卵池设溢水口一个,底部设排水口一个。集卵池墙一边设 3～4 级阶梯,每一级阶梯设排水洞一个,可采用阶梯式排水。集卵网与出卵暗管相连,放置在集卵池内,以收集鱼卵。

（7）发情、产卵

1）发情

亲鱼注射催产剂后在激素作用下，经过一定的效应时间，产生性兴奋现象，雄鱼追逐雌鱼，这即是发情。开始时比较缓慢，以后逐渐激烈，使水面形成明显的波纹和旋涡，激烈时甚至能跃离水面。在水质清新时，可看到发情的雌、雄"四大家鱼"腹部朝上，肛门靠近，齐头由水面向水下缓游，精、卵产出，甚至射出水面，清晰可见；有时还可观察到雄鱼在下，尾部弯曲抱住雌鱼，肛门靠近，将雌鱼托到水面。

2）产卵

"四大家鱼"、鲤、鲫、团头鲂等鱼类的发情、产卵时间主要取决于当时的水温，通过测定水温可以推算、预测其发情、产卵的时间。当水温 20℃时，行一次注射，经 14～16 h 即开始发情、产卵；两次注射，打第二针后约经 12 h 左右即开始发情、产卵。而水温每上升或下降 1℃，则分别提早和推迟 1 h 左右。此外，发情、产卵还受亲鱼性腺发育程度、催产剂量等因素的影响而有一定的差异，往往行两次注射其发情、产卵比较准时。

（8）人工授精

用人工方法采取成熟的卵子和精子，将它们混合后使之完成受精的过程叫人工授精。进行人工授精需密切注意观察发情鱼的动态，当亲鱼发情至高潮即将产卵之际，迅速捕起亲鱼采卵采精，并立即进行人工授精。鱼类人工授精的方法有干法、湿法和半干法三种。

1）干法人工授精

首先分别用鱼夹装好雌、雄鱼沥水，用毛巾擦去鱼体表和鱼夹上的水。将鱼卵挤入擦净的盆中（四大家鱼）或大碗内（鲤、鲫、团头鲂等），接着挤入数滴精液，用羽毛轻轻搅拌，约 1～2 min，使精卵混匀，再加少量清水拌和，静置 2～3 h，慢慢加入半盆清水，继续搅动，使其充分受精，然后倒去浑浊水，再用清水洗 3～4 次。"四大家鱼"受精卵，待卵膜吸水膨胀后移入孵化器中孵化；鲤、鲫、团头鲂等受精卵，可撒入鱼巢孵化。

2）湿法人工授精

脸盆内装少量清水，由两人分别同时将卵和精液挤入盆内，并由另一人用羽毛轻轻搅动或摇动，使精卵充分混匀，其他同干法人工授精。该法不适合黏性卵，特别是黏性强的鱼卵不宜采用。

3）半干法人工授精

半干法授精与干法的不同点在于：将雄鱼精液挤入或用吸管由肛门处吸取，加入盛有适量 0.3%～0.5%生理盐水的烧杯或小瓶中稀释，然后倒入盛有鱼卵的盆中搅拌均匀，最后加清水再搅拌 2～3 min 使卵受精。

生产上最常用的是干法人工授精，但值得注意的是亲鱼精子在淡水中存活的时间极短，一般在半分钟左右，所以需尽快完成全过程。

9.1.2　养殖鱼类鱼苗、鱼种的培育技术

1. 鱼苗培育技术

（1）鱼苗培育前的准备工作

1）鱼苗池的选择

为了保证鱼苗正常生长发育，在鱼苗培育过程中，需要随时注水和换水。要求鱼苗池注排

水方便,水源水质清新,不含泥沙和其他任何污染物质。鱼苗池要池形整齐,最好长方形东西走向,其长宽比为 5:3。面积为 1～3 hm²,水深 1.0～1.5 m 为宜。鱼苗池堤坝牢固不漏水,其高度应超过最高水位 0.3～0.5 m。池底平坦,并向出水口倾斜,且以壤土为好,池底淤泥厚度少于 20 cm,无杂草。鱼苗池通风向阳,其水温增高快,也有利于有机物的分解和浮游生物的繁殖,保持鱼池较高溶氧水平。

2)鱼苗池的清整和消毒

鱼苗池使用过以后要排干池水,清除过多淤泥。通过日晒、冻等自然过程可杀死致病菌、病毒、害虫和各类水生动、植物。春天时清除水线上下各类杂草、脏物,修堤,堵漏,平整池堤、池坡。一般在鱼苗放养前 10～12 天进行药物清塘,清塘时间过早或过晚,都会给鱼苗培育带来不利影响。清塘常用的药物有生石灰、漂白粉、清塘净等。

生石灰清塘时,先把池水排低至 6～10 cm,在池底四周挖若干个小坑,按照 60～70 kg/hm²的用量将生石灰倒入小坑内加水兑浆后,立即向全池均匀泼洒。为了提高清塘效果,次日可用铁耙将池底耙动一遍,使生石灰与底泥充分混合。生石灰清塘经济实用、方法简单、清塘效果最好,是目前最常用的清塘方法。

漂白粉清塘,药性消失快,对急于使用的鱼苗池更为适宜。漂白粉清塘时同样要先将池水排至 5～10 cm,按照 100 kg/hm² 左右用量将漂白粉在瓷盆内用清水溶解后,立即全池泼洒。

3)培养天然开口饵料

鱼苗下池时能吃到适口的食物是鱼苗培育的关键技术之一,也是提高鱼苗成活率的重要环节。主要养殖鱼类鱼苗的天然开口饵料有轮虫和类似轮虫大小的其他原生动物。

鱼苗培育池清整、消毒以后,在鱼苗下池前 7 天左右注水 50～60 cm,并立即向池中施放绿肥或粪肥(畜粪、禽粪等)150～300 kg/hm²,或施微生物菌肥 20～30 kg/hm²(或依说明书施用),以繁殖适量的天然饵料,俗称"肥水下塘"。在水温 25～0 左右时,施肥后 5 天左右轮虫会大量出现,逐渐达到繁殖的高峰期,如果此时投入鱼苗,鱼苗就可摄取丰富、可口的活饵料,生长快,成活率高。

为了促进轮虫繁殖生长,鱼苗下塘前,以拉空网的方式翻动底泥,使沉入泥中的轮虫冬卵翻起、孵化、生长而增加其数量。如果水质变瘦,应适当追肥,以补充水中有机质和营养盐类,保持一定数量的轮虫和藻类,为鱼苗提供充足的天然饵料。

4)放苗前准备工作

放苗前 1～3 天要对鱼苗培育池水质仔细检查。包括测试清塘药物的毒性是否消失,方法是取池塘底层水用几尾鱼苗试养,观察 24 h 左右,若鱼苗生活正常,可以放苗;检查鱼苗培育池中有无有害生物,方法是用鱼苗网在塘内拖几次,俗称"拉空网"。若发现大量丝状绿藻,应用硫酸铜杀灭,并适当施肥,如有其他有害生物也要及时清除;观察池水水色,一般以黄绿色、淡黄色、灰白色(主要是轮虫)为好,池塘肥度以中等为好,透明度 20～30 cm,浮游植物生物量 20～50 mg/L。若池水中发现大量的大型枝角类,可用 0.2～0.5 mg/L 的晶体敌百虫全池泼洒,并适当施肥。

(2)鱼苗的饲养管理技术

1)精细喂养

根据不同发育阶段鱼苗对饵料的不同要求,可分为四个阶段进行强化培育。

①轮虫阶段。此阶段为鱼苗下塘 1~5 天。此期鱼苗主要以轮虫为食,为维持池内轮虫数量,鱼苗下塘开始,每天上午、中午、下午各泼洒豆浆 1 次,每次每公顷泼豆浆 15~17 kg。

②水蚤阶段。此阶段为鱼苗下塘后 6~10 天。此期鱼苗主要以水蚤等枝角类为食。每天需泼豆浆 2 次(上午 8:00~9:00,下午 1:00~2:00),每次每公顷豆浆量可增加到 30~40 kg。在此期间,追施一次腐熟粪肥,施肥量为 100~150 kg/hm²,以培养大型浮游动物。

③精料阶段。此阶段为鱼苗下塘后 11~15 天。此期水中大型浮游动物数量下降,不能满足鱼苗牛长需要,鱼苗的食性已发生明显转化,开始在池边浅水寻食。此时,应改投豆饼糊或磨细的酒糟等精饲料,每天每公顷投干豆饼 1.5~2.0 kg。这一阶段必须投喂数量充足的精饲料,以满足鱼苗生长的需要。

④锻炼阶段。此阶段为鱼苗下塘后 16~20 天。此期鱼苗已达到夏花规格,需拉网锻炼,以适应高温季节出塘分养的需要。此时豆饼糊的数量需进一步增加,每天每公顷投干豆饼 2.5~3.0 kg。此外,池水也应加到最高水位。

2)日常管理

鱼苗入池后,首先观察其活动状态是否正常。凡正常的鱼苗应立刻向四周游动散开,1 h 内在鱼池边的水下可观察到鱼苗有规律地游动并开始摄食。

①分期注水。鱼苗饲养过程中分期注水是加速鱼苗生长和提高鱼苗成活率的有效措施。在鱼苗入池时,池塘水深 50~60 cm;然后每隔 3~5 天加水 1 次,每次注水 10~20 cm,培育期间共加水 3~4 次,最后加至最高水位。注水时须在注水口用密网过滤,防止野杂鱼和其他敌害生物进入鱼池,同时避免水流直接冲入池底把水搅浑,具体注水时间和注水量要根据池水肥度和天气情况灵活掌握。分期注水可使水温提高快,促进鱼苗生长,又可节约饵料和肥料,同时容易掌握和控制水质。

②巡塘。每天早晨和下午各巡塘 1 次,早晨巡塘要特别注意观察鱼苗有无浮头现象,如有浮头应立即注入新水或采取其他措施。要在早晨日出前捞出蛙卵,否则日出后,蛙卵下沉不易发现。观察鱼苗活动、生长和摄食情况,以便及时调整投饵、施肥数量,随时消灭有害昆虫、害鸟、池边杂草等。及时发现和治疗鱼病,作好各种记录,以便不断总结经验。

③控制水质。池水呈绿色、黄绿色、褐色为好。透明度以 25~30 cm 为宜。

④鱼苗培育阶段病害的防治。鱼苗培育早期阶段的鱼病主要是气泡病,而敌害有以水蜈蚣为代表的水生昆虫,以水绵、水网藻为代表的藻类,甚至过多的大型浮游动物、水生草类和水边杂草也对下塘鱼苗构成危害。此外,野杂鱼类、虾类、螺类、蚌类、贝类、蝌蚪等都是鱼苗的敌害。到了培育后期,随着鱼体不断长大和食性转化,鱼病逐渐增多,如以车轮虫、斜管虫、鳃隐鞭虫等常见小型寄生虫引起的鱼病,以及白头白嘴病、白皮病等常见的细菌性鱼病。

2. 鱼种培育技术

(1)夏花鱼种放养前的准备工作

1)清塘、消毒

在夏花下塘培育前,对鱼池同样需要清塘消毒,彻底杀灭鱼种直接或间接的敌害和病原体。清塘、消毒的基本方法与鱼苗培育相同,只不过鱼种培育期间,水体较大,水温较高,清塘药物应适当增加。

2)进水、施肥

当清塘药物毒性消失后,同样需要施用有机肥,培植鱼种的天然饵料,即浮游植物、浮游动物和底栖生物,使夏花鱼种入池后就能吃到适口饵料。一般在夏花放养前 10 天左右,施粪肥 $200\sim400$ kg/hm^2,也可以添施少量氮、磷等无机肥料,如施氨水 $75\sim150$ kg/hm^2 或硫酸铵 $37.5\sim75$ kg/hm^2,过磷酸钙 $15\sim22.5$ kg/hm^2。

(2)夏花放养

1)放养密度

夏花放养密度需根据养殖目标、池塘条件、饲料情况和技术水平等多方面因素决定。如鱼种外销,为了提高运输成活率,培养鱼种的规格宜小些,因此放养密度可大些;如鱼种是就近放养,一般要求个体较大的鱼种,夏花放养的密度就须小些。如需获得尾重 50 g 左右的鱼种,则投放夏花 15 万尾/hm^2 左右;要求获得尾重 $50\sim100$ g 的鱼种,投放夏花 7.5 万~12 万尾/hm^2;要求获得尾重 $250\sim500$ g 的大鱼种,则投放尾重 $50\sim100$ g 的一龄鱼种 4.5 万尾/hm^2 左右,即培育二龄鱼种;要求获得 $8\sim10$ cm/尾的小鱼种,则投放夏花 22.5 万尾/hm^2 左右。

同样的出塘规格,鲢鱼、鳙鱼的放养量可较草鱼、青鱼大些,鲢鱼可较鳙鱼大些。池塘面积大,水较深,可适当增加放养量。

2)混养

主要养殖鱼类在鱼种培育阶段,各种鱼的活动水层、食性和生活习性已明显分化。因此可以进行适当的搭配混养,以充分利用池塘水层和天然饵料资源,发挥池塘的生产潜力。同时,混养还为密养创造了条件,在混养的基础上,可以加大池塘的放养密度,提高单位面积鱼产量。混养还能做到不同鱼类之间的彼此互利,如草鱼与鲢鱼或鳙鱼混养,草鱼的粪便及残饵分解后使水质变肥,繁殖浮游生物可供鲢鱼、鳙鱼摄食,鲢鱼、鳙鱼吃掉部分浮游生物,又可使水质不致变得过肥,从而有利于喜在较清水中生活的草鱼的生长。

9.2　甲壳类动物增养殖技术

9.2.1　中国明对虾的养成技术

1. 养成方式

中国明对虾的养成方式可分为粗养、半精养、精养等数种。粗养方式的养殖池塘面积较大,或直接利用天然港汊等进行养殖,通常利用潮汐纳水,大多使用天然苗,放苗密度低,不投饵,产量也较低;半精养方式的池塘面积为 $0.7\sim3.3$ hm^2,靠潮汐纳水或机械提水,可以人工换水,使用天然饵料及人工补充投饵;精养方式的面积较小,完全依靠机械提水,使用增氧机,换水量大,完全投喂人工饲料。

2. 养成场建造要求

池塘养殖是中国明对虾养殖的主要方式。池塘一般建在潮间带或潮上带,没有污染的河口、内湾等地,多具有进、排水闸门,依靠潮汐纳水或机械提水。养成场要有独立的进排水系统,配备增氧机等设施,最好有淡水水源,以便用来调节盐度。养虾池的面积一般在 $0.7\sim$ $3.3~hm^2$,深度为 $2.0\sim2.5~m$。

3. 清池与消毒技术

该项工作是指清除虾池内一切不利于对虾生存和生长的因素,包括沉积有机物的清淤,敌害与竞争生物的清除以及致病微生物的消毒。清池与消毒是养好对虾的前提,关系到养虾的成败。

(1)池塘的处理

中国明对虾为底栖生物,因此,池塘底质状况直接影响中国明对虾的生存与生长。在不良底质上中国明对虾轻则生长不良,重则健康状况不佳,甚至暴发疾病,以致死亡。池塘经使用几年后往往在池底积累大量的排泄物、残饵、生物尸体等有机沉积物,这些有机物会在缺氧条件下分解生成有毒或有害物质。因此,池塘在进行养殖之前必须进行彻底处理。池塘底质的处理方法主要包括曝晒、清淤、生石灰消毒等。

(2)清除敌害生物

池塘中存在多种生物种类及群落,其中有些生物对于中国明对虾的生存与生长不利,应尽可能去除。常见的敌害生物有以下几类。

①敌害生物,是指直接以养殖中国明对虾为捕食对象的生物种类,如鲈鱼、鰕虎鱼等捕食性鱼类应彻底除尽。

②竞争生物,此类生物一般不直接捕食养殖的中国明对虾,但在饲料、空间上与养殖种类有竞争,它们的存在往往使养殖饲料消耗加大,环境负担大,同样不利于中国明对虾的生长。如滩涂鱼、缟鰕虎鱼、鲻鰕虎鱼等小型鱼类,除捕食虾苗外,主要是争夺饵料;梭鱼、鲻鱼、斑鲦不捕食对虾和虾苗,但争夺饵料。

③致病生物,池塘中许多原生动物及微生物可使养殖中国明对虾患病,应控制其数量。

(3)清除方法

虾池进水时要使用 $40\sim60$ 目筛绢网过滤,防止各种敌害鱼类的卵和幼体进入池塘。池塘中的害鱼可用茶籽饼等杀除。茶籽饼清池用量为 $10\sim20~mg/L$。其他清池药物还有鱼藤精、五氯酚钠、生石灰、漂白粉、氨水等。

池塘中其他有害甲壳动物可使用农用杀虫剂杀灭,待药物毒性彻底消失以后可以放养中国明对虾。

(4)杂藻的清除

虾池中的藻类对维持及改善池塘环境有重要意义,但刚毛藻、浒苔、沟草等杂藻在池塘中繁殖力极强,占据水体,使池水变清,影响浮游藻类生长,同时杂藻老化衰败后大量死亡,能引起虾池水质败坏,必须清除。杂藻的清除可以人工清除,也可使用除草剂杀灭,如 $1\sim2~mg/L$ 的除草醚杀除。

4. 培养饵料生物

培养饵料生物的主要内容是繁殖藻类,包括浮游藻类及底栖藻类。其过程主要包括进水和施肥。

5. 养成期间管理技术

(1)生物环境监测

对于池塘中敌害生物、竞争生物、病原生物以及影响池塘水质变化的浮游生物等进行定期监测,掌握动态数据,对于了解池塘生态变化规律、有针对性地进行有效调控是十分重要的。在养殖中国明对虾过程中,生物环境监测内容包括对虾存池数量估计、生长测量、摄食检查、疾病状况检查等方面。

(2)养殖期间水质与底质管理技术

1)水质管理

换水可以将池塘中老化的池水排出、更新,是改善水质最经济有效的手段。但是由于近海水域水质条件恶化,海水质量下降,甚至时有赤潮发生,疾病流行期海水中病原数量增加,换水带来的环境变化对体弱个体刺激过强,导致中国明对虾生长缓慢甚至死亡,因此应根据池塘与海域水质状况选择最佳的换水时机。当近海水质条件良好,且与池塘水质相差不大;海水中病原数量不高于正常指标,无赤潮生物,非病毒病流行;池塘水质恶化严重,浮游动物过量繁殖,透明度过低或过高;池塘水质条件超标,如溶解氧低于 3 mg/L、氨氮含量超过 0.4 mg/L、pH值低于 7 或高于 9.6、底层水硫化氢超过 0.1 mg/L 等;池底污染严重,底泥黑化有硫化氢逸出;中国明对虾摄食量下降,池塘中生物出现浮头等情况下,应适当进行换水。

增氧是维持、改善池塘水质,提高池塘生产力的重要措施之一。充足的溶解氧除可供应养殖中国明对虾生命活动所需氧气外,更重要的是可以促进池塘内有机物的氧化分解,减少有害物质的积累,大大改善中国明对虾的栖息环境条件,增强中国明对虾体质与抗病能力。机械增氧主要是利用增氧机,根据池塘水质、底质条件,结合天气变化情况具体掌握开机时间。一般在晴天中午、午夜及黎明前、阴雨天、气压低、无风及出现浮头时开机。

2)底质管理

池塘底质条件对中国明对虾生存与生长至关重要,在不良底质中中国明对虾的摄食与栖息均会受到限制。在养殖过程中要加强管理,减少沉积物积累,如:精确投饵,避免残饵产生;强化增氧,减少有毒物质积累等;也可向池中施用池底改良剂改善池底环境,常见的池底改良剂有沸石粉、麦饭石、膨润土、过氧化氢等。

9.2.2 中华绒螯蟹的养殖技术

1. 蟹种养殖场地条件及养殖方式

由于中华绒螯蟹蟹种具有挖洞穴居、脱壳生长、杂食、自残等生活习性,所以在选择养殖场所时,必须考虑其习性特点,只有这样才能满足其生长变态的需要,才能达到预计的生产效果,做到稳产高产。

(1)养殖场地的选择

场地的选择必须经济,花钱少,造价低,易于管理,交通方便。如稻田、莆田、河沟、土池等;要求有充足的、无污染的纯淡水,如农田用水、江河水以及经过曝晒处理的地下水等,只要符合淡水养鱼所用水的标准即可;土质条件要求不软、不硬、保水性好、不漏水;长有一些水草或者便于移植来的水草繁殖生长的环境更好;同时为了便于收获蟹种,要求养殖场地的排注水要方便。

（2）养殖方式

蟹种的养殖方式有许多种,可以因地制宜进行选择,常见的有:稻田养殖、池塘养殖、苇塘养殖等。

1）稻田养殖

利用稻田养殖蟹种,就是在稻田中搞一些简单的田间工程、防逃设施,稻蟹共生,水稻可为蟹种生长、脱壳提供优良的生态环境,而蟹种不断地摄食稻田中的杂草、昆虫,可减少水稻发生病虫害,同时它的排泄物又可以增加土壤的肥力,这种养殖方式对蟹种和水稻都有好处,技术要求不高,简便易行,深受广大农民的欢迎。我国南方的一些省份早在20世纪60年代就已经开始,很快在全国被广泛推广,稻田养殖蟹种已经成为我国南、北方地区中华绒螯蟹养殖的主要方式。

2）池塘养殖

是指利用靠近水源的低洼地或者废弃的养鱼池,经过修整、清淤,再建一些养殖工程、防逃设施,就可以用来养殖蟹种。

3）苇塘养殖

苇塘经过整修之后完全可以进行蟹种养殖,此种养殖方式与池塘养殖基本相似。但是因芦苇是自然生长的,而且长得很茂密,为了达到透光、通风、日常管理方便的目的,一定要在苇塘中多挖一些相互连通的沟。

2. 蟹种养殖管理技术

蟹种养殖管理工作主要是指放苗前的准备工作、饲养管理工作和收获三部分内容。下面主要以稻田养殖为例,来讲述蟹种养殖期间的管理技术。

（1）准备工作

1）暂养池的准备

根据总养殖面积选择好暂养池,暂养池面积一般在 $0.1\sim0.2$ hm²。池坝坡度比为 1:(2~3),尽可能加宽、加高,并且一定要修平、夯实;要独立设置进、排水系统,进排水管最好对角设置,而且水管的周围一定要夯实,管口要有过滤网袋,最初时网眼要密一些,防止青蛙卵、野杂鱼卵等敌害进入稻田,以及大眼幼体逆水跑掉,以后随着幼蟹的生长,可以适当地更换网眼大一些的过滤网。暂养池要有蟹田工程,即在稻田内挖环沟和田间沟,沟面积占稻田总面积的 $10\%\sim20\%$,环沟应距离田埂 1 m 远处开挖,沟的上口宽 1.0 m 左右,下口宽 $0.3\sim0.5$ m,沟深 0.5 m 左右。若暂养池的面积较大,最好在稻田内再挖一些"一"字形或"十"字形的田间沟,其规格与环沟基本相似。建蟹田工程的同时要把防逃设施准备好。防逃设施一般用光滑的塑料板和塑料薄膜作成,建在池埂的中部,高度 $40\sim50$ cm,拐角处成弧形,防逃蟹膜要绷紧。最后就要进水消毒,暂养池在放前 $15\sim20$ 天要用漂白粉或生石灰进行消毒,一般田面进水 10 cm,用漂白粉 $45\sim75$ kg/hm² 或用生石灰 $750\sim1500$ kg/hm²,使用时要把漂白粉或生石灰兑水化成浆全池均匀泼洒即可。对于池中的青蛙、田鼠、蛇等敌害也要采取办法彻底清除干净。$2\sim3$ 天以后,进行插秧并可以适量地使用一些发酵的有机肥或尿素等无机肥肥水,准备投放大眼幼体的前 10 天,就不要再向稻田施肥了,以免对大眼幼体造成毒害。另外,最好向环沟里移栽一些水葫芦、浮萍或其他水杂草,既为幼蟹提供了饵料,又能遮阴,有效地防止中午时池水水温升高。

2)大眼幼体的选购

蟹种养殖的成败,很大程度上取决于大眼幼体的质量,它关系到养殖户的经济效益及育苗厂家的生存和发展。在选购大眼幼体前 10 天左右,就要到育苗厂了解育苗情况,主要掌握亲蟹的来源、个体大小,幼体培育期间的水温、用药以及淡化时间等情况,特别是淡化期间温度和盐度的下降幅度。

(2)蟹种养殖技术

1)稻田的准备

准备暂养池的同时,就要有计划地修整好养殖蟹种的稻田。平整田埂,安装进排水管及滤水网袋,夯实进排水口,安装防逃设施,并且也要建好蟹田工程,具体方法同暂养池一样。最主要的是一定要提早使用稻田封地的农药,在放养幼蟹前 20 天之内不可以施用农药。另外,还要提前施肥插秧,确保稻田在放养幼蟹时药效、肥效彻底消失。

2)放苗时机

经过 20 天左右的集中暂养,此时幼蟹已经蜕壳 4～5 次,规格达到 4000 只/kg 左右时。就要适时地把幼蟹放入稻田中养殖,否则,将严重影响大眼幼体暂养的成活率。这时稻田中正常使用的化肥已经基本用完,放苗前要把稻田中的水全部排干,然后用新鲜的淡水冲洗 1～2 遍,最后注入新水放苗。

3)放养密度

正常养殖管理情况下,幼蟹放养密度的大小将决定蟹种的规格和产量。如果计划当年收获蟹种的规格在 100～150 只/kg,每亩稻田可放养规格为 4000 只/kg 的幼蟹 20000 只左右;如果计划蟹种的规格在 200～300 只/kg,每亩稻田可放养规格为 4000 只/kg 的幼蟹 30000 只左右。总之,在正常养殖管理条件下,随着放养密度的增大,蟹种的规格将会减小。

4)日常管理

稻田养殖蟹种的过程中,暂养以后大面积放养期间的日常管理工作是一个重要环节,做好这期间的各项饲养管理工作,是获得稻蟹双丰收的根本保证。

3. 成蟹养殖技术

稻田或池塘经过 5～7 天的消毒之后,可将池水排干,重新进水后插秧或移栽水草,准备放养蟹种。

(1)放养密度

利用稻田养殖成蟹,放养密度一般为 5000～8000 只/hm²;池塘养殖成蟹放养密度为 7000～15000 只/hm²。在相同条件下,放养密度越大,越要加强养殖期间的投饵、换水等管理工作,否则,商品蟹的规格小,售价低,影响经济效益。

(2)日常管理

①投饵。成蟹的饵料非常丰富,如植物性的有豆粕、高粱、玉米、麸皮、马铃薯、山芋等;动物性的有各种杂鱼、螺、动物内脏等,以及全价配合饲料。

②换水。养殖期间蟹池水质好坏很重要,严重影响蟹种的摄食、蜕壳和生长。一般要求保持水质清新,溶氧充足,至少在 5 mg/L 以上,而且水质不能过肥,透明度在 50 cm 左右。要保持池塘有好的水质,主要措施是定期换水,在养殖前期可每隔 7～10 天换水一次;在养殖中后期,由于蟹种个体变大,正处于盛夏高温季节和性成熟前的摄食高峰期,新陈代谢比较旺盛,摄食量和排泄量增大,耗氧量增高,所以水质容易恶化,不仅影响蟹种的摄食生长,而且严重时将导致蟹种死亡,更要加大换水量,有条件的地区最好每隔 2～3 天换水一次。每次换 1/3～1/2,先排后加。另外,实践证明,在养殖期间定期施用生石灰有利于改善水质,还可以补充钙质,有利于蟹种的蜕壳,一般每 15～20 天泼洒一次,浓度为 200～300 kg/hm²,保持池水的 pH 值为 7.5～8.5。

③防逃。成蟹养殖与蟹种养殖一样,应注意检查田埂、池坝、防逃设施以及进排水口等,特别是在换水的时候以及下雨时,更要仔细检查,发现跑蟹现象要及时处理,以免造成更大的损失。

④巡池。每天坚持巡池同样也是成蟹养殖日常管理工作中的一项重要内容,尤其是早、晚时间、换水以及阴雨天,更要仔细检查。主要观察水质有无变化,蟹种生长发育是否正常,防逃设施、池坝有无漏洞以及蟹种的摄食情况等。

⑤保持一定的水草。水草对于改善和稳定水质有积极作用。如水葫芦、水浮莲、水花生等,既能为蟹种提供食物来源,又能为蟹种提供栖息的场所。软壳蟹躲在草丛中可免遭伤害,在夏季成片的水草可起到遮阴降温作用。

(3)起捕

在北方经过 6 个月左右时间的养殖,蟹种已经长成成蟹。一般在阴历八月十五前后,便可以捕捉出售或暂养,等到价格适宜时再出售。起捕的方法有:人工捕捉、灯光诱捕、用网拦截等。起捕成蟹一般都在晚上进行。

9.3 经济贝类增养殖技术

9.3.1 附着型贝类养殖技术

1. 浅海浮筏式养殖

浅海浮筏式养殖是北方沿海养殖附着型贝类的主要形式。

(1)笼养

该法主要用于扇贝、珠母贝的养殖。利用聚乙烯网衣及塑料盘制成的数层(一般 5～10 层)圆柱网笼,层间距 20～25 cm,一般每层放养栉孔 L 扇贝或合蒲珠母贝 20～30 个,虾夷扇贝每层 10～20 个,海湾扇贝每层 20～30 个。

(2)串耳吊养

主要用于扇贝、珠母贝的养殖。把壳高 3 cm 左右扇贝的前耳钻 2 mm 的孔,用直径 0.7～0.8 mm 的尼龙绳串起来,系于直径 2～3 cm 的棕绳或直径 0.6～1.0 cm 的聚乙烯主干绳上吊养。每小串可挂几个至 10 余个扇贝,每一主干绳可挂 20～30 串,每公顷可垂挂 7 500 绳左右。也可将幼贝串成一列,缠绕在附着绳上,缠绕时幼贝的足丝孔都要朝着附着绳的方向,以利于扇贝附着生活。附着绳长 1.5～2 m,每 1 延长米吊养 80～100 个。

(3)绳养

此法主要用于贻贝的养成。采用包苗、缠绳、拼绳夹苗、问苗和流水附苗等方法,将贝类附着在养成绳上进行养成。

2. 贝藻套养或轮养

为了充分利用浮筏及养殖水体空间,可以贝藻套养或轮养。

(1)贝藻套养

即在同一养殖筏区,同时养殖贝类和海藻。一般平养海藻,吊养贝类。如平养裙带菜,吊养扇贝或珠母贝等。

(2)贝藻轮养

是指养殖一季贝类,再养殖一季海藻。如秋冬季养殖海带或裙带菜,待海带或裙带菜收获后再养殖扇贝或珠母贝等贝类。

浅海浮筏式养殖,养成期间的主要管理工作包括调节水层、稀疏密度、洗刷及更换网笼等。养殖期间注意防风、防冰、防暑、防脱、防害等。

3. 贝、虾池塘混养

在对虾养殖池中混养一定数量的海湾扇贝等,不仅可以净化虾池的水质,而且有利于虾池中浮游生物转化成扇贝蛋白。一般每公顷放养 7.5 万～15 万个海湾扇贝,底质要求硬泥沙质,底播面积约 1/3。在 10 月份收虾时,扇贝平均壳高能达到 5 cm 以上,达到商品规格。

9.3.2　匍匐型贝类养殖技术

目前匍匐型贝类的养殖对象主要是鲍。

1. 工厂化养殖

(1)主要设施

①养殖池。一般是水泥池或玻璃钢池,长 8～9 m,宽 0.8～0.9 m,深 0.4～0.5 m,有效面积 7～9 m²。一端设进水管,另一端设溢水管。

②饲养网箱。长 70～80 cm,宽 80～90 cm,高 30 cm,有效面积一般 0.6～0.7 m²。中间育成箱是 14 目筛绢网,工厂化养成箱是用 1 cm 网孔的聚乙烯挤塑网做成。

③波纹板。为黑色玻璃钢或塑料板,中间育成期间的波纹板较小,养成期间的波纹板较大,每箱各放 2 块板。

(2)养殖方法

工厂化养鲍和中间育成均采用网箱平面流水饲养法,每池放置网箱 10 只。放养壳长 1.3～2.5 cm 幼鲍的密度大约为 600 只/箱;放养壳长 2.5～4 cm 幼鲍的密度大约为 200～250 只/箱;放养壳长 4～6 cm 幼鲍的密度大约为 150 只/箱。

（3）养殖管理

①日流水量。主要根据水温的高低、鲍的大小和放养密度进行调整。日流水量在升温越冬期为 8～12 倍，在常温期则为 10～16 倍。

②投饵。饲料种类分为鲜海藻和人工合成饲料两种。两种饲料可混合使用。体长 2 cm 以下的幼鲍，全部投喂人工合成饲料；2 cm 以上幼鲍，12 月份至翌年 8 月份以投喂海带、裙带菜等海藻为主，9～11 月份以投喂人工合成饲料为主。

投喂人工合成饲料时，壳长 1.5～7.0 cm 的鲍，日投饵量占鲍体重的 2％～5％。在越冬低温期，每 2 天投喂 1 次，清理 1 次残饵；18℃ 以上时，每天投喂 1 次，清理 1 次残饵；投饵时间一般在下午 4:00～6:00，次日早晨 7:00～8:00 清理残饵。

新鲜海藻的日投喂量按实际摄食量的 2 倍计算。投喂时将海带、裙带菜去根洗净，切成小段。若水温在 20℃ 以下，每 4 天投 1 次，上午清理残饵，下午投喂新饵；20℃ 以上的高温期，每 2 天投 1 次，清理残饵要彻底。

2. 筏式养殖

（1）养殖方式

①硬质挤塑圆筒养殖。用长 60 cm，直径 25 cm 的硬质挤塑筒，每筒放养规格为 1～1.5 cm 的幼鲍 180～200 个；规格为 3～5 cm 的 80 个。每 6 个圆筒为一组，吊挂在浮筏上。

②多层圆柱形网笼养殖。每层网笼放养规格为 1.5 cm 左右的幼鲍 22～30 个；规格为 3～5 cm 的鲍 8～10 个，共 10 层，每台筏子挂 80 吊左右。也可以用扇贝养成网笼代替多层圆柱网笼进行筏式养殖。

（2）养殖期间管理技术

海上养成期间要定时投饵，饲料种类主要有裙带菜、海带、石莼、马尾藻、鼠尾藻等。一般情况下，每 7 天投饵 1 次。并注意及时清除粪便、杂质和残饵。此外，要适时疏散密度，调节水层，经常检查浮筏是否安全。

3. 海底沉箱养殖

沉箱是由钢筋做成的(1～2)m×(1～2)m×0.8 m 的框架，外围网片，内装石块或水泥制件供鲍附着，中央留有 50 cm×50 cm 的投饵场，方便鲍摄食，也便于人工投饵和清除残饵。箱内投放鲍 1000 只左右。沉箱置于低潮线下岩礁处，一般大潮退潮后可保持水深 50～60 cm。每次大潮后投饵 1 次，每次投饵量为鲍体重的 10％～30％左右。

9.3.3 固着型贝类养殖技术

固着型的贝类代表种类是牡蛎，主要有下列养殖方式。

1. 筏式养殖

选择潮流畅通、饵料丰富、风浪平静、水深在 4 m 以上的海区可作为牡蛎筏式养殖场地。近江牡蛎应选择盐度较低的河口附近，大连湾牡蛎应选择远离河口、盐度较高的海区，太平洋牡蛎和褶牡蛎介于两者之间。

(1)吊绳养殖

适合以贝壳作固着基的牡蛎养殖,其养殖方式有两种:一是将固着蛎苗的贝壳用绳索串成串,中间以 10 cm 左右的竹管隔开,吊养于筏架上;二是将固着有蛎苗的贝壳夹在直径 3.0～3.5 cm 聚乙烯绳的拧缝中,每隔 10 cm 左右夹一壳,吊挂于浮筏上,一般每绳长 2～3 m。

(2)网笼养殖

将无固着基的蛎苗或固着在贝壳上的蛎苗连同贝壳一起装入扇贝网笼中,在浮梗上吊养。

筏式养殖一般放养蛎苗 150 万/hm²,以贝壳作采苗器,每公顷可吊养 15 万壳左右。蛎苗从 5～6 月份开始放养,至年底收获,1 hm² 产量可达 75 t 以上。

2. 滩涂播养

滩涂播养应选择风浪小,潮流畅通的内湾,底质以沙泥滩或泥沙滩为宜。潮区应选择在中潮区下部和低潮区附近。一般在 3 月中旬至 4 月中旬播苗较为适宜,生产上最迟在 5 月中旬播苗,播苗方法有以下 2 种。

(1)干潮播苗

就是在退潮后播苗。播苗前应将滩面整平,播苗时可用木簸箕或铁簸箕盛苗,平缓拖动,使蛎苗均匀播下。有条件的海区可以筑成畦形基地再播苗。播苗后即开始涨潮,以缩短蛎苗露空时间,避免中午日光曝晒时播苗。

(2)带水播苗

就是涨潮后乘船播苗。播苗前将滩面划成条状,插上竹、木杆等标志,待涨潮后在船上用锹将蛎苗撒下。带水播苗由于不能直接观察到蛎苗的分布情况,往往播苗不均匀。

播苗密度应根据滩质好坏、水的肥瘦而定。优等滩涂每公顷可播苗 180 万粒左右;中等滩涂每公顷可播苗 150 万粒左右,一般较差的滩涂每公顷可播苗 120 万粒左右。

3. 投石养殖

适宜牡蛎生长的海区,一般可作牡蛎的养成场。用作牡蛎采苗器的石块,此时成为牡蛎的养成器材。生长期较短的褶牡蛎可在采苗场就地分散养成;生长期较长的近江牡蛎、大连湾牡蛎等要移到养成场养成。养成方式主要有满天星式、梅花式和行列式 3 种。

①满天星式。蛎石杂乱无章地放置。

②梅花式。一般为 5～6 块蛎石为一组。

③行列式。排宽 0.5～1.0 m,排间距 0.6～1.5 m。

4. 插竹养殖

利用插竹采苗的方法,将采到的蛎苗就地稀疏养殖。养殖时,蛎竹的排列方式有 2 种。

(1)直插

用 150～179 支蛎竹直插成排,排长 3～5 m;或者用 100～120 支蛎竹插成排,排中间留有 2～3 个空挡,以保持水流畅通。

(2)斜插

用 23～26 支蛎竹插成一堆,堆底宽 45～60 cm,顶宽 33～36 cm,堆和堆之间相距 20～

25 cm。由 5～6 堆组成一排,排与排之间相距 2.5 m 左右。每公顷可插 30 万～225 万支蛎竹。

5. 立石养殖

利用立石采苗法在中潮区采苗后,只要苗量合适,可以任其自然生长,不需任何管理,直到收获。此方法主要用于褶牡蛎的养殖。

上述养殖方式中,在养殖期间要进行翻石(移石)、防洪、除害、防风等管理工作,以提高牡蛎生长速度和成活率。

9.3.4 埋栖型贝类养殖技术

1. 埋田养殖

此种形式主要适合缢蛏、泥螺、蛤仔等贝类的养殖生产。

埋田建筑方法应根据地势和底质情况而定。软泥和泥沙底质的滩涂,一般风浪较小,在埋田的四周筑矮堤,堤高 35 cm。风浪较大的地方,堤可适当增高。在堤的内侧开沟排水。为方便生产操作,可把整片埋田分为小畦,畦的宽度 3～7 m,畦与畦之间设小沟排水或做人行通道。河口地带沙质埋地,因易受洪水和风浪的冲击而引起泥沙覆盖,可用芒草筑堤,以减少潮流、风浪对堤的冲击。

在放苗前要进行整埋,包括翻土、耙土、平埋三项内容。翻、耙、平的次数依底质软硬程度而定,硬底质需增加整埋的次数。翻土是用锄头把埋地底层泥土翻起 20～30 cm;耙土是用"四齿耙"将翻出的土捣碎;平埋是用木板压平埋面,由埋面两边往中央压成公路形,确保埋面不积水。

播苗量根据埋地土质软硬程度、贝苗大小和潮区高低而定。沙底埋播苗量比软泥埋多50%,低潮区比高潮区适当增加播苗量。播苗后,经常检查埋田,定期疏通水沟,及时补苗。注意预防自然灾害。

2. 池塘蓄水养殖

建在内湾高、中潮区的半蓄水式池塘,涨潮时潮水漫池,退潮后根据需要池内保留一定数量的海水。我国浙江蚶塘养殖就是这种类型。

池塘一般应建在高潮区下部为宜,潮区过低,受风浪冲刷时间长,堤坝易被冲毁,潮区过高进水机会少,对泥蚶生长不利。池塘的底质应选择不渗水的泥质海区。池塘的结构包括堤坝、缓冲沟、挡水坝(缓冲堤)、闸门及塘面。

堤坝的高矮应根据海况及使用目的及海区条件而定。大型池塘和风浪较大的海区,堤坝应高宽而坚固。缓冲沟又称沉淀沟,是在坝内环绕塘面的水沟,它可引导潮水平顺地进入滩面,防止潮水冲坏塘面。挡水坝是修在闸门内侧的一条土堤,作用是防止潮水直接冲向塘面。

3. 围网养殖

文蛤有随潮流移动的习性,应在养成场潮位低的一边设置拦网。拦网有两种。一种是采用双层网拦阻,内网主要防止文蛤逃逸,网目较小,约 1.5 cm,下缘埋入砂中,拦网高出砂面 0.7 m;外层主要防止敌害侵入,其高度在满潮水位以上,网目较大,约 5 cm;拦网一般用竹桩固定。另一种只设一层拦网,拦网高度为 65～100 cm,网目 2.0～2.5 cm,将拦网一部分埋入沙中,另一部分露出滩面,并用竹竿或木桩撑起。

9.4　饲料配方的设计与加工技术

9.4.1　配合饲料的种类与规格

1. 配合饲料概述

(1)配合饲料的科学性与先进性

各种动物(包括水产养殖动物)不仅对饲料营养的需求各异,而且摄食方式不同。配合饲料就是根据它们对各种营养物质的需要量和喜食的饲料形状与大小,采用多种饲料原料合理搭配成营养成分全面、比例适当的配方,并加工制成形状和大小都适合要求的多种多样的饲料产品。这样既满足了动物快速生长发育的需要,又提高了生产效率,降低了生产成本,因此,配合饲料不仅具有科学性,而且与单一饲料相比具有先进性。

(2)水产动物饲料的特点

水产养殖动物由于在水中生活、摄食,具有与陆生动物不同的营养生理与摄食方式等特点。因此,它们的配合饲料除具有动物配合饲料的共性(营养成分满足动物要求和符合安全卫生标准)外,尚具有其自身的特点。

水产养殖动物配合饲料的蛋白质含量(30%～50%)高于畜禽饲料(20%左右),是配合饲料的第一质量指标;糖类含量低于畜禽饲料;主要必需脂肪酸(n3 系列)区别于畜禽饲料(n6 系列)。水产养殖动物配合饲料的原料粒度(60 目筛上物<10%)细于畜禽饲料(16 目筛上物<20%);添加黏合剂,使饲料在水中稳定性强,而畜禽的配合饲料中无黏合剂;饲料的形状为不同规格的粒状(个别为粉状,如鳗鲡与中华鳖的饲料),而畜禽的饲料通常为粉状。

(3)发展概况

自 20 世纪 80 年代以来,随着水产动物养殖业的迅速发展及市场经济的驱动,水产动物饲料工业发展很快,在深入研究了主要养殖对象对各种营养需求的基础上,全国各地全面开展了虾蟹类、鱼类、中华鳖等的配合饲料配方研制工作。目前,市场上水产动物主要养殖对象的配合饲料产品种类齐全,较大型的养殖场则自行研制配合饲料并自给自足。

2. 配合饲料的种类与规格

(1)配合饲料的种类

水产动物配合饲料按其物理性状,可分为粉状饲料和颗粒状饲料两大类型。

1)粉状饲料

成品饲料呈细粉状,使用时加适量的水和油充分搅拌,形成具有较强黏性和弹性的饲料团。在水中不易溶散,适于鳗鲡、中华鳖摄食。

2)颗粒饲料

这类饲料呈不同大小和不同形状的颗粒,包括软颗粒、硬颗粒、膨化和微粒饲料等。

①软颗粒饲料。含水率为 $20\%\sim30\%$,颗粒密度为 $1\ g/cm^3$,在常温下成型,质地松软,在水中稳定性差,加工简便,成本低,适于所有吞食性鱼类,更适于肉食性鱼类的摄食。

②硬颗粒饲料。含水率为 $12\%\sim13\%$,颗粒密度为 $1.3\ g/cm^3$,采用硬颗粒机成型,结构细密,在水中稳定性好,适于鱼虾类摄食。

③膨化饲料。含水率为 6%,含淀粉多达 30% 以上。充分混合后的饲料采用蒸汽加水在膨化机内受压增温($120\sim180℃$),当被挤压出模孔时压力骤然下降,体积迅速膨胀呈发泡状颗粒。颗粒密度低于 $1\ g/cm^3$,在水中浮于水表,适于上层鱼类摄食。

④微粒饲料。又称微型饲料或人工浮游生物,颗粒小($\leqslant200\ \mu m$),可暂时浮于水层中,适于鱼虾贝类幼体摄食,也用于饲养滤食性鱼类,与浮游动物混合使用,饲养效果更好。微粒饲料按制备方法和性状的不同可分为微胶囊饲料、微黏饲料、微膜饲料等三种类型。微胶囊饲料又称微囊饵料。饲料原料(营养物质)被包在微囊中,在水中稳定性好。芯料为固体或液体全价营养活性物质,包料为尼龙蛋白、明胶、阿拉伯树胶、壳聚糖等成膜材料。微囊饲料采用化学法、物理化学法和物理机械法成型。微黏饲料是指配合饲料原料加黏合剂、干燥、粉碎、过筛制成的,在水中的稳定性靠黏合剂维持。微膜饲料是一种用被膜将微黏饲料包裹起来的饲料,在水中的稳定性较好。

(2)配合饲料的规格

颗粒饲料的适宜规格(粒径)取决于饲养对象的口径大小,因此,应根据鱼虾类的种类、发育阶段来制定。

9.4.2 配合饲料配方设计与加工工艺

1. 配合饲料配方设计

配合饲料配方设计是根据动物对各种营养物质的需求、饲料原料的营养成分含量与比例、原料资源的市场供求与实际价格等具体情况,科学合理地确定各种饲料原料的配比。按照一个好的饲料配方配制的饲料,不仅各种营养物质能够满足动物生长要求、能量转化效率高、生长速度快,而且单位动物产品的价格也低。

(1)饲料配方设计原则

设计水产养殖动物的饲料配方要综合考虑饲养动物的种类、发育阶段对各种营养物质的需要量,应该把动物对蛋白质与必需氨基酸的需求及其比例作为第一因素,然后再依次考虑能量需求、脂肪及必需脂肪酸、粗纤维与糖、维生素、矿物质、黏合剂及其他添加剂等。坚持饲料原料必须质量好、价格适宜的选用原则,选用新鲜、未发霉变质、营养成分含量较高、消化性与适口性好、有毒物质不超标且来源广、价格适宜的饲料原料。

任何一种饲料配方都不是一成不变的,应该根据用户饲养实践和饲料资源市场供求变化,以及不断出现的新的相关科研成果,及时对饲料配方进行修订与完善。

(2)动物饲养标准和配合饲料质量标准

1)动物饲养标准

动物饲养标准又称动物的营养需要量。世界各国都有自己的动物饲养标准,如 NRC(National Research Council)饲养标准是美国国家研究院的家畜营养委员会自 1945 年以来制定的动物饲养标准,每隔 5 年修订一次;ARC(Agriculture Research Council)饲养标准是英国农业研究院家畜营养委员会自 1960 年以来制定的动物饲养标准,日本和前苏联制定了国家级动物饲养标准。我国 1986 年和 1987 年先后发布了鸡、牛和瘦肉型猪的饲养标准,尚未有国家级水产动物的饲养标准。

2)配合饲料质量标准

配合饲料质量标准是配合饲料产品的具体质量标准,分国家级、地方(省、市)级、企业(厂)级等。配合饲料质量标准与饲养标准不同,指标的内容范围不仅包括营养标准,还要明确规定物理性状、加工质量及卫生质量要求;在指标数目上,只规定一些最重要的、容易测定的、便于加以客观检测的项目指标;各项指标均为保证值(最低值或最高值),而不是平均值;由于它是工业产品,具体指标项目与数值要综合考虑生产部门的设备、技术管理水平与市场饲料原料资源供应情况等。

配合饲料质量标准的具体指标包括:粗蛋白、粗脂肪、粗纤维、粗灰分、赖氨酸、含硫氨基酸(蛋氨酸和胱氨酸)、钙、磷、总能或消化能等主要营养成分的含量;粒径、色泽一致、表面光滑度、无霉变、无污染、无异味等感官指标;水分的高限值;原料粉碎粒度等加工质量指标。

(3)配合饲料配方设计基本程序

配合饲料配方设计应遵循有规律的基本程序,以提高设计工作效率,避免或减少误差。

①确定饲料配方名称。首先应该根据饲养对象、发育阶段确定饲料配方名称。

②制定产品质量标准。根据饲养对象对各种营养物质的需要量和国家有关规定制定产品质量指标。

③提供饲料种类名称。提供各种饲料原料名称、质量规格、价格,在具体设计配方前,需明确可能提供的饲料种类名称,了解其营养成分、单价等具体情况。

④制定初步配方。以粗蛋白为基本指标,同时兼顾其他指标,编制提出初步配方比例。

⑤修订初步配方。运用计算机软件对初步配方各种指标、原料配比、单价进行计算核实并进行适当调整,继而提出正式配方设计方案。

⑥进行饲养试验。按照配方配制部分饲料,进行动物饲养试验研究,根据试验结果对配方提出综合分析报告,明确指出配方优缺点和提出改进的具体意见。

⑦确定正式配方。根据饲养试验报告,对配方进行修订,确定正式配方。

⑧配方的审批、编号、存档。正式配方和有关资料送交专业技术负责人审核批准并编号、存档,复印件交饲料加工厂进行生产。

⑨饲料产品的采样分析与保存。对每批饲料产品都应采样分析并依国家规定保存期进行留样保存,以备检验。

2. 配合饲料的加工工艺

(1)原料清理

利用筛选和磁选设备先后清除饲料原料中的石块、泥块、麻绳、麻袋片等大而长的杂物,以及铁钉、铁块等金属杂质。

（2）原料粉碎

饲料原料的粒度直接影响配合饲料的质量、消化利用率和在水中的稳定性。鱼虾类对饲料原料的粉碎程度要求较高,特别是配制鳗鲡、虾蟹和中华鳖的饲料原料的粒度要求更细。一般鱼用配合饲料原料的粒度要求全部通过 40 目,60 目筛上物<20%,对虾饲料原料的粒度要求全部通过 60 目筛,而线鳗料的粒度要求 80 目筛上物<2%。

（3）原料混合

按配方比例准确称好的各种饲料原料,移入混合机中进行均匀混合。原料混合均匀度是影响饲料质量的重要生产环节。影响混合均匀度的主要因素包括混合机性能、混合时间、微量成分(维生素、矿物质等)、是否制成预混料、操作技术与经验等。检验混合均匀度的方法包括甲基紫法和沉淀法。一般采用沉淀法测定混合均匀度,每批混合料随机采 10 个样品,每个样品 50 g,研碎置于 500 mL 梨形分液漏斗中,加入四氯化碳 100 mL,摇动 5 min,静置 10 min,沉淀物慢慢放入 100 mL 烧杯中,静置 5 min 后,将烧杯上清液倒回分液漏斗,继续摇动静置 5 min,再将残沉物放入烧杯中并静置 5 min,倒去上清液,再加入 25 mL 新鲜的四氯化碳,摇动静置 5 min,再倒去上清液。用电热吹风或电热板把烧杯中四氯化碳除净,移入 90℃ 烘箱中烘至恒重后称重。计算 10 个样品沉淀物的平均值(x)和标准差(s),然后求变异系数(s/x)。预混料变异系数要求≤5%,混合饲料的变异系数要求≤10%。

（4）饲料成型

粉状饲料、颗粒饲料(软、硬颗粒和膨化颗粒)的成型设备和方法各异。

1）软颗粒饲料成型技术要点

①软颗粒饲料机。有螺杆式、叶轮式和滚筒式 3 种,以螺杆式最普遍,使用灵活方便,价格便宜,适用于规模较小的基层养殖场,产量较低(100~680 kg/h)。

②加工技术要点。混合均匀的饲料加 40%~50%水并混匀,湿度控制在手捏成团、放手即散的程度,成形颗粒含水量 30%左右,颗粒直径为 1.5~8 mm(取决于筛板号)。干燥方法为风干、晒干。软颗粒饲料的加工机也可用绞肉机代替。

2）硬颗粒饲料成型技术要点

①硬颗粒机。硬颗粒饲料广泛用于水产动物养殖。硬颗粒机分为平模式和环模式,目前普遍使用环模式饲料机,它是靠一对挤压辊相对旋转把混匀物料从环形钢模的模孔中挤压出去,再被环模外的切刀切成颗粒状,颗粒紧密,质量好,产量高。

②加工技术要点。混合均匀的饲料在硬颗粒机中用水蒸气加水量至 5%~10%(气压 100~200 kPa),经 20 s 后饲料的含水量增至 13%~16%,在温度为 80~90℃条件下,从环模孔中挤出,颗粒密度为 0.7 g/cm³,再经冷干燥器冷却,料温速降至室温,含水量降为 13%以下,颗粒紧缩成型,便于保存。如果需要生产苗种用的碎粒饲料,将冷却颗粒饲料经过碎粒机,通过碎粒后经振动分级筛,筛出各种粒度的细颗粒饲料,筛出的粉末再返回成型机压粒。

3）膨化颗粒饲料成型技术要点

膨化颗粒饲料也是挤压成型,其设备与成型原理类似于硬颗粒饲料,成型中不加水而加高压水蒸气,并且机内温度更高(在通过喷嘴时温度达 120℃~180℃),压力更大,饲料被挤出后迅速降温减压而膨化成发泡颗粒。

9.5　水产动物常见病害防治技术

9.5.1　水产动物常见疾病的预防措施

1. 改善生态环境

(1)溶解气体的改善

1)溶氧状况的改善

适当扩大池塘面积,使池塘受风面增大,增加气—液接触面积,有利于空气中氧气进入水体。另外,面积增大有利于风力引起波浪和对水的涡动混合作用,以加速空气中氧的溶入,提高池塘溶氧量。养殖池塘池水不宜过深,防止下层缺氧。清除池底过多的含大量有机物的淤泥,合理施肥和投饵,不使池水因过多的有机物污染而耗氧。当池水含氧量过低时,及时向池中加注含氧量较高的河水、湖水等,或者利用增氧机增氧。增氧机增氧是目前精养鱼池改善溶氧条件,防止浮头的较好方法。最好采取增氧和搅水相结合的方法,在鱼即将浮头或浮头时开增氧机增氧,原理是利用搅水,充分曝气,增大水体与空气的接触面,促使空气中的氧溶入水体。平时在晴天中午开机搅水,造成池水垂直流转,把上层水中过饱和的氧送到下层,弥补下层氧债,不仅大大改善下层水中的溶氧条件,又使整个水体溶氧量增加,预防或减轻翌晨鱼类浮头。

2)其他溶解气体的改善

对碱度和硬度偏低的池水适当施用生石灰,以增加水中的钙离子和碳酸氢盐含量,提高水中 CO_2 的储量,增强调节游离 CO_2 和 pH 值的能力。游离 CO_2 含量过高,主要是由于水中有机物过多或池底含大量有机物的淤泥过多引起,因此须控制池塘不被有机物过度污染,施用的有机肥料不可过多,池底过多淤泥必须清除。池塘在缺氧条件下,含硫、氮有机物分解而产生 H_2S、NH_3,因此提高水中的含氧量,尽力避免底层水缺氧而发展成厌氧状态,是防止 H_2S、NH_3 产生的重要措施。在养殖生产中,开启增氧机,在增氧的同时利用其曝气作用可将 H_2S、NH_3 除去。对于 H_2S,还可使用氧化铁剂,使 H_2S 转化为硫化铁沉淀而消除其毒性。此外,必须避免含有大量硫酸盐的水进入池塘。

(2)合理施肥、投饵

一般天然水中的有机物质、生物量都不能满足池塘中养殖水产动物的需要,且池塘中溶氧来源80％以上都是依靠浮游植物光合作用方式获得。因此,为了提高鱼产量,就必须对池塘合理施肥、投饵,增加池塘中有机物质的含量,繁殖浮游生物,为水产动物提供必要的溶氧及饵料。

(3)底质的改善

与水接触的池塘土壤,从多方面影响水质,因此对池塘底质进行改良,对养鱼具有重要意义。池塘最好每年干池 1 次,排水后清除池底过多淤泥,并整修池岸堤埂。池塘一般保留20 cm 左右的淤泥层较为适宜。然后让池底接受充分的风吹日晒,或经过冬季的冰冻,可以杀死许多害虫和水产动物寄生虫;更重要的是可以提高池塘肥力,因为淤泥经过风吹、日晒和冰冻,变得比较干燥疏松,氧化还原电位也得到提高,加速淤泥中有机物质的分解,向池水中提供更多的营养盐类,改善溶氧状况和水质条件。池塘在使用前,要施用生石灰清塘。注水 10～20 cm,浸泡 10 天左右。一般用量为 $1000\sim1200$ kg/hm²,溶化成石灰水全池泼洒。可以杀灭潜藏和繁生于淤泥中的水产动物寄生虫、病原菌和有害昆虫及其幼虫等;同时可中和淤泥中各种有机酸,使池塘呈有利于水产动物生长的微碱性环境;水中钙离子浓度增加,pH 值升高,可使被淤泥吸收固定的营养盐交换释放,增加池水肥度;提高池水的碱度和硬度,增加水体缓冲能力。

如果池塘干池期较长,可把养鱼和农作物进行轮作。一方面能使淤泥更充分地干透,靠陆生作物生长的根部使土壤增加空气含量,有利于有机物的矿化分解,更好地改良底质;另一方面作物本身就有经济价值,生长的青绿作物又可作为池塘的优良绿肥。

养殖过程中适当使用益生菌,可通过生物间的竞争、拮抗作用抑制病原菌,改善底质环境条件。施加含铁的底质改良剂,也可以控制硫化氢的产生。

2. 控制和消灭病原体

(1)水源选择

水源条件的优劣,直接影响水产动物的养殖和养殖过程中病害的发生,因此,在建设养殖场时,首先应对水源进行周密的调查,选择水源充足、没有污染的地方,且水的理化指标应适宜于养殖的品种。养殖场在建设时,每个养殖池的进排水系统应完全独立,且进水孔应远离排水孔。当水源不足时,应建蓄水池。在封闭式和半封闭式工厂化养殖场,应有完善的水质净化和处理设备,对排出的水经过净化和消毒后,确保没有病原体时方可循环使用。

(2)彻底清塘

池塘使用前要用药物进行清池消毒,杀死致病菌、寄生虫等有害生物,改善池塘环境,保证水产动物的安全生长。清塘时,池塘可以进水 10～15 cm,然后全池泼洒生石灰、漂白粉、茶籽饼、鱼藤精、氨水、巴豆等。

(3)强化检疫及隔离

目前国际和国内各地区间水产动物的移植或交换日趋频繁,为防止病原体随水产动物的移植或交换而相互传播,必须对其进行严格的检疫。对养殖动物检疫,能了解病原体的种类、区系及其对养殖动物的危害、流行情况等,以便及时采取相应措施,杜绝病原体的传播和疾病的流行。水产养殖动物的苗种及成品的流动范围较为广泛,容易造成病原体的扩散和疾病的流行。因此,在养殖动物的输入和输出时应认真进行检疫。

在养殖场内部发生疾病时,首先采取隔离措施,控制好水源,对发病池或区域封闭,池内养殖动物不向其他池塘或区域转移,避免疾病的传播。发病池的所有使用工具应专用并及时消毒。病死动物的尸体应及时捞出,并对其进行销毁或深埋。发病池的进、排水都应及时消毒。

(4)消毒预防

1)苗种的消毒

即使是健康的苗种也多少带有病原体,如果对池塘消毒,而对所放养的苗种不进行消毒,就会把病原体带进鱼池,一旦条件适宜,便会大量繁殖而引起发病。因此,对苗种的消毒是很重要的。

2）食场消毒

食场内常有残余饲料,饲料腐败后,就为病原体的繁殖提供有利的条件,也会在鱼池中引起流行病。因此,对食场要定期进行消毒。

3. 增强机体抗病力

水产动物疾病控制的内因,是机体的免疫力和抵抗力,因此,可以采取一些增强水产动物机体抵抗力和免疫力的措施,预防疾病发生。

（1）免疫接种

由于鱼类物种的特殊性以及其生活、养殖环境的特点,其免疫接种技术有别于陆生动物。首先鱼类是水生变温动物,鱼类的免疫状态容易受到环境的变化而产生应激,各种应激将对鱼类的免疫水平产生不利的影响,因此,鱼类的免疫接种要十分注重避免对鱼类产生剧烈的应激。

鱼类具有独特的黏膜系统,最具代表性的就是鱼类的鳃和表皮黏膜。根据现代鱼类免疫研究结果证实,鱼类鳃、表皮黏膜和后肠黏膜具备摄取外源抗原物质的能力。就免疫接种的基本方法而言,鱼类的免疫接种方式可分为以下几种方法。

1）注射法

是将疫苗直接注射到受免动物的体内。对于陆生动物而言,注射法是最常用的免疫接种方法。注射法的优点在于抗原用量小,免疫接种剂量可靠、接种均匀度高,免疫应答效果好,但对鱼类来讲,注射法应激较大、可操作性差、费时、费力,尤其是在规模化养殖条件下注射法的实用性受到极大挑战。但注射法依然是使用较为普遍的方法之一,主要借助专业化设备和性能优良的连续注射器而实现大批量免疫接种。

2）浸浴法

是将疫苗配成适当浓度加到水体中,通过鳃和体表黏膜的吸收免疫鱼类。浸浴免疫的优点是方法简便、实用,应激轻微,免疫均匀度好,适用范围广;不足之处在于免疫应答效果不如注射法,产生的循环抗体水平较低,免疫效力维持时间短,抗原用量大。目前,已进入商品化生产的渔用疫苗大多采用浸泡接种的途径。浸泡法接种分高渗浸泡法和直接浸泡法两种。前者是先将受免动物放入高渗溶液中浸泡处理,然后再放入疫苗液中浸泡;后者是不经高渗处理,而直接将受免动物放入疫苗液中浸泡。

3）口服法

是将疫苗添加在饲料中,通过口服对鱼类进行免疫。口服免疫的优点是方便、实用,没有应激。不足之处在于免疫均匀度不好,免疫应答水平低,免疫效力维持时间短,对抗原要作特殊的处理,如抗原需要包被,以减少鱼类消化道中的酶对抗原产生降解。

（2）免疫激活剂

免疫激活剂是用于促进机体免疫应答反应的一类物质。可分为无机化合物和有机化合物,一般均为非生物制品,按其作用特点可分为两类:一类是疫苗应答的物质,增强疫苗的作用,延长免疫应答反应;另一类为非特异性的免疫激活剂,一般可通过注射、口服、浸浴等方法给予,激发鱼体的特异性和非特异性防御因子的活性,增强水产动物的抗感染能力。

免疫激活剂的种类较多,已证实对水产养殖动物具有免疫激活作用的种类主要有植物血凝素、葡萄糖、左旋咪唑、壳质素、维生素 C、生长激素和催乳素、FK-565[全称为庚基-D-谷氨酰－半－二氨基庚酰－丙氨酸,是乳酰四肽(EK-156)类似物,是一种从橄榄灰链霉素菌的培养液中分离出的多肽]、EF203(利用微生物对鸡蛋清发酵而获得的物质)、ETe(是海水被囊动物中分离出来的化合物)和 HDe(是一种水溶性糖蛋白组分)。免疫激活剂可激活水产动物的非特异性免疫机能。在水产动物疾病预防中,适当利用免疫激活剂,通过激活水产动物自身的非特异性免疫潜能,具有重要的现实意义。

(3)免疫佐剂

免疫佐剂是指单独使用时一般对动物没有免疫原性,与抗原物质合并使用时,能非特异性地增强抗原物质对动物体的免疫原性,增强机体的免疫应答,或者改变机体免疫应答类型的物质。用于生物制品的佐剂,在考虑其免疫效果时,还须考虑其对动物和人的安全性,通常有以下几个基本要求。无致癌性及辅助致癌性;无毒性,肌内或皮下注射均安全;化学纯;吸附力强;易于吸收;不含有与人体或动物体有交叉反应的抗原物质;不应引发超敏反应,不会与血清抗体结合形成有害的免疫复合物。此外,好的佐剂疫苗应该保存 1～2 年性状基本稳定,效力无明显改变,不出现任何能引起不良反应的物质。

9.5.2　水产动物常见病害的检查与诊断方法

1. 现场调查

(1)疾病异常现象

水产动物生病后,会出现各种异常现象和症状。通过对水产动物的活动状况、摄食情况、体色变化、病理症状以及死亡情况等进行观察、分析、判断,可初步确定引起疾病的原因。如缺氧时会引起浮头现象,且鱼类吻端水中延长;病原体感染或侵袭时,病体体色发黑,体表及病灶部位有充血、出血和发炎等症状,常出现摄食减少或停食、体质瘦弱、烦躁不安或游动失常的现象;水质恶化或工业废水和药物中毒时,鱼类出现跳跃和冲撞等兴奋现象,随后进入抑制状态,并在短时间内出现大量死亡,这种因中毒而引起的急性死亡,有明显的死亡高峰,其死亡个体体表干结,很少黏液,体色等与正常鱼差别不大,检查病鱼无明显的病灶;因机械损伤,伤口因水霉寄生,也能引起大量死亡,但死亡陆续出现,没有明显的死亡高峰,在水中观察鱼体,可见体表长有"白毛"。

(2)环境状况

水环境的变化与疾病的流行有很密切的关系。水源是否充足,水质是否受到污染或带有病原体,水的理化性质及生态条件是否符合水产动物生活和生长的需要等都是水产动物疾病发生的重要因素。在环境调查中要注重水源水质情况,如水温、溶氧、pH 值、氨氮、盐度、硬度、有机物含量、水生生物种类和数量、重金属盐类等。

(3)饲养管理状况

水产动物发病与否,与饲养管理水平的高低也有密切关系。施肥、投饵、放养密度、品种搭配、拉网操作和加水换水等环节是否科学,都与疾病的发生有密切的关系。如投喂大量没有经发酵腐熟的有机肥料,其分解时大量消耗水体溶氧,改变水体理化环境条件,产生大量有毒有害物质,使养殖动物因缺氧和中毒大量死亡,同时给病原生物的生长繁殖创造有利条件,引起疾病流行。

投喂变质饲料,易引起养殖动物中毒;投喂营养不平衡的饲料,会因营养不良产生萎瘪病、跑马病和弯体病;投喂含激素和脂肪超标的饲料,易导致养殖动物产生脂肪肝和肝中毒等。

养殖密度过高或品种搭配不合理,鱼类生存空间紧张,品种之间不能互利共生,水质恶化,也可导致疾病流行。

拉网操作不细心,机体受伤,创口霉菌寄生,影响水产动物生长,严重时造成死亡。

2. 病体检查与诊断

(1)目检

水产动物因受病原体的感染和侵袭会显现出一定的症状,且病原体种类不同,症状亦不同。通过观察水产动物疾病症状,据此来判断其疾病原因,是水产动物疾病诊断最常用的方法。病毒、细菌和小型原生动物引起的疾病,虽然肉眼看不清病原体,但受其感染和侵袭后,会显现出各自特有的症状。大型寄生虫如线虫、猫头鲺、虱、钩介幼虫和绦虫等,肉眼便能看清病原体。对鱼体进行目检的部位和顺序是体表、鳃和内脏。

(2)镜检

当发生肉眼不能正确诊断或症状不明显的鱼病,一般要用显微镜作进一步检查。显微镜检查一般是根据肉眼检查到的病变部位进行,检查部位和顺序同肉眼检查一致。

3. 病体分离鉴定

(1)病毒的分离鉴定

采用无菌操作取患病动物的肝、脾、肾等内脏器官,剪碎、研磨或捣碎后,按 1∶10 的比例与 Hank's 液或生理盐水或 pH 值为 7.2 的 PRS 液制成匀浆,加入青霉素和链霉素,每毫升含量为 800～1 000 IU,冻融 3 次,离心后取上清液,然后通过细菌滤器除菌,取上滤液接种于易感细胞或敏感动物,如果细胞出现病变效应或动物出现与自然发病时相同的症状,即可证明病毒分离成功。要鉴定为何种病毒,需做电镜观察或特定试验,鉴定其核酸类型和生物学特性,对常见病毒最好用血清学实验进行快速鉴定。

(2)病原菌的分离鉴定

将濒死动物在无菌环境下用无菌水洗净并用紫外线照射,彻底清除体表杂菌后,以无菌方法从病灶深层的器官或组织内部取样接种到适宜的培养基,经 28～30℃培养 24～48 h,取单个菌落纯化后用于致病性试验和细菌鉴定试验。通过致病性试验,接种动物如果出现与自然发病相似的症状,并且从人工感染发病的动物体上分离得到与接种菌相同的菌种,即可验证此菌种为该病的病原菌。再根据细菌形态特征和生理生化特性或血清学实验,对其进行鉴定。

4. 免疫诊断

用分离培养法诊断传染疾病需要进行各类烦琐的试验,往往需要 1 周或更长的时间。另外,有些水生动物的病毒和致病菌还难以甚至不能分离培养。因此必须借助于抗原—抗体反应的特异性所建立起来的免疫学方法。

免疫学检测主要是利用各种血清学反应对细菌、病毒引起的传染性疾病进行诊断,方法很多,如酶联免疫吸附试验、点酶法、荧光抗体法、葡萄球菌 A 蛋白协同凝集试验、葡萄球菌 A 蛋白的酶联染色法、聚合酶链反应、核酸杂交技术、中和反应、凝集反应、环状试验、琼脂扩散试验、免疫电泳、放射免疫、免疫铁蛋白、补体结合等。其中酶联免疫吸附试验已经制备出检测草鱼出血病、传染性胰腺坏死病、传染性造血组织坏死病的试剂盒;点酶法已经制备出检测嗜水气单胞菌"HEC"毒素的试剂盒。这些方法均有灵敏度高、特异性强、迅速方便、结果可长期保存等优点。

5. 分子生物学诊断技术

(1)核酸探针诊断技术

核酸探针诊断技术,是随着基因工程技术的发展而发展起来的第三代诊断技术。该技术利用核苷酸碱基序列互补的原理,以标记的已知核酸片段,通过核酸杂交,来监测和鉴定样品中的未知核酸。与传统的诊断方法相比,核酸探针技术具有快速、简便、敏感度高和特异性强的特点。

(2)聚合酶链反应

聚合酶链反应(PCR)技术是在引物指导下,依赖模板和 DNA 聚合酶的酶促反应,它类似于生物体内的 DNA 复制,通过反复的变性、复性和延伸,在较短的时间内,可使微量 DNA 片段的目的基因数量呈几何级数扩增。因此,在掌握了病毒的 DNA 序列后,可设计特异性较强的引物,以极低的浓度扩增出大量的基因片段,从而达到检测的目的。PCR 技术不仅可定性病毒,而且可以定量,从而为病毒的传播途径和流行病学的研究提供了可靠的技术支持。

(3)磁免疫 PCR 技术

磁免疫 PCR 技术(MIPA)综合了磁分离技术、免疫学技术和 PCR 技术,三者结合大大改善了诊断的速度。MIPA 技术避免了免疫方法采用单克隆抗体识别抗原的复杂操作,也克服了 DNA 杂交的长时间和假阳性以及操作设备要求高等缺点,因此,具有独特的优点。

(4)多重 PCR 技术

多重 PCR 又称多重引物 PCR 或复合 PCR,它是在同一 PCR 反应体系中加上两对以上引物,同时扩增出多个核酸片段的 PCR 反应。多重 PCR 技术主要应用于对多种病原微生物的同时检测或鉴定、病原微生物的变异及分型鉴定、检测。

9.5.3 渔用药物的使用方法

1. 渔用药物种类

(1)环境改良剂与消毒药物

环境改良剂是指为改善水产养殖生物的生活环境而使用的药剂。水产生物生活环境主要指对生物影响较大的水质环境和底质环境,因此习惯上对改善水质环境的药物称水质改良剂,对于改善底质环境的药物称为底质改良剂。

消毒是指清除或消灭外环境中的病原微生物及其他有害微生物。消毒是针对病原微生物和其他有害微生物的,并不要求清除或杀灭所有微生物,而且消毒是相对的而不是绝对的,它只要求将有害微生物的数量减少到无害的程度,并不要求把所有有害微生物全部杀灭。

（2）抗微生物类药物

抗微生物类药物是由某些微生物在其生命繁殖过程中产生的能选择性杀灭其他生物或抑制其机能的化学物质。大多数抗微生物药主要通过微生物发酵法进行生物合成；少数分子结构清楚的可通过化学合成方法生产；有些还可以通过改造生物合成抗微生物药的分子结构制成半合成抗微生物药。

（3）驱虫、杀虫类药物

由各种寄生虫寄生于水生动物体内或体外所引起的疾病称寄生虫病。该病在养殖过程中比较普遍，且危害大。习惯将用于驱除体内寄生虫的药物称为驱虫剂；对针对体外寄生虫使用的药剂称杀虫剂。水产动物疾病防治所使用的杀虫剂专指杀灭水产生物以外的寄生虫的药物。根据药物作用对象、特点，将其分为四类。

（4）中草药

当前，我国水产动物养殖已形成规模，但鱼病学研究水平相对落后，鱼病临床医学在相当程度上还处于化学疗法时代，存在很多不规范因素，在鱼病学防治领域引入中医中药，把中医中药的传统理论和现代医学知识相结合，创造新医学、新药学，科学地配制适用于养殖鱼类的无公害、低残留中药组方，完善和发展中药的制备工艺，改良中药的剂型并在鱼病防治实践中大力推广使用，将有助于解决鱼病临床医学面临的新问题。

2. 渔用药物使用方法

（1）药浴法

药浴法是指将水产动物集中在较小的容器，在较高浓度药液中进行短期强迫药浴，以杀灭体外病原体，是一种重要的给药方法。在生产上可以把水产动物放入溶有药物的水中浸洗，也可以在水产动物栖息水域中溶入药物。药浴能直接清除水产动物体表寄生的病原生物，还能通过患病部位和鳃部被机体吸收。此法用药量少，疗效好，不污染水体，但是操作较复杂，易弄伤机体，且对水体中的病原体无杀灭作用。一般应用于水产动物转池、运输时预防性消毒使用。

用药浴法治疗水产动物疾病时，选用的药浴容器应不与药物发生反应，避免腐蚀容器和降低药性；正确测量水体体积，准确计算药物用量；最好选用水溶性药物，对于难溶的药物，应先用溶剂将其充分溶解后再溶于水中使用；应以水产动物安全为前提，同时掌握好药物浓度、浸洗时间和水温之间的相互影响。需要特别注意的是，水温与药物的毒性有密切关系，通常水温越高，药物对水产动物的毒性越强，因此，在高温条件下，应适当降低药物的用量；操作过程中要仔细，减少水产动物产生应激反应，避免体表黏液脱离、表皮擦伤等；不同规格和不同品种的水产动物对各种药物的耐药性有所不同，因此在药浴时要密切注意其活动状况，发现异常情况应立即将其放回水池。为避免发生意外，可先做试验。

（2）全池泼洒

全池泼洒，就是将药物溶解后均匀地泼洒在池塘中，使池水中的病原体和水产动物体表的病原体充分与药物接触而被杀死。在疾病流行季节，定期用药全池泼洒，不仅可杀灭水产动物体表、鳃部及水体中的病原体，而且对预防疾病效果显著。但此法存在安全性差、用药量大、副作用较大的缺点，对水体有一定污染，使用不慎则易发生事故。

有些常用药物虽然防治疾病种类多、效果好,但并非对所有疾病都有效。广谱性药物虽然使用范围较广,但极易增强部分种类病原体的耐药性,为下一步防治工作带来更大的困难。有些疾病是因为养殖水质差或营养不良造成的,盲目施药不但达不到治疗目的,反而浪费人力财力,对环境造成危害。只有通过正确诊断疾病,有针对性选择药物,对症下药,才能达到预期效果。

用药时必须准确计算水体面积和体积,准确计算用药量。只有保证用量的准确,才能安全有效地发挥药物的作用,达到防治的目的,避免养殖动物药物中毒。

（3）挂篓、挂袋法

在食场周围悬挂盛药的袋或篓,形成一个消毒区,当水产动物来摄食时达到消灭体外病原体的目的。此法具有用药量少、方法简便、没有危险、副作用小等优点,但只能杀死食场附近水体中的病原体以及常来摄食的水产动物体表的病原体,杀灭病原体不彻底,只适用于预防及疾病早期的治疗。一般在施药前宜停食1～2天,保证水产动物在用药时前来摄食。食场周围药物浓度要适宜,药物浓度过低,水产动物虽来摄食,但杀不死病原体,达不到预期目的;药物浓度过高,水产动物不来摄食,也达不到用药目的。

（4）口服法

口服给药也是水产动物常用的给药方法。通常情况是将药物或疫苗与水产动物喜吃的饲料拌以黏合剂混入或浸入饲料中,制成大小适口、在水中稳定性好的颗粒药饵投喂,以杀灭水产动物体内的病原体。采用口服给药,用药量少,使用方便,不污染水体,但健康或患病轻的水产动物摄食多,摄入药物也多。因此,应趁水产动物摄食能力未下降之前及时给药,对于病情严重,食欲下降的可通过先投喂不加药物的普通饲料,让养殖池中健康的水产动物先摄食后再投喂药饵。此法适用于治疗和预防。

（5）注射法

注射法是采用注射器将定量的药物经过水产动物的腹腔或肌肉注射进机体内的一种给药方法。注射法较拌药饵投喂法进入机体内的药量更为准确,而且具有吸收快、疗效好、用药量少的特点。但是操作比较麻烦,容易造成水产动物受伤。所以,除对名贵水产动物、亲体和人工注射免疫疫苗时采用注射法外,一般较少采用该给药方法。常用的注射方法有体腔注射和肌内注射。

（6）涂抹法

涂抹法是在水产动物体表患病部位涂抹浓度较高的药液或药膏以杀灭病原体的一种给药方法。此法适用于产卵后受伤亲鱼的创伤处理、名贵水产动物体表疾病防治。此法具有用药量少、方便、安全、无副作用等特点。操作时先将患病水产动物捕起,用一块湿毛巾将其裹住,在病灶处涂上药液。在处理过程中应将水产动物头部稍提起,以防药液进入鳃部、口腔而产生危害。

第 10 章　海洋生物学

10.1　海洋生物的种类

10.1.1　原核生物

原核生物是个体最小、结构最简单的生物。其特点是核质与细胞质之间无核膜,因而无成形的细胞核;遗传物质是不与组蛋白结合的环状双螺旋脱氧核糖核酸(DNA)丝,但有的原核生物在其主基因组外还有更小的能进出细胞的质粒 DNA;以简单二分裂方式繁殖,无有丝分裂或减数分裂;没有性行为,有的种类有时有通过接合、转化或转导,将部分基因组从一个细胞传递到另一个细胞的准性行为;鞭毛仅由几条螺旋或平行的蛋白质丝构成;细胞质内仅有核糖体(沉降系数为 70S),没有线粒体、高尔基体、内质网、溶酶体、液泡和质体、中心粒等细胞器;细胞内的单位膜系统除蓝细菌另有类囊体外一般都由细胞膜内褶而成,其中有氧化磷酸化的电子传递链在细胞膜内褶的膜系统上进行光合作用;化能营养细菌则在细胞膜系统上进行能量代谢;大部分原核生物有成分和结构独特的细胞壁。

1. 古菌域

古菌又叫古生菌或古细菌,是一类很特殊的原核生物,多生活在极端的生态环境中,如高温、极热、极酸等。它们没有核膜及内膜系统,DNA 也以环状形式存在并具有内含子。大多数古菌有扁平直角几何形状的细胞,而在细菌中从未见过。细胞壁不含肽聚糖和胞壁酸,结构和化学组成多样。双层或单层的细胞膜所含脂类是非皂化性甘油二醚的磷脂,即甘油和烃链之间只有醚键,而细菌和真核生物为酯键。核糖体介于原核生物和真核生物之间,具有组蛋白,形成类似真核生物核小体的构造。有许多特殊的辅酶,如绝对厌氧的产甲烷菌有辅酶 M、F420、F430 等。呼吸类型:多为严格厌氧、兼性厌氧,少数专性好氧,繁殖速度较慢,进化也比细菌慢。主要分为三个门。

(1)泉古菌门(Crenarchaeota)

泉古菌门极端嗜热、嗜酸,代谢元素硫,多数生活在陆地硫黄热泉或海底热液口中。形态多样,包括杆状、球状、丝状和盘状细胞。革兰阴性。专性嗜热的,生长温度范围为 $70\sim113\,℃$,是目前已知的能够允许生物生长的最高温度。所有的菌都嗜酸,最低 pH 值为 2.0,化能无机自养或异养,化能异养菌可能进行硫呼吸。泉古菌的成员广泛存在于海洋环境中。对南极水中和海冰中古菌基因序列的研究及后来的其他研究都证明,泉古菌门是深海水域中生命形式最多的古菌。

(2)广古菌门(Euryarchaeota)

广古菌门包含了古菌中的大多数种类,包括经常能在动物肠道中发现的产甲烷菌、在极高盐浓度下生活的盐杆菌、一些超嗜热的好氧和厌氧菌。

(3)初生古菌门(Korarchaeota)

Pace 从美国国家黄石公园微生物群体调查中发现了一个新的古菌门——初生古菌门的 RNA 序列,但至今未得到该门的纯培养物。2002 年,Huture 报道,从海底热泉中分离到一种目前已知最小的古菌,命名为 *Nanoarcheaum*,其细胞直径只有 400 nm。而且基因组也是迄今最小的,只有 480 kb。它也是迄今发现的唯一一个寄生的古菌,寄生在极端嗜热厌氧的古菌——火球菌上。但在进化上它代表了一个最古老的生物分支——纳米古菌门(*Nanoarchaeota*),它与已描述的 3 个古菌门的 16S rRNA 序列同源性只有 69%~81%。

2. 细菌域

细菌域细胞形态多样。细胞壁多含肽聚糖和胞壁酸,结构和化学组成多样。细胞膜所含脂类是酯键相连的磷酸类脂,具有双层膜。遗传物质为环状或丝状的 DNA 分子,不含内含子,核糖体的沉降系数是 70S,对氯霉素和卡那霉素敏感。代谢类型多样,严格厌氧、兼性厌氧,专性好氧,光能营养或化能营养。

10.1.2　原生生物

原生生物(protist 或 protoctists)是单细胞生物,它们的细胞内具有细胞核和有膜的细胞器。比原核生物更大、更复杂。多为单细胞生物,亦有部分是多细胞生物,但不具组织分化。此界是真核生物中最低等的,且所有原生生物都生存于水中。原生生物可分为三大类,藻类、原生动物类、原生菌类。

1. 一般特征

原生动物是动物界中最低等的一类真核单细胞动物,个体由单个细胞组成。与原生动物相对,一切由多细胞构成的动物,称为后生动物。原生动物个体一般微小,5 μm~5 mm,大多数在 30~300 μm;体形结构多样化:以球形、卵圆形和扁平为主,有的身体裸露,有的分泌有保护性的外壳,或体内有骨骼。原生质为复杂的胶体,以鞭毛、纤毛或伪足来完成运动。有光合、吞噬和渗透营养 3 种。有些营吞噬营养的原生动物具有胞口、胞咽、食物泡和胞肛等胞器,主要通过体表进行呼吸、排泄。伸缩泡只能排出一部分代谢废物,主要是调节水分,原生动物以各种细胞器完成各种生活机能。

原生生物生殖分无性生殖和有性生殖。无性生殖包括等二分裂、纵二分裂、横二分裂、裂体生殖(多分裂)、孢子生殖、出芽生殖。有性生殖包括配子生殖、接合生殖。原生动物一般以有性和无性两种世代相互交替的方法进行生殖。在环境不良的条件下,大多数原生动物可形成包囊度过不良环境。

原生动物分布极广,多为世界性的。可生活于海水及淡水,底栖或浮游,但也有不少生活在土壤中或寄生在其他动物体内。

2. 分类

已经记录的原生动物约 6.6 万种,现存约 3.9 万种,其中自由生活的约 7000 种,常见的有

300~500 种。对于原生动物的分纲动物学家一直有争论,为方便起见,一般将原生动物分为 5 纲,即鞭毛纲(*Mastigophora*)、肉足虫纲(*Sarcodina*)、纤毛纲(*Ciliata*)、孢子纲(*Sporozoa*)和吸管虫纲(*Suctoria*)。孢子纲全为寄生生活的种类;鞭毛纲在动物学分类中分为植鞭亚纲(*Phytomastigina*)和动鞭亚纲(*zoomastigina*),植鞭亚纲的物种一般具有色素体,能进行光合作用,在水生生物学中一般将其归入藻类研究的范畴,在金藻门、甲藻门、隐藻门、绿藻门和裸藻门中,都有具鞭毛的种类,也将其统称为鞭毛藻类;而动鞭亚纲很多也是寄生的种类。

10.1.3 海洋真菌

海洋真菌是指能在海水中繁殖和完成生活史、又能在海水培养基上良好生长的真菌类群,又称海水真菌。它们适应海水的酸碱度,耐高渗透压能力较强,一般寄生于海藻和海生动物,或者腐生于浸沉在海水中的木材上,也可生长在含盐的湿地和栲树沼泽中。

海洋真菌可分为海藻寄生菌、木材腐生海水菌和匙孢囊目 3 类。海藻上的寄生种类有根肿菌属、破囊壶菌属、链壶菌属、水霉属、冠孢壳属、隔孢球壳属、球座菌属、近枝链孢属和变孢霉属等。常见的木材腐生海水菌有冠孢壳属、海生壳属、木生壳属、桤孢壳属、白冬孢酵母属、拟珊瑚孢属、腐质霉属和无梗孢属等。匙孢囊目寄生在红藻上,分解卤素的能力较强。匙孢囊属提供了菌类起源于红藻的证据,有人认为它是海水中木材着生子囊菌的直接祖先。

海洋真菌常有如下特点:如果属于子囊菌亚门,则主要为有分解纤维素活力的核菌纲的成员,子囊壳黑色,子囊孢子常具有含酸性多糖的附属丝,有利于黏附在新基质上,通常无分生孢子世代;如果是不完全菌,则孢子为顶壁孢子型,多为暗色。

10.1.4 海洋植物

1. 藻类

藻类是一群最简单、最古老的低等植物,无胚,具叶绿素,能进行光合作用,自养型的孢子植物。在海洋植物中占主体,种类繁多,多数个体微小,小的几微米,大的几米甚至百米以上。形态多种多样,有单细胞、多细胞群体、丝状体、膜状体、叶状体和管状体等。某些种类有叶、柄和固着器的分化,但均无真正的根、茎、叶的分化。多数藻类内部结构简单,无明显的组织分化,但褐藻种类有表皮层、皮层和髓的分化。多数真核藻类有细胞壁,但细胞壁的结构和化学成分各不相同。除蓝藻门、原绿球藻门外均具有真核,有核膜、核仁,形成染色体;具有质体、线粒体、高尔基体和液泡等细胞器。除蓝藻门、原绿球藻门外具有形态多种多样色素体。藻类的光合色素有三大类:叶绿素类,包括叶绿素 a,叶绿素 b,叶绿素 c,叶绿素 d 等;类胡萝卜素,包括 5 种胡萝卜素和多种叶黄素;藻胆素,也称为藻胆蛋白。光合色素的差异,是藻类分门的最重要依据之一。

藻类的繁殖方式有无性生殖和有性生殖。无性生殖又包括分裂生殖、营养繁殖、孢子生殖。所谓分裂生殖就是单细胞个体直接分裂产生子一代。所谓营养繁殖主要指多细胞藻体的部分细胞不产生生殖细胞,不经有性过程,离开母体后继续生长,直接发展成新的藻体的生殖方式。它包括细胞分裂、藻体断裂、小枝、珠芽等。所谓孢子生殖就是藻体细胞直接或经过有丝分裂、减数分裂产生的无性生殖细胞,由它直接萌发成单项配子体或孢子体。包括动孢子、不动孢子两大类,不动孢子又可分为厚壁孢子、休眠孢子、复大孢子、似亲孢子、四分孢子、单孢子、多孢子、果孢子、内壁孢子、异形胞。有性生殖包括同配生殖、异配生殖和卵式生殖;合子(或受精卵)不发育成胚。

藻类的生活史多种多样,有单体型生活史、双单体型生活史。所谓单体型生活史就是在生活史中只出现一种类型的藻体,没有世代交替的现象,根据藻体细胞为单倍或二倍染色体又分为单体型单倍体生活史如衣藻和单体型双倍体生活史如例马尾藻。所谓双单体型生活史就是在生活史中其个体发育变化的全过程不仅有核相交替,还有两种个体形态的藻体交替出现(世代交替),又分等世代型、不等世代型。所谓等世代型就是孢子体和配子体的外形相似,如石莼。所谓不等世代型就是孢子体和配子体的形态不同。孢子体发达的不等世代型:孢子体大于配子体,如海带。配子体发达的不等世代型:配子体大于孢子体,如囊礁膜。

2. 海洋种子植物

海洋种子植物是海洋中的高等植物,它们和陆地的高等植物一样能进行光合作用,用种子来繁生后代。海洋种子植物有三大类:海草、盐沼植物和红树林植物。

(1)海草

海草是指生活在热带和温带海域的浅水海岸带,一般在潮下带浅水 6 m 以上环境中的单子叶植物,普遍生长在珊瑚礁的泻湖和大陆架的浅水里。具备 4 种机能以适应其海生活:具有适应于盐介质的能力;具有一个很发达的支持系统;具有完成正常生理活动以及实现花粉释放和种子散布的能力;具备与其他海洋生物竞争的能力。海草可以稳定底泥沉积物,增加腐殖质,是附生动植物重要的底物,有利于提高浮游生物繁殖,提高初级生产力,不但是动物食物的来源,还是动物栖息地和隐蔽场所,所以成为幼虾稚鱼的优良繁生场所,亦利于某些海鸟的栖息。同时是控制浅水水质的关键植物;大叶藻和虾形藻等的干草还是良好的保温材料和隔噪声材料,可用于建筑业。海草还能造纸、食用、用作饲料与肥料。

(2)盐沼植物

所谓盐沼植物是指生长在处于海洋和陆地两大生态系统的过渡地区,周期性或间歇性地受海洋咸水体或半咸水体作用的一种淤泥质或泥炭质的湿地生态系统内,具有较高的草本或低灌木植物。其具有以下几个基本特点:处于滨海地区,受海洋潮汐作用影响;具有以草本或低灌木为主的植物群落,盖度通常大于 30%;适应潮汐水体;适宜基质以淤泥或泥炭为主。

(3)红树林

红树林是指一群适应生长在热带、亚热带河口潮间带的木本植物。但真正红树林植物是指只生活在潮间带的木本植物,而且演化出气生根、支柱根或胎生行为等特性来适应河口潮间带的特殊环境。

红树林以凋落物的方式,通过食物链转换,为海洋动物提供良好的生长发育环境,同时,由于红树林区内潮沟发达,吸引深水区的动物来到红树林区内觅食栖息,生产繁殖。由于红树林生长于亚热带和温带,并拥有丰富的鸟类食物资源,所以红树林区是候鸟的越冬场和迁徙中转站,更是各种海鸟的觅食栖息,生产繁殖的场所。

红树林另一重要生态效益是它的防风消浪、促淤保滩、固岸护堤、净化海水和空气的功能。盘根错节的发达根系能有效地滞留陆地来沙,减少近岸海域的含沙量;茂密高大的枝体宛如一道道绿色长城,有效抵御风浪袭击。

红树林的工业、药用等经济价值也很高。具有建材、制药、造纸、制革,抗污染等多种用途。

红树林为人们带来大量日常保健自然产品,如木榄和海莲类的果皮可用来止血和制作调味品,它的根能够榨汁,是贵重的香料。叶可用于控制血压。红树林的果汁擦在身体上可以减轻风湿病的疼痛。红树林的果实榨的油,可用于点油灯,还能驱蚊和治疗昆虫叮咬和痢疾发烧等。

10.1.5　海洋无脊椎动物

海洋生物主要分为 3 个大的类别,分别是海洋动物、海洋植物(藻类)和海洋微生物。依据传统的分类方法,海洋动物还可以根据其脊椎的有无而将其分为脊椎动物和无脊椎动物 2 个大类,其中,无脊椎动物是最大的一个类群,初步估计,无脊椎动物的数量至少占世界上所有动物个体总数的 97%。所有的无脊椎动物,每一个大的类群中都包含有生活在海洋中的代表性物种,有些类群则几乎全部都是海生的。除了绝大多数种类都生活在陆地上的昆虫纲种类之外,在其他类群中海洋无脊椎动物几乎都占据着相对的多数。在国内外的不同动物分类体系中,海洋无脊椎动物的分类方法不尽相同,根据国内比较常见的动物分类体系,海洋无脊椎动物基本上可以分为海绵动物门、腔肠动物门、扁形动物门、线形动物门、软体动物门、环节动物门、节肢动物门、棘皮动物门、半索动物门等几个主要门类,另外还有栉水母动物门、纽形动物门、轮虫动物门、星虫动物门、螠虫动物门、线虫动物门、帚虫动物门、腹毛动物门、兜甲动物门、动吻动物门、颚胃动物门、棘头动物门、内肛动物门、外肛动物门、有爪动物门、缓步动物门、腕足动物门、毛颚动物门等若干种类少的门类,总计有 20 多个门。本书仅介绍常见的几个门。

1. 海绵动物门

海绵是由特殊细胞组成的复杂的多细胞聚合体,这些细胞相互联系,但尚未形成组织与器官,所以海绵是结构最简单的多细胞动物之一。几乎所有的海绵都是海生的,它们营固着生活,黏附在岩石等固形物的表面或底部。它们的形态、大小与体色变化巨大,但身体结构变化不大。它们有一个特殊的结构——水沟系,根据水沟的简单与复杂分为单沟型、双沟型和复沟型三类。海绵动物有单体的,也有群体的,外形多种多样,其中单体海绵有高脚杯形、瓶形、球形和圆柱形等形状,群体海绵的外形包括分枝的、圆的、大体积的火山形等,呈薄壳状的海绵生长在岩石上或珊瑚上。海绵体表有无数小孔,是水流进入体内的孔道,与体内管道相通,体内有一个中央腔,其上端开口形成整个个体的出水孔。通过水流带进食物与排出废物。水管的网络结构与相对有弹性的骨骼结构使得大部分海绵的结构特殊。

2. 腔肠动物门

海绵之后的动物的组织水平进化了许多,这种进步可使组织行使特定的功能,使得腔肠动物能进行游泳(浮游)、对外界的刺激作出反应、捕食以及别的行为。腔肠动物门又称刺胞动物门(Cnidaria),也是海洋中一类相对原始的多细胞动物,包括海葵、水母、珊瑚以及与它们有亲缘关系的动物。腔肠动物除了有组织的分化之外,它的体制为辐射对称,通过其体内的中央轴有许多个切面可把身体分为相等的两部分,这种对称使得其从任何一个面看起来都相似,没有头尾,前后,背腹之分。一般把口在的那一面称为口面,背面称为反口面。

3. 扁形动物门

扁形动物为具有 3 胚层并且出现了器官系统分化、但尚未形成体腔的一类生物,其体型为两侧对称,因背腹向扁平而得名。与身体呈辐射对称或两辐射对称、两胚层、仅有组织分化的刺胞动物相比,扁形动物又有了更进一步的进化,其消化道的结构虽然与刺胞动物和栉水母动物相似,也只有一个开口(即口),但在外胚层与内胚层之间不再像刺胞动物和栉水母动物那样只是由简单的胶状物组成,而是由中胚层细胞填充。在胚胎发育中,中胚层可以产生肌肉、生殖系统以及其他一些器官。动物界的系统进化是由扁形动物开始才出现真正两侧对称体型的,扁形动物之后的门类即使再出现辐射对称体型那也是次生的,即幼体期体型为两侧对称、至成体期又改变为辐射对称体型的。

4. 棘皮动物门

棘皮动物是一个有着大约 7000 个物种的大类群,全部为海产。其分布海域广,从浅海直至深海、从极地一直到热带海洋中几乎都有分布。大部分种类营底上生活。在动物系统进化中,棘皮动物是一类比较古老的类群,但现存的棘皮动物又属于比较进化的一个门类。前述的各门类无脊椎动物都属于原口动物,它们的口都起源于胚胎时期的原肠胚胚孔;自棘皮动物起则属于后口动物,其肛门起源于胚胎时期的原肠胚胚孔,而口则是在其个体发育过程中由消化道的另一端重新形成的。此外,棘皮动物的卵裂属放射型卵裂,体腔形成为肠腔法,这些特征又不同于上述的各类原口动物。在动物界,棘皮动物、半索动物和脊索动物 3 个门类属于后口动物。

5. 节肢动物门

节肢动物是动物界中包含种类最多、数量最大的一个门类,包含的物种多达 1 20 万种,约占动物物种总数的 80% 以上。从高山到深海,从水中到陆地,甚至土壤、空气和动植物体内、体外均有它们的踪迹。节肢动物的分节不再像环节动物那样同律分节,而是由一些具有相同结构、机能和附肢的体节组成几个不同的体区,同时分化出头部、躯干部,多数分为头部、胸部和腹部等。节肢动物的共同特征为:身体分节,附肢也分节,附肢与躯体间以关节连接;具有几丁质的外骨骼,外骨骼是由其下层的上皮组织所分泌的几丁质形成的,其身体和附肢都被外骨骼覆盖;一般为雌雄异体,多数为雌雄异形,在发育中有的为直接发生,有的为间接发生。根据体节的组合、附肢以及呼吸器官等特征,把节肢动物分为 2 亚门 6 纲,即原节肢动物亚门(*Protarthropoda*),有爪纲(*Onychophora*),亦称原气管纲(*Prototracharta*);真节肢动物亚门(*Euarthropoda*),肢口纲(*Merostomata*),蛛形纲(*Arachnoida*),甲壳纲(*Crustacea*),多足纲(*Myriapoda*)及昆虫纲(*Insecta*)。其中,肢口纲全部种类、甲壳纲大多数种类及蛛形纲少数几种生活在海洋中。

6. 脊索动物门

脊索动物门(*Chordata*)是动物界中最高等的门。现存种类不论在外部形态和内部结构上,或是生活方式方面,都存在着极其明显的差异,但作为同属一门的动物,具有如下几点主要的共同特征:低等种类终生具有脊索,高等种类只在胚胎期具有,成体被脊柱代替;低等种类终生具有咽鳃裂,高等种类仅见于胚胎期和某些幼体(蝌蚪),成体消失;心脏位于消化管腹面,多为闭管式循环(无脊椎动物的心脏一般位丁消化管背面、多为开管式循环);尾位于肛门后(无脊椎动物一般肛门位于尾末端);内骨骼起源于中胚层、可生长,无脊椎动物一般为外骨骼(外胚层、不能生长)。

全世界脊索动物约有 4 万多种,分 3 亚门,即尾索动物亚门、头索动物亚门、脊椎动物亚门。

(1)尾索动物亚门

尾索动物主要特征:脊索和背神经管仅存于幼体的尾部,成体退化或消失;成体具被囊(tunic),故又称被囊动物,大多数种类营固着生活或自由生活;有些种类有世代交替现象。全世界约有 1370 种,我国海域报道 125 种。本亚门分 3 纲,即尾海鞘纲、海鞘纲、樽海鞘纲。

(2)头索动物亚门

脊索纵贯全身,并伸到身体最前端,超过了神经管的长度而得名,又称全索动物。仍属无头类。头索动物终生具有 3 个主要特征:有纵贯背部、起支撑作用的脊索,有背神经管,咽部两侧有许多鳃裂。这些基本特征在高等脊索动物中只存在于胚胎或幼虫期,在成体一般消失,或分化为更高级的器官。头索动物亚门仅 1 纲[头索纲(*Cephalochorda*)]、1 目[文昌鱼目(*Amphioxiformes*)],全世界约有 25 种,分布在热带和亚热带的浅海中。如文昌鱼(*Branchiostoma belcheri*),外形似无眼、无明确头部、体细长的小鱼。肉红色、半透明,体侧扁,长约为 5 cm,头尾尖,体内有 1 条脊索,有背鳍、臀鳍和尾鳍。生活在沿海泥沙中,以浮游生物为食。文昌鱼得名于厦门的文昌阁,这是我国最先发现文昌鱼群的地方。文昌鱼是珍稀名贵的海洋野生头索动物,被列为我国重点保护对象。文昌鱼虽能游泳,但大部分时间是将身体埋在洋底的沙砾或泥中。觅食时,将身体前部伸出沙砾表面,以滤食流过鳃裂的水中的食物颗粒。夜间常在近洋底处游泳。身体两端渐细,中间较粗,体表覆以一层鞘状的表皮。雌雄异体,外形相同。生殖腺沿体壁排列,突入围鳃腔。水中受精。2 天后孵出,幼体随洋流漂流,直到变态为成体。成体随即沉入水底,借身体的迅速运动而在洋底钻入沙砾中。

(3)脊椎动物亚门

脊椎动物亚门是动物界中结构最复杂,进化地位最高的类群。形态结构彼此悬殊,生活方式千差万别。除具脊索动物的共同特征外,其他特征还有:出现明显的头部,中枢神经系统呈管状,前端扩大为脑,其后方分化出脊髓;大多数种类的脊索只见于发育早期(圆口纲、软骨鱼纲和硬骨鱼纲例外),以后即为由单个的脊椎骨连接而成的脊柱所代替;原生水生动物用鳃呼吸,次生水生动物和陆栖动物只在胚胎期出现鳃裂,成体则用肺呼吸;除圆口纲外,都具备上、下颌;循环系统较完善,出现能收缩的心脏,促进血液循环,有利于提高生理机能;用构造复杂的肾脏代替简单的肾管,提高排泄机能,新陈代谢产生的大量废物能更有效地排出体外;除圆口纲外,水生动物具偶鳍,次生水生动物和陆生动物具成对的附肢。本亚门分 7 纲,即圆口纲、软骨鱼纲、硬骨鱼纲、两栖纲、爬行纲、鸟纲和哺乳纲。

10.1.6　珍稀、濒危、新物种和深海海洋生物

历时 10 年的全球"海洋生物普查"项目于 2010 年 10 月 4 日在伦敦发布最终报告,这是科学家首次对海洋生物"查户口",结果显示海洋世界比想象中更为精彩。

根据普查得出的统计数据,海洋生物物种总计可能有约 100 万种,其中 25 万种是人类已知的,其他 75 万种人类知之甚少,这些人类不甚了解的物种大多生活在北冰洋、南极和东太平洋未被深入考察的海域。

来自 80 多个国家和地区的 2 700 多名科学家在 10 年间共发现 6000 多种新物种,它们以甲壳类动物和软体动物居多,其中有 1200 种已认知或已命名,新发现待命名的物种约 5 000 种。不过,普查也发现,一些海洋物种群体正逐步缩小,甚至濒临灭绝。例如,由于过度捕捞,鲨鱼、金枪鱼、海龟等物种在过去 10 年间数量锐减,部分物种的总数甚至减少 90%～95%。

另外,科学家在普查中还发现了很多新奇有趣的海洋物种,比如一条长为 1 m、寿命约为 600 年的管虫、一条以时速 110 km 在水中穿行的旗鱼和长着两个"大耳朵"似的鳍状物酷似动画角色"小飞象"的深海章鱼等。

普查项目科学指导委员会主席、澳大利亚海洋科学研究所所长伊恩·波勒在接受新华社记者采访时说:"这次普查显示海洋生物比预期的更丰富,流动性更强,同时也有更多变化。"波勒说,这是历史上首次进行全球海洋生物普查。海洋浩瀚,这次普查只探索了其中的一部分,但普查留下的科学数据、科研方法和国际标准等,有助于今后继续进行大规模海洋研究。

早在 2002 年,世界各国领袖聚会于生物多样性保护大会,他们承诺,到 2010 年,全球各地的生物多样性丧失的速度将会放慢。然而,应用该大会自己制定的框架结构所作的一项新的分析显示,这一目标并没有达到,而地球生物多样性所面临的压力在继续增加。Stuart Butchart 及其同事编撰了 31 个特异性的指标,其中包括在世界各地的生物种系数目、群体大小、森林砍伐速度以及正在进行的保护性措施等。研究人员用从 1970—2005 年所收集的全球数据对这些指标进行了评估。他们发现,表示生物多样性健全的指标多年来一直在衰减,而全球生物多样性所受到的压力指标则在增加。Butchart 及其同事发现,尽管在世界上某些地区取得了一些局部性的成功(尤其是在那些受到保护的土地上),但没有迹象显示最近几年生物多样性丧失的速度已经放慢。他们说,"全球生物物种所受到的压力日益增加,加上人们对此所作出的不充分的反应,都使得生物多样性保护大会所定的 2010 年目标注定无法实现"。

1. 珍稀、濒危种类

2010 年 5 月 22 日是"5·22 国际生物多样性日",当天上午,"2010 国际生物多样性年"中国行动纪念碑在北京动物园落成。据统计,目前地球上的生物种类正在以相当于正常水平 1000 倍的速度消失,全世界约有 3.4 万种植物和 5200 多种动物濒临灭绝。

在落成仪式上,中华人民共和国环境保护部负责人指出,我国是世界上生物多样性最丰富的 12 个国家之一,是世界上八大作物起源中心之一和四大遗传资源中心之一,拥有陆地生态系统的各种类型,物种资源极为丰富,物种数量位居北半球第一,是北半球的生物基因库。

联合国发布最新报告称,全球 2010 年生物多样性保护目标未能实现,生物多样性进一步大量丧失的可能性更大。报告显示,由于人类的活动和日益加剧的气候变化,目前地球上的生

物种类正在以相当于正常水平 1000 倍的速度消失,而生物多样性的快速消失,可能会对人类的健康以及赖以生存的农业和畜牧业造成严重影响,并进一步威胁到人类的生存。

为激发更多的公众参与保护地球生物多样性,现将中国濒危、珍稀海洋动物部分物种名录列于附录中,供大家了解,希望能得到大家的重视和保护。

2. 深海物种

由丹麦自然历史博物馆生物学家彼德·穆勒所领导的一项科考研究最近在格陵兰岛附近海域发现了 38 种怪异的深海物种。这些物种都是首次在格陵兰岛附近海域发现。科学家们认为,这是全球气候变暖和深海捕鱼的结果。

①琵琶鱼。被称为"长头梦想家"的琵琶鱼是直到最近才在格陵兰岛附近海域发现的奇怪物种,它看起来就好像是来自科幻电影中的外星动物,长相相当恐怖。事实上,这种鱼并不像它看起来那样恐怖,它其实只有 17 cm 长。据位于哥本哈根的丹麦自然历史博物馆生物学家彼德·穆勒介绍,这种鱼是此次在格陵兰岛附近海域首次发现的 38 个外来物种之一。在这38 种格陵兰岛新物种中,有 10 种在科学上也是首次发现。所有 38 个新物种都是在自 1992年开始的一项科考研究中发现的。随着全球气候变暖,海水温度也在不断上升,因此,格陵兰岛海域也吸引了许多新奇的鱼类。穆勒所领导的研究小组将最新研究成果以论文形式发表于《动物分类学》(Zootaxa)杂志上。他们研究认为,不断增加的深海捕鱼也是造成格陵兰岛海域出现新鲜鱼类面孔的原因之一。

②猫鲨。此次科考研究最近还在格陵兰岛附近海域首次发现了数种鲨鱼物种,如冰岛猫鲨物种。这种小型鲨鱼在其他海域 800~1410 m 的深度也曾被捕获过,它们以其他小型鱼类、海洋蠕虫以及甲壳类动物为食,如龙虾和螃蟹等。

研究人员认为,这些深海物种,比如这种猫鲨,之所以能够于近期在格陵兰岛附近被发现,主要是归功于深海捕鱼。在此次所发现的 38 个格陵兰岛新物种中,有 5 种生活在相对较浅的海洋环境中。科学家认为,它们也是被不断变暖的海水吸引到新的栖息环境的。

③大西洋足球鱼。自 1992 年起,在格陵兰岛附近海域的深海捕鱼经常能够拖上来一些怪异的鱼类,如大西洋足球鱼,这也是琵琶鱼的一种,它们通过摆动头部的肉质"诱饵"来捕食。这种深海琵琶鱼有一个奇怪的特性:体形较小的雄性紧紧黏附于体形较大的雌性身上,好像寄生虫一样;雄性其实就是精液捐献者,它们依靠雌性提供营养,直到雌性的卵子受精。

④葡萄牙角鲨鱼。葡萄牙角鲨鱼是自 2007 年在格陵兰岛附近海域中发现的 4 条此类物种标本之一。这种深海物种已被国际自然保护联盟列为濒危物种。研究人员介绍说,此前在格陵兰岛附近海域从未发现过这个物种。在上述研究论文中,葡萄牙角鲨鱼被列为最意外的重要发现之一。葡萄牙角鲨鱼通常生活于西大西洋较南部海域。商业捕鱼也只是偶尔能够捕获到这种葡萄牙角鲨鱼,捕获它们后主要是利用它们的肝油来生产化妆品。

⑤哈氏叉齿鱼(Chiasmodon harteli)。这是叉齿鱼的一种,该鱼能够吞下比它们自身大得多的猎物。它也是此次在格陵兰岛附近海域首次发现的外来物种之一,是一种深海鱼类。研究团队认为,"在叉齿鱼所生活的深海环境中,可以得出这样一个合理的假想,那就是今天所捕获的任何未知的鱼类物种事实上也是该区域的新物种"。

3. 新物种和新发现物种

(1)新物种

2009 年度十大新物种评选结果中有 5 种海洋生物上榜。据美国《国家地理》网站报道,在由美国亚利桑那州立大学国际物种勘测协会和分类学家组成的国际委员会公布的 2009 年度十大新发现物种名单中,迷幻襞鱼、吸血鬼鱼等物种榜上有名。

据亚利桑那州立大学国际物种勘测协会主任昆汀·惠勒(Quentin Wheeler)介绍,十大新发现物种名单每年发布一次,以表明人类对地球生物多样性的了解是多么的有限。惠勒说:"目前我们已经确认了大约 190 万个物种。据保守估计,地球上一共有 1 000 万～1 200 万个植物与动物物种,当然,如果将微生物种类也包括在内,那将是一个截然不同的局面。"

美国亚利桑那州立大学国际物种勘测协会每年都会适时发布十大新发现物种名单,以纪念 5 月 23 日卡罗勒斯·林奈的诞辰日。林奈出生于 1 707 年,是瑞典著名博物学家,现代生物分类学的奠基人,创立了科学的植物与动物命名系统——双名制命名法。除了 2009 年度十大新发现物种名单,国际物种勘测协会还发布了《物种状态报告》,报告称 2008 年总共发现 18225 个新的植物、动物、微生物、藻类和真菌种类。

①杀手海绵。20 年前,科学家在新西兰附近水域发现了这个全新的物种。自此,这种肉食性海绵便成为现代海洋生态系统令人所熟知的一员。然而,发现"杀手海绵"(killer sponge,学名为 *Chondrocladia turbiformis*)的科学家突然间又觉得它非常"陌生"。原来,在现存物种,这种海洋动物非同寻常的针状体或骨骼式尖刺结构都是独一无二的。科学家只是在来自侏罗纪早期的化石中发现过类似特征,表明这种肉食性海绵从史前时代开始便存在于深海中。

②韦氏深海水母。这是在日本海域发现的深海水母,学名为 *Atolla wyvillei*。当受到食肉动物攻击时,它会发出荧光和尖叫声,用来呼救。

③群体管形水母(colonial salp)。研究人员已经在大堡礁的两座小岛的周围海域和澳大利亚西北部的一个暗礁周围发现数百种新动物,其中包括 100 多种珊瑚。这种群体管形水母是在蜥蜴岛附近发现的。

④新种海葵(*Actinoscyphia* sp.)。该物种是在墨西哥湾发现的,它们通过收拢触手捕捉猎物,或者用来保护自己。

⑤新种珊瑚(*Parazoanthus* sp.)。这是在加拉帕哥斯群岛发现的一种新珊瑚,在此之前,科学家从未见到过这种珊瑚。南安普敦大学为期 3 年的研究是迄今为止在加拉帕戈斯群岛偏远的北部地区进行的最为广泛的一项研究。研究过程中,南安普敦大学利用了富有革新性的测绘与快速评估技术。

⑥海绵状海蛇尾。这是一种喜欢夜间活动的棘皮动物(*Ophiothrix suensonii*),又被称作海绵状海蛇尾(sponge brittle stars)。它们在加勒比海地区很常见。之所以这么称呼它们,是因为它们只生活在海绵体内及其周围。

⑦别氏好望参。这是在北极深海发现的一种新型海参(*Elpidia belyaevi*)。

⑧黑海蛾鱼。它是海洋里的猎食者,舌头上长尖牙,它利用身体发出的"荧光"吸引猎物,并用它的尖牙捕获猎物。黑海蛾鱼只有一根香蕉那么大,如果再大一些,它们将会非常可怕。

（2）新发现物种

①漂亮海葵（elegant anemone，学名为 *Sargatia elegans*）。看上去好似一朵无害的柔弱的鲜花，但实际上却是一种靠摄取水中的动物为生的食肉动物。海葵共有 1000 多种，栖息于世界各地的海洋中，从极地到热带、从潮间带到超过 10000 m 的海底深处都有分布，而数量最多的还是在热带海域。海葵没有骨骼，在分类学上隶属于腔肠动物，代表了从简单有机体向复杂有机体进化发展的一个重要环节。这是在北海海域发现的美丽的海葵。

②孔雀扇虫。这是在北海海域发现的孔雀扇虫（peacock fanworms，学名为 *Sabella pavonina*）。因为其体前端口旁的两叶伸出扇状的触手，用于呼吸和取食，故英文名原意为扇虫。生活在海底由泥或沙黏合成的管内。取食时伸出触手，危险临近时能迅速收回。由竖立的羽状触手上的黏液捕取水中悬浮的有机碎屑和浮游生物。食物粒沿纤毛沟送入口内。多数栖息在海水中，少数在淡水。

③紫色海蛞蝓。海蛞蝓学名为裸鳃，俗称海兔或海牛，是无脊椎动物中最美丽的种类之一，素有"海底宝石"的美称。海蛞蝓雌雄同体，肉食性，海葵、水螅等都是它们取食的对象，它能把吃进的有毒刺细胞，转化为自己的防御武器。在北海海面下发现的罕见的紫色海蛞蝓（violet sea slug，学名为 *Flabellina pedata*）。

④诺福克蛞蝓。北海海底发现的特有诺福克蛞蝓（norfolk slug，学名为 *Facelina auriculata*）。它们有着鲜艳的颜色，向其他海洋生物发出警告。

⑤水晶海蛞蝓。这是在北海海域发现的海蛞蝓，因通体晶莹剔透，故称水晶海蛞蝓（*Janolus cristatus*）。

⑥透明海参属未定种。在墨西哥湾海下 2750 m 处发现的透明海参，学名为 *Enypniastes* sp.。

⑦灯泡海鞘。潜水员在英国诺福克郡北海海域潜水时发现了许多神奇的海洋生物，灯泡海鞘就是其中之一。这是在北海海域发现的海鞘，因其很像一个个灯泡，故称为灯泡海鞘（lightbulb sea squirts，学名为 *Clavelina lepadiformis*）。海鞘形状很像植物，广泛分布于世界各大海洋中，从潮间带到千米以下的深海都有它的足迹。但海鞘幼体的尾部有脊索，而脊索正是高等动物的标志，这样使海鞘跨入了脊索动物的行列。海鞘对研究动物的进化、脊索动物的起源有重要作用。它通过入、出水管孔不断地从外界吸水和从体内排水的过程，由鳃摄取水中的氧气，由肠道摄取水中的微小生物作为食物。

⑧海蝎子。海蝎子（long spined sea scorpion，学名为 *Taurulus bubalis*）拥有坚固的防护：体表覆盖着脊、爪和盔甲。它们通过改变颜色伪装自己，从而使其能够伏击猎物。

10.2　海洋生物调查研究方法

10.2.1　海洋浮游生物调查研究方法

1. 浮游生物的采集与保存

（1）采集工具和方法

常用的采集工具有浮游生物网、采水器和采集管等。

1）浮游生物网

浮游生物网是常用的采集工具，由不同规格的筛绢制成。一般用 17～25 号网可采集到小型浮游生物；用 12～14 号网可采集到中型浮游生物；用 3～8 号网可采集到大型浮游

通常用的小型浮游生物网为圆锥形。这种浮游生物网由 25 号和 21 号筛绢制成，口径为 20 cm，网长为 60 cm；用直径为 3～4 mm 的铝丝或铜条做成一个圆环，用以支撑网口；用带开关的金属小筒套于网底，即所谓的网头或集中杯，用以收集过滤到的浮游生物（网头也可用普通 30 mL 容积的广口玻璃瓶代替）。网的上下口处可用一段白细帆布连接，以免筛绢和金属直接接触（见图 10-1，左）。

在船上用网采集时，应将网前端的绳子系于船尾，以慢速拖网。若在岸上采集，可将网系于较长的竹杆或木棍上，然后把网置于一定的深处，以"∞"形拖动。拖的时间视浮游生物的密度而定，一般 5～10 分钟即可。

如果水层太浅，不宜用网时，可用容器舀水置网中过滤。

采集时要求做到：

①收网必须在水中反复摇动，以免浮游生物附于网边上。

②倒取标本时必须反复冲洗，力求全部收集。

③浮游生物网每次使用完后，用清水反复冲洗，悬于室内阴干。

以浮游生物网采集标本时，有滤水面积大、携带轻便、操作简单等优点，但不能采集到深层浮游生物及微型浮游生物。

2）采水器

用金属、有机玻璃和塑料制成，可自动关闭，能进行深水采集并可采到微型浮游生物，由于开口小，难以采到大型浮游生物。常用的有颠倒采水器、玻璃瓶采水器、有机玻璃采水器（见图 10-1，右）。

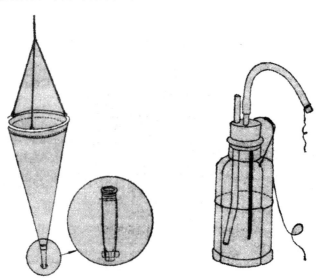

图 10-1　浮游生物网（左）和采水器（右）

3）采集管

用不同长度的硬塑料管或有机玻璃管制成。使用时，将管放入水中，待灌满水后，将上端

用橡皮塞(细管用手指)堵死,即可提出水面。用此法可采集到小水体中不同水层的标本,采集数量不大,但可连续作业。

在缺少上述采集工具时,可选用任何一定量容器直接舀水,置离心机沉淀或加固定液使之沉淀。

(2)浮游生物的固定和保存

如果所采集到的标本不准备马上观察,则需用药物将它们固定,以防腐烂。用以固定、保存的常用药品是鲁哥氏碘液(将 6g 碘化钾溶于 20 mL 水中,待完全溶解后加入 4 g 碘摇匀,待碘完全溶化后加入 80 mL 水,便可取用),用此固定液固定的标本,一般形态不变,但若遇淀粉物质,则变成蓝黑色,这将影响对细胞的观察,遇此情况,可在标本中加入少量硫代硫酸钠溶液使其褪色。碘是易挥发的物质,故而,用鲁哥氏碘液固定的标本应将瓶塞盖严或加入 2‰～4‰福尔马林固定液保存好。如果缺少碘液,也可用医用碘酒代替。在使用碘液时,用量一般是使标本液呈茶色(大约为水样的 1‰～2‰)即可。此液适用于浮游生物。

2. 浮游生物的定性和定量

浮游生物的定性和定量,即对浮游生物的种类和数量、重量进行鉴别和计数。

(1)浮游生物的定性

1)活体标本定性

在观察活体标本时应做到及时,制片用的盖玻片、载玻片以及吸管等均应保持清洁,严防药物污染。为防止某些种类游动过速,可在标本中适量加入稀浓度的麻醉剂,如水合氯醛、酒精等;也可在载玻片上放少量棉花纤维,以阻止其活动。若不能马上观察,则应对标本妥当保存;若敞开瓶盖,则应用湿布包裹,以避免阳光照晒等。由于许多生物如原生动物等固定后易变形,故进行活体观察是很有必要的。

2)固定标本定性

来不及观察活体时,可以固定标本进行定性;在进行固定标本制片观察时,应取容器底层样品,可得到更多种类。

无论是进行活体观察,还是固定标本观察,均应先用低倍镜观察浮游动物和大型浮游植物,然后再换高倍镜观察其他种类。

(2)浮游生物的定量

浮游生物定量的方法很多,下面介绍计数定量的方法。

1)浮游植物计数

①浮游植物计数前,应先将 0.1 mL 计数框洗净揩干,同时准备好清洁的 0.1 mL 吸管及 22 mm×22 mm 的盖玻片。用左手持盛有浓缩水样的小瓶,手腕靠在桌上,轻轻地左右摇晃 200 次。摇好后,立即打开瓶盖,用 0.1 mL 吸管在中央部分吸出 0.1 mL 标本液注入计数框(表面积 20×20:400 mm²),再盖上盖玻片,在显微镜下计算浮游植物的各种类个体数目。计数完毕后,将计数框内标本冲洗回原标本瓶中,并加放 1～2 mL 福尔马林防腐,以备将来检查。

②计数时,应在 400～600 倍显微镜下观察计数。每瓶标本计数两片,取其平均值。每片大约计数 100 个视野,但视野数可按浮游植物多少酌情增减,如果平均每个视野有十几个时,

数 50 个视野就可以了;如果平均每个视野有 5～6 个时,就要数 100 个视野;如果平均每个视野不超过 1～2 个时,要数 200 个以上视野。同一样品的两片计数结果平均数之差不大于其均数的 ±15% 时,其均数视为有效结果,否则还必须数第三片,直至 3 片平均数与相近两数之差不超过均数的 ±15% 为止,这两个相近值的均数才可视为计数结果。半圈者计数,下半圈者不计数。此外,数量最好用细胞数表示,对不易用细胞数表示的群体或丝状体,可求出其平均细胞数。计数时,优势种尽可能鉴别到种,其余鉴别到属。注意不要把微型浮游植物当做杂质而漏计。

③计数的具体要求:校正计数框容积;定量用的盖玻片应以碱水或肥皂水洗净备用,用前可浸于 70% 酒精中,用时取出,用细布揩干;滴取样品以后,最好以液体石蜡封好计数框四周,以防计数过程中干燥;以目微尺测所用显微镜一定倍数下的视野直径;选好与计数框同样容积的吸管备用;定量时,应将浓缩标本水样充分摇匀,快吸快滴;加盖玻片后不应有气泡出现;计数后的定量样品应保存下来。

④计数公式:1 L 水中的浮游植物的数量(N)可用下列公式计算:

$$N = \frac{C_s}{F_s \times F_n} \times \frac{V}{U} \times P_n$$

式中,C_s 为计数框面积;F_s 为每个视野面积;F_n 为计数过的视野数;V 为 1 L 水样经沉淀浓缩后的体积;U 为计数框的体积;P_n 为每片计数出的浮游植物个数。

⑤生物量的换算方法:因浮游植物中不同种类的个体大小相差较悬殊,用个体数或细胞数都不能反映水体浮游植物丰歉的真实情况,且浮游植物的个体极小,除特殊情况外,无法直接称重,一般按体积来换算,球形、圆盘形、圆锥形、带形等可按求体积公式计算;纤维形、新月形、多角形以及其他种种形状可分割为几个部分计算。由于浮游植物大都悬浮于水中生活,其比重应近似于所在水体水的比重,因此可将浮游植物的积数(立方微米)与水体水的比重相乘,从而得到其重量值(即生物量)。由于同一种类的细胞大小可能有较大的差别,同一属内差别就更大了,因此,有条件时应尽量实测每次水样中主要种类的细胞大小并计算平均重量。

2)浮游动物计数

①原生动物、轮虫和无节幼虫:将标本充分摇匀,吸出 0.1 mL 或 0.5 mL 注入相应大小的计数框内,盖上盖玻片,在中倍解剖镜下进行全片计数。每份样品计数两片,然后按浓缩的倍数换算成 1 L 水中的含量。

②枝角类和桡足类:计数时,如果水样中两种生物数量不多(总数不超过几十个),可将全部浓缩样品进行计数。如果样品中数量极大,也可将全部浓缩样品摇匀,以大吸管吸取全量的 20% 以上置计数框中,在低倍镜下全片计数。但甲壳类沉淀快,所以操作时须特别敏捷,否则影响计数结果。

各种浮游动物优势种尽可能鉴定到种。可参考"海洋调查规范"算出浮游动物的生物量。在计算原生动物、轮虫类和无节幼虫标本时,每份样品要求计数两片。两次实测值与其均数之差不得大于其均数的 ±15%,否则需计数第三片。上述 3 片计数值中,两个近似值与其均数之差如不大于其均数的 ±15%,则两个相近的值的均数即可视为计算的结果。定量用样品应保存下来,以备核查时使用。

10.2.2　海洋底栖动物调查研究方法

1. 底栖动物的采集与保存

海洋底栖动物一般用蚌斗式采泥器进行定性、定量采集(见图 10-2)。所采得的底栖动物,先将其洗净,分类保存。底栖贝类可保存在 70%～75% 的酒精中,过 4～5 天后再换一次酒精即可;若无酒精也可用福尔马林代替,但务必加入些苏打或硼酸,否则贝类的钙质壳会被酸性的福尔马林液腐蚀;底栖贝类也可去肉后将壳干燥保存。甲壳动物等放入小瓶中,用50% 的酒精固定,再转入 70%～80% 的酒精中保存。环节动物如沙蚕等,不可直接投入保存药液中,否则虫体会收缩,故必须使其麻醉。简单的方法是将动物置于玻璃皿中,加少量水,然后加 95% 酒精 1～2 滴,每隔 10～20 分钟再加 1～2 滴,直至虫体完全伸直,最后加入 10% 福尔马林液固定 1～2 天后,移入 70% 酒精中保存。

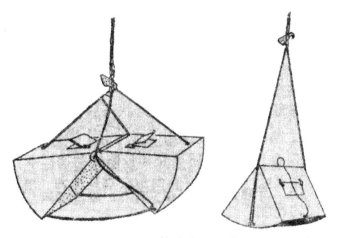

图 10-2　蚌斗式采泥器

2. 底栖动物的定量

用底样采集器在水体中选择若干地点进行采集。采集时,先将采集器张开,开口向下,沉入水底,插入泥中约 10 cm～15 cm,再将绳拉提,采集器关闭,使一定面积内的水底动物连同泥全部收入采集器中。待采集器提出水面,将采到的样品全部倾入金属筛中,用水冲洗,挑选分类处理。

因为底样采集器的口径面积是一定的,因而可根据采集到的标本推算出每平方米面积内的底栖动物的数量和重量。由于水体形态和环境条件的差异,底栖动物的分布也就不均匀,为使测定准确,应尽可能多选几个采样点。

在浅水水体中,也可采用以下方法进行底栖动物的定量。做法是将 1 m² 的正方形框架直接放入水底,并在框架中以手直接摸捞抓取底栖动物。这种方法特别适合不甚活动的经济软体动物的定量。

定量计数,要分门别类进行,要尽可能地分类到种,然后分别计数称重。称重前先将样品放在吸水纸上,轻轻翻滚,以吸去体外附着的水分。然后,用扭力天平或电子天平等精确称重。鉴定计数、称重的数值都需与采样时的数据一起,共同记录于统一制作的表格中。

10.2.3 海产无脊椎动物标本的处理方法

1. 处理无脊椎动物标本应注意的事项

①标本在处理前需要将其体上的泥沙、杂质洗净,方可进行麻醉、固定和保存。需要麻醉的标本,在洗涤时一定要用海水冲洗;不需要麻醉的标本,用海水和淡水皆可。

②在麻醉标本前,必须将麻醉标本的容器用海水冲洗干净,尤其对小型标本的麻醉更应注意。

③麻醉任何动物标本前,都必须用新鲜海水培养动物,使动物完全处于正常的生活状态时才能开始麻醉。

④正在进行麻醉的动物标本,应置于不受震动、光线稍暗的地方。

⑤在麻醉过程中,如因麻醉剂放得太多,动物体或触手收缩时,即可停止加麻醉剂,重新换新鲜海水,在动物恢复正常状态后,再行麻醉。

⑥干制的标本,必须用淡水冲洗干净,去掉动物体上含有的盐分。

⑦保存具有石灰质贝壳和骨骼的动物标本,最好用酒精而不用福尔马林。对于较坚硬的石灰质骨骼,也可短时间用福尔马林保存。其中,可加上少些硼砂来中和酸性,以减少标本受损的程度。

⑧对每一种标本登记的标签,要放在瓶内,不要只贴于瓶上,以免运输途中磨损。

2. 各种动物标本的处理方法

(1)原生动物

①夜光虫:以浮游生物网(13号或25号)在海面采得的夜光虫,可在双筒显微镜下观察其生活时的状态。或采到后向瓶内滴入福尔马林液将其杀死(其中也包括其他的浮游生物),待瓶内的动物沉底后,将上层的水倾出,换5%或10%的福尔马林液或70%酒精保存。

②有孔虫:在海底沉沙中采到的有孔虫壳,用酒精洗净干燥后,可不用药剂浸制,直接放在小瓶内保存。制片时,不需染色,将干的有孔虫标本放在纯酒精中稍洗,再放入二甲苯中约5～10分钟,然后用树胶装盖。

(2)多孔动物

樽海绵:观察外形的标本可用5%～7%的福尔马林杀死保存。但是,需要鉴别种类的标本不宜用福尔马林,因为海绵的骨针有的是石灰质的,易被蚁酸腐蚀,影响种类的鉴别,所以需要用80%或90%的酒精杀死,保存在70%或80%的酒精内。

(3)腔肠动物

①薮枝螅等:将这类动物放在盛有新鲜海水的玻璃容器内,数量不宜过多,使动物距离水面1 cm左右,待虫体全部伸展后,徐徐加入硫酸镁进行麻醉,用放大镜检查,至虫体及触手不再收缩,完全伸展时为止,然后再向容器中倒入纯福尔马林溶液,将其杀死,至福尔马林浓度达7%时为止。

②钩手水母及其他小型水母:将钩手水母放在盛海水的烧杯中,在水面撒一层薄荷,1~2分钟后,当其身体、触手不再活动时,用小勺转入 70％的福尔马林中固定 20 分钟,然后转移至 5％福尔马林中保存。另一种方法是用 $MnCl_2$ 作麻醉剂,在盛有钩手水母的烧杯中(海水 50~100 mL)中逐渐加入 $MnCl_2$,置浓度为 1％,麻醉 25 分钟。最好将硫酸镁配成饱和溶液,再沿着烧杯的壁缓缓加入,这样可使钩手水母的环境保持稳定,使其触手充分伸展。最后将已固定的标本转入 5％的福尔马林中保存。也可固定一天后再转入保存液。以上两种方法都可得到较好的标本,其中前一种方法效果更好。

③海月水母:以 1％的硫酸镁溶液麻醉,经 20 分钟左右,触碰动物不再动时,移入 7％的福尔马林液中将其杀死,固定并保存。此法简单,标本良好且节约时间。

④海葵:将海葵放在盛有新鲜海水的大烧杯(1 000 mL)内,每个烧杯内放一个海葵。使海葵口盘向上,距水面约 5~10 cm。静置,待海葵触手全部伸展开,如在自然环境中一样,此时进行麻醉。麻醉用的药物有许多种,其中较好的办法是用 $MnCl_2$ 麻醉,用药的量和麻醉时间应按海葵种类和大小不同而异。一般用 0.05％~0.2％的 $MnCl_2$ 逐渐加入培养海葵的烧杯内。通常麻醉约 40 分钟到 1 小时左右。待海葵全部麻醉后,再用吸管将甲醛直接加到海葵的口道部分,至甲醛浓度达 7％时,固定 3~4 小时,最后转入保存液中。

(4)扁形动物

将采到的涡虫或其他扁虫放在盛有新鲜海水的大培养皿中,等动物伸展后,用薄荷脑麻醉 3 小时。去除薄荷脑及海水,加入 7％福尔马林溶液将动物杀死,5~10 分钟后,用毛笔将动物挑在另一培养皿中的一张湿的滤纸上,一个个放开展平。其上再加一张滤纸,把动物夹在中间,纸上放几片载玻片,再加上 7％福尔马林液,经 12 小时后,去掉纸即得到扁平的标本,然后将其移入 5％的福尔马林溶液中保存。

(5)线形动物

自由生活的线虫,一般在海藻间或海底泥内观察其他动物时常可遇到。寄生种类也较多,在鱼的消化道内或其他器官中,也随时可见。寄生虫可用 0.7％生理盐水冲洗,在杀死固定前,先将虫体置于自来水内使虫体麻醉、松弛(或以氯仿、乙醚麻醉),然后放于 70％热酒精内杀死,即用 70％酒精在水浴中加热至 70℃左右,将线虫放入其中,虫体立即伸直,等酒精冷却时再移入 80％酒精内保存。最后可直接用以下方法观察。

①甘油法:酒精和甘油配成 3 种不同的浓度——80％酒精 9 份加甘油 1 份;80％酒精 4 份加甘油 1 份;80％酒精 2 份加甘油 1 份。取酒精内保存的线虫放入上述 3 种浓度的酒精甘油内,各浸 5 分钟,最后放入纯甘油内,这时便可在显微镜下观察。

②石碳酸法:取在酒精内保存的线虫,放入石碳酸内,3 分钟后即完全透明,观察后,仍可放回 80％酒精内保存。

(6)环节动物

沙蚕等各种环虫的处理方法基本相同。将环虫放在盛有清洁海水的解剖盘内培养,待环虫在水中恢复正常状态后,用薄荷脑麻醉 3 小时,将海水吸出,倒入 7％福尔马林溶液将其杀死。30 分钟后,进行整形,再经 8 小时将动物移入 5％福尔马林溶液中保存。对于一些大型环虫,杀死后需向其体内注入适量的 10％福尔马林,使虫体内福尔马林含量不低于 5％,以防体内器官腐烂。对管栖的环虫如磷沙蚕等,在处理前,要使虫体从栖管中漏出来或与栖管分开;

保存时连同栖管一块保存于同一标本瓶中。

(7)甲壳动物

虾、蟹等各种甲壳动物一般可直接用70%。80%酒精麻醉、杀死并保存,半小时后取出整形。如为大型虾、蟹,为了防止肢体脱落或体形不正,也可用纱布包裹,外加标签,放于酒精甘油混合液(80%酒精 90 mL,甘油 10 mL)中。

(8)棘皮动物

①海参:将海参放入盛有新鲜海水的容器内,容器置于阴凉处,切勿受阳光直射。待海参触手、管足伸出后,进行麻醉。用薄荷脑与硫酸镁同时处理,麻醉4～5小时,至触及触手和管足时不再收缩为止。以大竹镊子夹住围口触手基部,左手拿海参身体,迅速放入 50%醋酸溶液中约半分钟,取出后,用清水冲去醋酸,立即放入 10%福尔马林溶液中,30 分钟后取出,用注射针管从肛门向内注入 90%酒精(加数滴甘油)以防内脏腐烂,再用棉球塞住肛门,以防液体外流。注射防腐液时以保持海参体形正常为度。然后,将海参横放于容器内(管足向下,疣突向上),整理围口触手形态后,加入 80%酒精固定。12 小时后,保存于 80%酒精内,如果标本不用作分类鉴定,也可用福尔马林保存。

②海胆、海星等:分别在盛有海水的容器内,用硫酸镁麻醉,再由动物的围口膜处向体内注射 25%～30%福尔马林溶液,如海胆不易注入,可在围口膜的对边另扎入一个注射针头,这样在注入福尔马林溶液时,海胆的体液可由此针头流出。海星也可由其步带沟将福尔马林注入到水管系内,直到每个管足都充满液体竖起为度,然后放入 7%福尔马林中保存。一般处理海蛇尾等小型的棘皮动物,不必向体内注入福尔马林,麻醉后直接杀死保存。

10.3 海洋生物技术

海洋生物学研究的目标归根结底是对海洋生物资源进行更好地开发和利用,造福于人类。海洋是地球上潜力最大的资源库,它不仅能提供人类需要的优质蛋白质,还含有丰富的生物活性物质,是解决人类所面临的食物、资源和环境三大难题的最佳出处。海洋生物资源的开发离不开高新的海洋生物技术发展,海洋生物技术是利用海洋生物或其组成部分生产有用的生物产品的应用基础科学,它是海洋生物学与生物技术相结合的产物。海洋生物技术通过遗传操作和克隆技术不仅可以为水产养殖创造和提供优质、高产、抗逆新品种,而且还可以利用有机体生产天然产物或者用于生物修复改良海洋环境。海洋生物技术的发展将会大大推动海洋生物资源的开发和利用,为人类的生存和发展提供更广阔的空间和美好的前景。

目前,海洋生物技术已经发展成为海洋生物学的研究热点。其研究领域也得到不断的拓展和延伸,已经发展成为涉及海洋生物的分子生物学、细胞生物学、发育生物学、生殖生物学、遗传学、生物化学、微生物学等诸多学科的技术体系。当前,按照海洋生物技术研究的方向和应用领域,我们可以将海洋生物技术分为海洋动植物养殖生物技术、海洋天然产物生物技术和海洋环境生物技术 3 个方面;而其采用的核心技术主要有海洋生物基因工程、海洋生物细胞工程、海洋生物化学工程等技术手段。本节将从这些核心技术入手,对海洋生物技术的技术原理和特点进行简单介绍,同时着重介绍海洋生物技术在海洋生物研究和开发中的应用情况,展示海洋生物技术的发展前景与未来。

10.3.1　海洋生物基因工程技术

基因工程技术也叫转基因技术,是现代生物技术中的核心技术之一,它是将生物的遗传物质 DNA 按人们设计的方案重新组合,并在受体细胞中复制、表达和遗传,使受体细胞或生物表现出新的性状,或产生人们所期望的表达产物的生物技术。世界上首例转基因生物是 1972 年美国斯坦福大学科恩为首的研究小组研究出来的,,他们将两个不同的质粒拼接在一起,组合成一个嵌合质粒。当嵌合质粒被导入大肠杆菌后,它能在其中复制并表达双亲质粒的遗传信息。这是基因工程的第一个成功实验。1982 年美国学者 Palmiter 等人发表了第一个转基因动物。他们将大鼠生长激素(GH)基因与小鼠金属硫蛋白(MT)基因启动子拼接,构成重组体,并用显微注射的方法导入小鼠的受精卵中,获得了生长迅速的“超级小鼠”。此后,转基因生物的研究工作广泛展开。目前,在植物、动物、微生物中都已开展了转基因生物的研究工作。其中,有很多成功的例子,这将为人类带来巨大的社会效益和经济效益。

转基因海洋生物的研究起步较晚。海洋藻类的基因工程也主要开展于 20 世纪 80 年代,世界上首例转基因鱼和转基因海胆都是在 1985 年才获得成功的;从此拉开了海洋生物基因工程研究的序幕。近年来,转基因工作在海洋动物、海洋藻类和海洋微生物中都发展得很快;基因工程技术已成为改造和利用海洋生物的一种有效手段,在海洋生物学研究中具有重要的地位。

1. 基因工程的一般原理

基因工程,即 DNA 重组技术,是分子水平上生物工程技术的核心体系。它是指人们按照预先设计好的蓝图,先将一种生物中的遗传物质 DNA,从细胞中提取出来,在体外加入具有切割作用、类似“剪刀”的一种酶(限制性内切酶),把我们所需要的 DNA 片段(基因)切割下来,这个基因称为目的基因或供给基因。同时,在另一种生物细胞(称运载体或载体)中也加入这种酶,提取一种类似“搬运工”的叫“质粒”的 DNA 片段。然后把这两种 DNA 片段混合在一起,再加入一种有缝合作用类似“糨糊”的连接酶,就能使这两种 DNA 连接起来,成为人工合成的一个 DNA 分子。再将这种人工合成的大分子,导入另一种细胞(称受体)中,改变这个细胞的遗传组成,从而获得新的性状。海洋生物基因工程的基本原理与其他生物的基因工程一样,也是在体外将不同来源的 DNA 进行剪切和重组,形成镶嵌 DNA 分子,然后将之导入宿主细胞,使其扩增表达,从而使宿主细胞获得新的遗传特性,形成新的基因产物。一般海洋生物的基因工程包括 3 个基本的步骤:

①从合适材料分离或制备目的基因或 DNA 片段。

②目的基因或 DNA 片段与载体连接做成重组 DNA 分子。

③重组 DNA 分子引入宿主细胞,在其中扩增和表达。

不同种类的海洋生物由于生物学特性不同,其基因工程在操作上和具体技术上必然有所差异,但技术核心都是 DNA 的重组,即利用一系列的 DNA 限制性内切酶、连接酶等分子手术工具,在某种生物 DNA 链上切下某个目标基因或特殊的 DNA 片段,然后根据设计要求,将其接合到受体生物 DNA 链上,使其表达。

2. 海洋生物目的基因的分离和表达载体的构建

获得合乎人类某种需要的目标基因是开展一项基因工程的前提和全部工作的核心,基因工程的第一步就是获得目标基因。目前,人们已经能够通过多种途径和方法来获取目标基因,如从构建的基因文库中调取和筛选目标基因,通过化学方法合成已知核甘酸序列的目标基因以及通过逆转录酶用 mRNA 为模板合成目标基因等。这些目的基因可以是与生长有关的基因,如鱼类的生长素基因(GH cDNA),也可以是与抗逆有关的基因,如海洋生物的抗冻基因(AFP cDNA)等。目的基因分离后,要使一个外源目标基因能整合到受体细胞的基因组巾并能在整合后在受体基因组的调控下有效地转录和翻译,还需要事先对目标基因的功能结构用 DNA 重组技术进行适当的修饰,也就是构建基因的表达载体。目前在海洋生物微生物所用的载体主要为质粒。在海洋植物如藻类中载体的构建有 3 种方法,第一种方法是对具有质粒的藻类,利用质粒的复制起点以及个别质粒能与染色体同源重组的特点,嵌入选择标记,构建穿梭载体,以实现外源基因在藻类细胞中的游离表达或整合表达;第二种方法是对不具有质粒的蓝藻,利用其自身染色体片段和细菌选择标记,以实现同源重组和外源基因的整合表达;第三种方法是利用噬藻体(cyanophage)病毒作为定向整合载体。对于海洋动物则一般是通过将外源基因及其调控序列(启动子和增强子)导入动物的卵细胞或者胚胎中直接发育形成转基因生物。

3. 海洋生物基因的导入方法

海洋生物由于其种类复杂,各种类间生物学特性迥异,因此,进行转基因时外源基因的导入方法也不尽相同,尽管当前现代生物基因工程外源基因导入的方法很多,如显微注射法、基因枪法、电穿孔法、脉冲交变电泳转移法、精子介导法、病毒介导法、脂质体介导法、胚胎干细胞介导法、天然转化、体细胞核移植技术等,但目前海洋生物的基因导入方法主要有显微注射法、电穿孔法、基因枪法、精子载体法及天然转化法等。

(1)显微注射法

显微注射法是最常用且最有效的基因转移方法。在海洋动物中运用较多,将外源 DNA 注入卵母细胞的生发泡或者受精卵的细胞质中都可以得到转基因个体。但是,该法对操作技术的要求较高,在注射时容易对受精卵产生损伤,而且在对受精卵和早期胚胎进行细胞质注射时,还会受到受精膜的限制。这是因为除少数几种鱼(金鱼、青鳉、鲇鱼和斑马鱼)的受精膜较软,可手工去除或用针直接刺入外,多数鱼类的受精膜在受精后迅速变硬,且不透明,给注射带来困难。目前解决这个问题的方法可先用细金属针在受精膜上打一个孔,再由此孔注入外源DNA(虹鳟、鲑鱼);或通过受精孔注射(罗非鱼);也可手工去除或用胰蛋白酶消化受精膜(金鱼);或用含谷胱甘肽的溶液来膨胀卵,阻止卵膜变硬(青鳉)。该法的优点是转化率相对较高,并且多数能够表达,目前此法已成功地应用于海胆、青鳉等海洋生物中。

(2)电穿孔法

电穿孔法又叫电脉冲法,是海洋生物另一种较常用的方法,它是依据在电场的作用下,细胞膜中的极性分子被极化,导致渗透性瞬间改变,从而允许外源 DNA 进入细胞的原理进行DNA 转入的。在实际操作过程中,它是将靶细胞与外源 DNA 的混合液置于电极之间,在一定的电压(2~8 kV/cm)、一定的电击时间(5~50 μs)、一定的电击次数作用后,将外源 DNA 导入靶细胞。该法相对于显微注射法而言,优点是一次可处理大量的靶细胞,操作方便,而且脉冲的物理条件经过测试可以精确地固定下来,重复性好,可能是一种很有希望的基因转移方法,但相对而言,转化效率较低。据早期的报道,经电击处理的细胞不但死亡率高,约为 70%,而且整合率低,仅为 4%。但也有相对较高的,如 Lu 等(1 992)采用指数式衰减的电击系统分别处理青鳉和斑马鱼的早期胚胎,得到很高的成活率(70%)和整合率(20%~65%)。可见,电穿孔技术在今后海洋生物基因转导中具有较好的运用前景。

(3)基因枪法

基因枪法(panicle gun)又称微弹射击法(microprOjectile bombardment)、粒子轰击法、弹道微靶点射击等,最早由美国 Cornell 大学的 Sanford 等提出,主要是为了克服以往各种转基因技术的局限,其基本原理是将外源 DNA 包被在微小的金粉粒子或钨粉粒子表面,然后利用火药爆炸、高压放电或高压气体作驱动力,将微弹加速射入受体细胞或组织内,微弹上的外源 DNA 进入细胞后,从微粒子上解离下来,整合到植物基因组上,从而实现基因转化。在海洋生物中,该技术是海洋藻类基因转移的主要方法,其优点是操作相对方便,可以适合大批量的细胞转化,在海洋藻类的基因转移中有着大量的运用。

(4)精子载体法

精子载体法是海洋动物基因工程中使用较多的方法,它是将精子与外源 DNA 溶液在一起培育一段时间后,使精子吸附外源 DNA,然后通过受精,将外源 DNA 转移到卵子中去的基因导入方法。1971 年,Bracket 及其合作者进行了精子介导外源 DNA 转移的先驱工作,当精子和 ^{3}H 标记的 SV40-DNA 混合后,在精子的头部检测到放射性。1989 年 Arezzo 研究发现此法可使同源和异源的大分子进入海胆精子,通过受精外源 pRSVCAT 或 pSV2 CAT 质粒能进入卵子,外源的 CAT 基因还可以在胚胎中表达。目前使海洋生物精子吸附外源 DNA 的方法有 3 种,即直接孵育法、电脉冲法和脂质体法。直接孵育法是将外源 DNA 与精子按适当比例混合后,在适当的温度下孵育,在这种情况下,精子表面会吸附许多外源分子带入卵细胞内。电脉冲法是先利用电脉冲分子,在较高的电压下将外源 DNA 导入精子,然后通过受精作用使外源 DNA 随着精子导入卵细胞内,与卵核作用。脂质体法是将外源 DNA 先用脂质体包被,然后将脂质体与精子混合孵育,使脂质体进入精子,最后通过受精作用使外源 DNA 随精子导入受精卵。目前精子载体法已经成功地被运用于鲑鱼、鲍等海洋生物的基因转移中。

(5)天然转化法

天然转化法是海洋微藻基因工程中运用较多的基因导入方法,它是指海洋微藻在指数生长期不经处理直接吸收外源 DNA 的基因转移方法。其机制目前还不清楚,但绝大多数单细胞的海洋微藻可能具有天然的感受态,其机制可能与可被转化的细菌具有相似之处。转化依赖于 DNA 浓度,表现出单一动力学特性,饱和浓度在蓝藻 Synechococcus PC C7002 中仅为 1.0 $\mu g/cm^3$,而在 Synechocystis PCC6803 中高达 50 $\mu g/cm^3$。另外,转化频率在不同品系之间甚至在同一品系不同实验中是可变的。目前发现可天然转化的海洋微藻主要是蓝藻中的一些种类。

4. 基因转入后的一般命运

外源基因导入细胞后的命运是一个值得研究的问题,大量的转基因实验表明,转入细胞的外源 DNA 在转入后或随即发生降解,或滞留于细胞质,或有效进入细胞核内,进入细胞核的或随即降解丢失,或游离存在于核内,或整合于宿主染色体,整合又有随机整合和有效整合于特定位置。在海洋动物中,基因转移后 DNA 的存在形式研究得相对清楚,当外源基因导入海洋动物的卵子或胚胎以后,一般先是在胚胎发育早期快速复制,然后大量降解,仅有少量未被降解的外源 DNA 整合到宿主细胞基因组中,或者并不整合,而是游离存在于核外。外源 DNA 的复制与其拓扑形状有关,在所有转基因鱼和转基因海胆实验中,均发现线性外源 DNA 导入卵子或胚胎后,迅速拼接成大的环形分子连环体。连环体有利于复制,是外源基因复制和整合的主要形式。当超螺旋质粒注射到卵子或胚胎后,其复制和整合能力都相对较差。但是,无论线性还是环形外源 DNA 分子,均可以在胚胎中以游离形式存留很长一段时间。SoLtthern 杂交分析表明,外源基因在转基因鱼中形成的连环体,在大多数情况下是随机形成的终端对终端多聚体,与哺乳动物中所发现的外源基因以头尾排列形成的重复片段不同。外源基因复制的时间,在不同鱼类中有很大差别。在转基因金鱼中,外源基因的复制从囊胚中期开始,至原肠晚期和神经胚早期达到高峰,然后选择性降解。在转基因斑马鱼中,外源基因的复制主要发生在卵裂期,而在原肠期内外源基因则大量降解。目前所获得的转基因鱼,不管采用哪一种转基因技术,即不管是采用受精卵胞质注射或卵母细胞生发泡注射或电穿孔导入,无一例外地全部是嵌合体。这说明外源基因的整合不是发生在 1 细胞阶段,而是发生在卵裂已开始至少形成 2 细胞之后。在转基因金鱼中,Southern 杂交分析发现,子代中插入的外源基因的酶切图谱明显不同于亲代,这表明外源基因整合后仍不稳定;这种结构的变化,也可能是导致嵌合现象发生的原因之一。实验结果表明,外源基因的整合是一个随机的过程,即整合的位点及整合的拷贝数都是随机的;有串联成多拷贝形式在一个位点整合,也有以单拷贝形式在多个位点整合。因此,即使在同一转基因实验中得到的转基因个体,外源基因在不同组织间及同一组织内部各细胞间所含的拷贝数也是不同的,从 0～100 个拷贝不等。整合基因的表达方式也各不相同。Southern 杂交表明,整合的外源基因基本上未发生重排,但有时可观测到一些小带。目前,尚不能完全排除导入基因发生重排的可能性。外源基因的整合率,因鱼的种类和操作人员不同,一般从 1%～50%不等,甚至更高。至于不同的原因尚待阐明。

5. 外源基因转入与否的检测

通常转基因操作是将外源 DNA 分子导入细胞内,外源 DNA 分子导入多少,称为导入率。但转基因海洋生物研究的目的,是要求外源 DNA 分子能够插入宿主细胞的染色体 DNA 分子中。整合至宿主细胞基因组中,只有这样才能达到改变后者遗传物质组成,从而改变其遗传性状的目的。因此,整合率才真正反映了转基因的效率。外源 DNA 导入海洋生物的细胞后是否整合到受体基因组中以及是否表达,还需要对转基因后的子代或成体进行检测,常用的检测方法有以下几种。

(1)DNA 水平的检测

1)外源 DNA 是否导入的检测

①点杂交(dot hybridization)。从待测个体中提取 DNA,点到硝酸纤维素膜上,用标记探针(含注入基因片段)与之杂交显色,出现阳性斑点的个体中含有注入基因。但该法检测不出外源基因是否整合及整合的拷贝数。

②聚合酶链式反应(polymerase chain reaction,PCR)。根据注入基因碱基序列设计一对特异性引物,然后从待测个体中提取大分子量 DNA 作模板,进行扩增反应。若能扩增出目的基因片段,则说明待测个体中含有注入基因,但对基因是否整合及整合的拷贝数无法检测出来。该法灵敏度特别高,比点杂交还要高出许多倍。

③原位杂交(in situ hybridization)。该法需要将待测胚胎固定后做成切片(一般为 5 μm 厚),经 DNA 变性后与标记探针杂交,显色。此法可以了解外源基因在不同组织中的分布情况。

2)DNA 拷贝数的检测

转基因动物外源基因拷贝数的不稳定,直接影响到外源蛋白的表达量甚至导致外源基因沉默,因此,拷贝数的检测也是转基因动物鉴定的项目之一。检测外源基因拷贝数的方法主要有以下几种:Southern 杂交、实时荧光定量 PCR(real-time florescence quantitative PCR)、竞争定量 PCR(competitive quantitative-PCR,CQ-PCR)、荧光原位杂交技术(florescence in situ hybridization,FISH)和毛细管凝胶电泳法(capillary gel electrophoresis,CGE)等,最常用的是前两种。

3)整合位点的检测

由于转基因技术的限制,外源基因整合机制尚不清楚,外源基因的随机整合性会造成外源基因的高表达、低表达或沉默,给转基因的研究造成干扰。研究外源基因的整合位点可分析插入位点对外源基因表达的影响,目前检测外源基因整合位点的方法主要有荧光原位杂交方法及克隆侧翼序列的染色体步移法。

(2)转录水平表达的检测

对外源基因转录产物进行分析,可以研究外源基因在宿主体内的转录表达情况。目前,检测外源基因 RNA 的方法主要有 Northern 印迹杂交(Northern blot)、逆转录 PCR(RT-PCR)和 RNA 斑点杂交(RNA dot)等。Northern 印迹杂交技术步骤烦琐,尤其是外源基因与动物本身基因同源性高时,检测效果并不理想。RT-PCR 的精确度高,样品用量较少,还能同时分析多个不同基因的转录,是目前 RNA 定量检测中较为常用的方法。

(3)翻译水平的检测

生产转基因生物关键在于外源蛋白是否表达,表达的蛋白质是否具有活性。目前,蛋白质水平的检测方法主要有 Western 印迹法(Western blot)和酶联免疫吸附法(enzyme-linked immunosorbent assay,ELISA)。Western 印迹法原理是首先从待测海洋生物组织中提取蛋白质,电泳后转印到硝酸纤维素膜上,烘干,利用抗原—抗体特异结合的特点,可以测出注入基因的表达产物(蛋白质或多肽)的存在与否。ELISA 也是依据抗原—抗体杂交原理进行蛋白质的检测,与 Western 印迹杂交不同的是,ELISA 先将抗体或抗原包被在固相载体上,再用免疫反应检测,因此,不仅可以进行定性分析,还可用于定量检测。

6. 基因工程在海洋生物中的应用

(1)"超级鱼"的转基因培育

受"超级小鼠"的启发,我国学者朱作言等于 1985 年,将含人生长激素基因(hGH gene)片段的重组质粒注射到金鱼受精卵中,培养出世界上第一尾转基因鱼,并在注射后 50 天检测到外源基因已经整合到金鱼的基因组中。此外,他们还发现外源基因在金鱼胚胎中的复制行为与在转基因海胆和转基因爪蟾中的复制行为十分相似。随后,他们又将 hGH 基因注射到泥鳅受精卵,得到比对照大 3.0～4.6 倍的转基因泥鳅。在这一结果的影响下,培养“超级鱼”的工作在世界上各有关实验室纷纷开展起来。Zhang 等以劳氏肉瘤病毒基因长末端调控序列(RSVLTR)作启动子拼接到 rtGH cDNA 上,并导入鲤鱼受精卵中,获得比对照生长快 20％的转基因鲤鱼。Du 等将美洲大绵鳚抗冻蛋白基因启动子与鲑鱼生长激素 cDNA 拼接的重组体,注射到鲑鱼卵内,也证明外源生长激素基因能促进转基因鱼生长,且与对照比起来,转基因鲑鱼个体增大 4～6 倍。另外,转基因技术还被用于抗冻转基因鱼的培育中。例如,Shears 等将美洲拟鲽的 AFP 基因及其自身启动子导入大西洋鲑鱼受精卵中,并在少数个体中检测到 AFP 基因的整合和表达,通过转基因鲑鱼与野生型鲑鱼杂交得到子二代,外源基因便以孟德尔方式遗传。通过上述杂交实验已成功地获得稳定的转基因鲑鱼品系。

(2)功能海洋藻类的转基因培育

在藻类的转基因研究方面,围绕构建新品种,降解污染物或生产特定产品、进行工程制药等应用目标,世界各国都在进行海洋藻类方面的转基因工作。在基因工程制药方面,利用藻类作为宿主具有独特的优势。这是因为目前的基因重组多肽药物主要以大肠杆菌为宿主进行生产,但大肠杆菌作为生产药物的表达宿主,具有一些较难克服的缺点,如它含有毒蛋白,容易产生热源,纯化工艺复杂,较易污染,而藻类属于低等植物,自身不含毒蛋白,生长只需阳光、空气和无机盐。同时藻类细胞中还含有丰富的 β-胡萝卜素及藻胆蛋白,其具有抗癌效应,有望增强一些多肽药物的抗肿瘤作用,如能制成可口服的转基因藻类抗癌物其应用前景将不可估量。1992 年日本有专利报道把人的 SOD 基因克隆到蓝藻中,现已进入中试阶段。1998 年华南理工大学王捷等把 α 型人肿瘤坏因子克隆到鱼腥藻 7120 中表达成功,首次把细胞因子导入蓝藻,为基因工程重组细胞因子药物找到一个全新的宿主表达系统。利用基因工程藻杀蚊幼的研究有许多报道。用这种转基因藻细胞饲喂蚊子幼虫,可立即杀死它们。有学者成功地在模型藻——组囊藻中表达了芽孢杆菌杀蚊幼毒素基因,建立了杀蚊幼工程蓝藻的模型。Murrhy和 Stevens 在阿格门氏藻中,我国徐旭东等在鱼腥藻 Anabaena PCC7 120 中表达了类似基因,杀蚊幼工程鱼腥藻已经具有生产应用价值。同时基因工程藻还可用于环境污染的治理,如任黎等将人工合成的人肝金属硫蛋白转入丝状蓝藻——鱼腥藻 7120,得到了能耐受重金属镉的转入肝 MT-IA 基因鱼腥藻,很大程度上提高了转基因鱼腥藻的 MT 表达量,它将在清除水域中重金属污染方面发挥重要作用。同样螺旋藻的大面积养殖已经在全世界范围内开展,目前我国和日本正在合作,进行螺旋藻的基因工程。一方面期望引入 desA 基因以增强螺旋藻对低温的适应性,培育抗寒品系,另一方面期望引入分解污染物的外源基因,以处理工业废水。

(3)超级细菌的转基因培育

利用基因工程技术提高微生物净化环境的能力,是现代生物技术用于环境治理的一项关键技术。这一技术通过筛选并克隆高效基因,通过基因控制并提高某些在微生物体内具有特殊转换或降解功能的酶水平,利用分子克隆技术把多种污染物的降解基因克隆到某一菌株中构建成新的超级工程菌,大大加速环境治理进程。目前,基因工程在此领域内的应用已朝着构建能够降解特殊化合物的微生物方向迈进。例如,美国通用电气公司的一位科学家 Ananda

M. Chakrabarty,在他所进行的石油残留物降解的研究中,通过细胞的接合作用,将 CAM、OCT、SAL 和 NAH 降解质粒转入同一菌株中,率先获得了两株含有同时能降解不同石油成分的几个质粒的超级细菌。为此,他获得了名称为"含有多个可相容的产能降解性质粒的微生物及其制备"的美国第一个微生物发明专利。该菌株被称为"super—bug",能够同时降解脂肪烃、芳烃、萘和多环芳烃,降解石油的速度快、效率高,在几小时内能降解掉海上溢油中 2/3 的烃类,而自然菌种要用 1 年多的时间。此后,高效降解三氯苯氧基醋酸的恶臭假单胞菌(Pseudomonas putida)AC1l00、降解 2 种染料的脱色工程菌以及同时降解二氯苯氧基醋酸和三氯苯氧基醋酸的微生物菌种也得到成功的构建。Kolenc 等还分离了另一株恶臭假单胞菌,在温度低至 0℃时仍可降解甲苯(1000 mg/L),有很高的实际应用价值。

10.3.2　海洋生物细胞工程技术

细胞工程是当今生命科学前沿生物技术的一个重要组成部分,它是以细胞作为载体,通过细胞生物学的方法,有计划地改变细胞遗传物质并使之增殖,从而改变生物性状,生产有用的产物或引向成体化的综合科学技术。其技术领域已经涵盖了细胞融合、细胞重组、染色体工程、细胞器移植、原生质体诱变及细胞和组织培养技术等,研究种类已经涉及动物、植物和微生物等许多种类。近年来,在该领域的研究最引人注目的是细胞融合(cell fusion)技术及细胞杂交(cell hybridization)技术,并取得一些突破性研究进展。细胞融合是应用经紫外线灭活的病毒(如仙台病毒)或以聚乙二醇和溶血卵磷脂处理体外培养细胞,使其细胞质膜发生改变,导致细胞互相合并而成多核体。应用细胞融合可以大量培育新的生物类型。细胞杂交是应用细胞融合技术,使不同种细胞的细胞质和细胞核合并。由不同种的体细胞经过细胞融合后形成双核细胞,染色体在分裂过程中互混后产生的杂交单核子细胞便是杂交细胞,也称合核体,运用此法,亦可改变生物性状,培育出大量适合人类需求的新品系。当然细胞工程的其他技术如细胞培养技术、染色体操作技术等在近几年也得到长足的发展,当前这些细胞工程技术也被广泛运用于海洋生物中,已作为海洋生物学研究的重要技术手段,广泛运用于海洋鱼类、虾蟹类、贝类及藻类的遗传工程中。

1. 海洋生物的细胞培养技术

所谓细胞培养是指将单细胞生物,或多细胞生物的有机体内某一组织、某一器官分离出来,使其分散成单个细胞,在人工条件下使其存活、生长和分裂的技术。单细胞的微生物培养起步较早,方法也比较成熟,而动物和植物细胞(单胞藻除外)的培养则相对起步较晚。人类首例成功的动物细胞培养是由 Arnold 于 1880 年报道的,他发现白细胞(leucocytes)在淋巴液或血清中能够分裂。而最早的植物细胞培养则起步于 20 世纪初。由于体外培养的细胞,可以作为生物细胞各种生命活动的体外活模型,在生物学和医学的基础理论和应用技术的研究中均起着重要作用。特别是在建立细胞株后,细胞株由于可长期离体传代培养,其有均一的成分和稳定的生物学特性,并能多次提供细胞,因而更受重视。特别是近几年来,随着生物反应器和细胞产物技术的发展,应用细胞培养直接生产如珍珠、药物等人类有用的产品已成为可能,因而细胞培养的重要性更加凸显。当前,细胞培养技术也开始在海洋生物中得到广泛应用,海洋微生物、海洋动物和海洋藻类的培养技术已日趋成熟,成为海洋生物细胞工程技术不可或缺的技术手段。

目前,海洋生物的细胞培养已经在海洋微生物、动物和藻类上都取得了重要进展。在海洋微生物上,由于其为单细胞生物,有关它的培养技术相对成熟,培养程序也与陆地微生物相仿,但海洋微生物较陆地生物更难培养,其原因可能和人工培养条件下富营养条件和部分微生物生长条件苛刻等有关,当前针对这些问题也发明了一些海洋微生物的专门培养技术,如寡营养培养法、微包埋培养法等。当前海洋微生物的培养已成为海洋微生物分离、鉴别和利用的主要手段,迄今为止,人类发现的微生物大约有 150 多万种,除了 72000 种存在于陆地外,其余均存在于海洋之中,但据美国、荷兰和西班牙的科学家小组估计,海洋中微生物的种类可能多达1000 万种,因此,对于这些微生物的认识有待于其培养技术的提高。近年来,在新的海洋微生物的筛选和分离方面也取得了可喜成果,如 Uematsu 等从海鱼肠道和其他动物体内分离出约500 株能产生 EPA 的海洋细菌。目前,海洋石油污染给海洋造成了极大的破坏,有关石油降解细菌的研究始于 20 世纪 70 年代,至今已发现约有 40 个属的细菌能降解石油。

在海洋动物的细胞培养上,水产动物的细胞培养,起始于鱼类,鱼类细胞培养的系统研究和建株实践,已有 50 年左右历史。1962 年,Wolf 等首次建立了虹鳟细胞系 RTG,此后,鱼类的细胞培养研究进展十分迅速,据 Fryer 等的统计,至少已经建立了 1.57 个鱼细胞系,其中绝大多数是淡水鱼类和溯河洄游性鱼类,仅少数是海水鱼类。我国鱼类的细胞培养起步较晚,迄今已建立了大约 20 个细胞系,其中仅有牙鲆、鲈鱼、真鲷为海水种类细胞系。近几年,虾类的细胞培养工作也已开始,Peponnet 和 Quiot 最早开展了甲壳动物的细胞培养。他们取龙虾、螯虾的类淋巴组织、性腺等组织进行原代培养。随后,Patterson 和 Stewart 等也相继进行了美洲龙虾、小龙虾的上皮组织培养,但仅限于原代培养。近 10 余年来,有关虾细胞培养工作逐渐多起来,但主要集中在培养条件优化上,直到最近,Hsu 等对对虾细胞培养的条件进行了大量优化,并在此基础上设计了一个对虾细胞继代培养系统(subculture system)。用这个系统,已使斑节对虾类淋巴器官细胞传代培养了 80 代。对于海洋贝类的培养则主要集中于各种组织细胞的原代培养上,很少有建系的报道。早在 1967 年,Benex 就曾对贻贝的组织进行过培养研究。30 年来研究人员先后对多种贝的多种组织进行了原代培养,并对有的组织进行了传代培养。如石安静等报道了对背角无齿蚌和褶纹冠蚌的外套膜边缘膜的培养,町井昭报道了马氏珠母贝外套膜的组织培养方法,并自己设计了一种培养基——Pf 35。李霞等报道了以 Eagle MEM 加氯化钠、20%小牛血清及胰岛素等为培养基,将皱纹盘鲍几种组织在体外进行培养,并将外套膜和鳃组织传代培养了 10 代和 11 代。但除 Hansen 将一种淡水蜗牛(Bromphalaria glabrata)的胚胎细胞成功地培养成细胞系外,迄今,还未见有建系的报道。

在海洋藻类上,组织培养技术是海藻细胞工程中的基本技术。广义的组织培养既包括无菌条件下利用人工培养基对植物组织的培养,也包括原生质体、悬浮细胞和植物器官的培养。根据培养的植物材料的不同,可以把组织培养分为以下几种类型,即愈伤组织培养、悬浮细胞培养、器官培养、分生组织培养和原生质体培养,其中愈伤组织培养是最常见的培养形式。海藻的组织培养可以追溯到 20 世纪 50 年代初期,Aharon Gibor 于 1952 年就开始了褐藻 Cystoseira 的组织培养研究。但早期的研究遇到了许多问题,其中最突出的一个问题是获得无菌的藻体组织十分困难。后来抗生素的应用解决了这个问题,20 世纪 70 年代以来已经有许多无菌培养海藻愈伤组织、单细胞和原生质体再生植株成功的报道。到 80 年代,海藻的组织培养发展较快,许多海藻如石花菜、羊栖菜和紫菜等组织培养研究已面向实际应用,迄今已经通过组织和细胞培养在海带和紫菜等重要的海洋经济海藻上培育出了再生植株。

2. 海洋生物细胞培养的应用情况

海洋生物细胞的培养是现代生物技术的重要内容之一。因为人工培养海洋生物细胞是培育海洋生物新品种的重要方法,是生产海洋药物及其他有用产品的重要手段。其中,病毒的培养就是细胞培养的重要应用领域,我们知道病毒与细菌不一样,它是不能离开活细胞而单独存活的有机体,因此,若需要对病毒进行研究,必须首先建立细胞系,让其在细胞中复制和繁殖,我们可以在这种活的“病毒库”中对病毒的结构、成分、感染机制及治疗药物进行研究和开发。例如,我国已经成功运用大菱鲆鳍细胞系繁殖了大菱鲆出血性败血症病毒,并对其侵染过程进行了研究(樊廷俊等,2006);同时采用牙鲆细胞系对牙鲆淋巴囊肿病毒进行了培育,对该病毒的增殖过程及其在鱼体中组织嗜亲性进行了研究等。另外,细胞的培养还可以用于药物的筛选和昂贵海洋药物的开发上,已经发现,不少海洋动物能合成抗癌、抗病毒、抗心血管病的药物。例如,已经从柳珊瑚、软珊瑚、苔藓虫、海兔、海鞘中发现抗癌物质;在柳珊瑚和海绵中发现广谱抗菌素,若能查明这些海洋生物的哪类细胞能合成药物,便有可能用细胞培养法来生产。近年来,藻类的细胞培养已经开始用于大量的功能成分和药物的开发,生物反应器是成功的一例,它将大量藻类细胞在人工条件下进行大规模高密集培养,可从中提取大量的藻类功能产品。海洋贝类细胞培养还在海水珍珠的培育方面被寄予厚望,珍珠是海洋贝类外套膜分泌的,目前海洋珍珠贝的外套膜细胞已经可以原代培养,也能使外套膜细胞附着于珠核,并向珠核分泌珍珠质。但当前遇到的问题是外套膜细胞在人工培养条件下存活时间太短,分泌的珍珠质太少,不能形成商品珍珠。另外,细胞培养还在海洋生物的种质保存、干细胞系的建立等方面有重要的作用,随着海洋生物细胞培养技术的进步,细胞培养将在越来越多的领域发挥重要的功能。

3. 海洋生物的染色体操作技术

海洋生物的染色体操作技术,是指利用物理、化学及生物的手段,改变物种的染色体组成,从而改变其生物表型和性状的一种生物技术。染色体操作技术作为一种细胞工程技术,在一开始就在海洋生物学得到了广泛的运用,并在海洋生物的育种等多个领域有重要价值。例如,在海洋生物育种方面,通过染色体操作技术可以使海洋生物染色体的倍性发生改变,使二倍体生物变为多倍体,海洋生物多倍体在生长速度、育性方面都有很大的改变,因此,在海洋贝类、鱼类育种中有较大的应用价值。同样海洋生物的性别也是非常重要的性状,在许多养殖生物中,如半滑舌鳎存在着雌雄异型现象,雌体大,雄体很小,在养殖过程中过多的雄性给养殖带来不少麻烦。由于性别在很多海洋生物中是由染色体决定的,通过染色体的操作,可使子代变为单一的雌性,成为单性种群,这就是常说的性别控制,目前已在养殖海洋生物中得到广泛应用。另外,染色体移植、雌核、雄核发育、种间杂交等研究也在海洋生物中得以开展,为海洋生物细胞工程提供了新的技术手段。

（1）海洋生物的多倍体育种

1）诱导原理和方法

海洋生物多倍体的诱导在海洋动物中用得较为广泛，其方法也很多，其一般原理是采用物理、化学和生物的方法使海洋生物细胞中的染色体加倍。主要的物理、化学方法有抑制极体法和抑制卵裂法两种，可以采取的抑制措施有物理学的温度休克、静水压和电脉冲等方法，也可以采用细胞松弛素 B、二甲基氨基嘌呤和咖啡因等化学方法，生物学的方法主要是采用二倍体和多倍体杂交。

①抑制极体法。海洋动物卵子在受精后往往可以释放出极体，在海洋鱼类中，由于在受精前，卵子已经处于第二次减数分类中期，因此，对其多倍体的诱导主要采取抑制第二极体排出的方法，获得的子代也多为三倍体；而在海洋贝类和虾、蟹类中，则由于卵子在受精前处于第一次减数分裂中期，因此，对于其多倍体诱导可采用抑制第一极体，也可采用抑制第二极体。但其诱导的结果既可以产生三倍体，也可以产生四倍体，甚至产生非整倍体。

②抑制卵裂法。当海洋动物卵子正常受精并排出极体后，形成的二倍体很快进入正常的卵裂，染色体复制一次，并由 1 个细胞分裂成 2 个细胞。但如果染色体复制后用物理或化学的方法抑制其卵裂，结果将造成细胞的染色体加倍，并变为四倍体。

③生物杂交的方法。海洋动物的多倍体还可以采用生物杂交法进行制备，如可用正常的二倍体和四倍体进行杂交产生三倍体。四倍体可以是自然界中自发产生的，也可以是人工诱导的，如美国人工诱导成功四倍体牡蛎，并采用二倍体和四倍体的牡蛎杂交产生 100％ 的三倍体，这种方法是目前三倍体生产中最简洁高效的方法。当然在海洋生物远源杂交中也可以产生部分多倍体，如 Prasit 对两种鲇鱼 *Clarias macrocephalus* 和 *Pangasius sutchi* 种间杂交的研究中发现，后代中有部分三倍体的产生。另外，远源杂交产生多倍体的现象在许多淡水种类，如草鱼和鲤鱼、草鱼和鳙鱼、鲤鱼和草鱼的杂交中发现过。

2）海洋生物的多倍体生产

海洋生物多倍体生产是海洋动物育种中最为活跃的研究领域，目前在海洋贝类、鱼类、虾蟹类等很多种类中都已进行过尝试研究，而且很多研究表明，多倍体，特别是三倍体在生长、抗逆上几乎都较二倍体要优越。如人们对三倍体的鱼肉质量、抗病性等性状进行了研究，结果认为：三倍体虹鳟的鱼肉质量确实优于二倍体；三倍体大西洋鲑耐氧能力高于二倍体，故可适于低氧环境养殖；在抗病力上三倍体香鱼与二倍体无明显差异；在现研究的 30 余种三倍体贝类中，几乎所有的种类生长速度都快于二倍体。三倍体长牡蛎的抗病力也比二倍体要高。因此，海洋生物多倍体育种在生产上被寄予厚望，部分种类的多倍体育种也得到生产运用，如前面提到的三倍体牡蛎，美国现有牡蛎养殖的 30％～50％ 为三倍体牡蛎。在海洋植物中，三倍体的研究则相对较少。但当前总体来讲，多倍体在海洋生物育种中达到生产性运用的还并不多见，这其中的一个重要原因是多倍体在诱导上往往只能形成一定比例的多倍体，不能达到 100％ 的比例，同时诱导操作相对烦琐，而且诱导本身采取的物理、化学刺激对苗种危害较大，往往造成滞育和畸形。采用生物杂交的办法可以得到 100％ 的多倍体，而且操作相对简单，但由于采用这种方法制备多倍体，需要亲本一方本身是可育的多倍体，目前这种可育的多倍体的诱导也非常困难，如海洋贝类的。四倍体诱导目前仅在牡蛎上达到可运用的程度，因此，还有待于今后进一步的研究和开发。

（2）海洋生物的性别控制

1）海洋生物的性别控制机制

海洋动物的性别控制是染色体操作的另一运用领域。现有的研究表明,海洋动物的性别主要是由遗传因素决定的,这些遗传基因存在于染色体上,表现为性别的染色体决定。决定海洋动物的染色体机制比较复杂,在海洋鱼类、虾蟹类和贝类中发现很多性别决定基因均分布于不同的染色体上,而且这些染色体并不表现为异型性,因为海洋动物性染色体的分化还处于进化的初始时期。对现有已研究过的海洋动物的染色体决定机制,目前主要有如下几种类型。

①XX/XY 型。这种染色体决定机制在高等动物中较多,也是海洋生物的一种染色体性别机制,这种决定机制 XY 表现为雄性,XX 表现为雌性。目前大多数鱼类、虾蟹类和贝类都属于此种性别决定机制。

②ZW/WW 型。这种染色体决定机制则正好相反,雌性为异配,雄性为同配;在海洋鱼类中日本鳗、欧洲鳗、半滑舌鳎均为此类型。

③XO/XX 型。这种类型的性染色体决定机制表现为 XO 为雌性,XX 为雄性,但也可以正好相反,这种性决定在海洋鱼类中如星光鱼、夜叮鱼,海洋虾蟹类如长额虾属的一些种类,海洋贝类如刺蛋螺、玉黍螺属的一些种类中均有发现。

④复性染色体型。即性别是由一些重复的性染色体决定的,如 $X_1X_1X_2X_2/X_1X_2Y$ 就是其中一种,$X_1X_1X_2X_2$ 为雌性,而 X_1X_2Y 为雄性。如墨西哥鳉科鱼类就是一种,而海洋虾类铠甲虾科的雄性颈刺铠虾也是这种性决定机制。

2）海洋生物性别控制原理和方法

由于海洋生物的性别主要是由染色体来控制的,这就可以通过改变染色体构成的方式来改变海洋生物的性别,目前主要有以下两种方式。

①性激素转化法。为叙述方便,我们以生产全雌鱼为例来进行描述。在海洋鱼类中,XX/XY 性决定机制的鱼类占绝大多数,如需要生产全雌性(XX)鱼,可以先将一条雌性的个体在其性腺发育之前就开始用类固醇药物如甲基睾丸酮对雌鱼进行处理,使其发育成具有正常生理功能的伪雄鱼(XX)。然后将此伪雄鱼与正常的雌鱼进行交配,便可生产全雌化的鱼。株。据孔杰等对缘管浒苔和孔石莼经细胞融合培育出的杂种细胞表明,杂种细胞的生长速度比双亲细胞都要快,表现出一定的杂种优势。Cheney 等对红藻麒麟菜和长心卡帕藻进行的细胞融合也表明,杂种细胞产出的角叉藻聚糖明显增多。在微型藻方面,Sivan 等对紫球藻原生质体进行了融合形成杂种细胞,结果表明杂种细胞在藻红蛋白、叶绿素含量上都比亲代突变品系高。近年来,人类在海洋微藻中发现了有重要价值的天然产物。如在螺旋藻中含有大量的藻蓝蛋白,可以广泛运用于营养食品和化妆品生产中;在盐藻中有大量的甘油和 β-胡萝卜素类物质和变泡藻黄素。这些天然产物的保健和药用价值远高于人工合成品,人们正在致力于这些天然产物的应用开发研究,因此,通过微藻细胞的融合技术和细胞工程,也可以为人类生产出更多有用的产品。

4. 海洋生物的克隆技术

海洋生物的克隆:是指通过无性繁殖的方式,从一个细胞获得遗传背景相同的细胞群或个体的过程。1997 年克隆羊多利的产生使全世界为之轰动,但克隆海洋生物则早在 1892 年就产生了，其发明者 Driesch 把海胆 2 细胞期的胚胎通过剧烈震荡分离成 2 个细胞，并进行单独培养，结果发现 2 个分裂球均发育成 2 个完整的幼体。随后 Wilson 在文昌鱼上，Spemann 在蝾螈上，童第周和吴尚懃在鱼类上都成功地进行了克隆。同样在海洋藻类上，我国已故科学家方宗熙等也进行了海带、紫菜配子体的克隆，并形成了克隆植株；李秉钧等在裙带菜上进行了配子体的克隆，也形成了克隆植株。当前海洋生物的克隆已经成为海洋生物技术研究的重要领域，并逐步从单纯的理论技术的研究逐步转向应用，成为为人类经济生活造福的重要技术手段。

(1)海洋生物的克隆方法

①海洋动物的克隆。海洋动物的克隆是历史上较早产生的生物技术，其发展至今已经形成了比较完备的技术体系。目前，海洋生物的克隆主要形成了两种方法：一种是胚型克隆，另一种是移核克隆。胚型克隆是最早产生的克隆技术，上述的海胆、文昌鱼的克隆实际上就是胚型克隆，其技术原理相对简单，即在胚胎发育的早期，用剧烈震荡的方法或发环结扎的办法，获得早期胚胎分裂球，利用早期胚胎细胞分化潜能，将其单独培育形成两个全新的个体。海洋动物的移核克隆则起步较晚，其依据的技术原理与克隆羊的技术方法类似。即采用一定技术手段，将一个体细胞或胚胎细胞核取出，然后移植到另一个去核的卵子中，利用细胞核的全能性，发育成一个全新个体的技术。海洋动物的移核克隆研究相对较少，早在 20 世纪 60 年代，我国学者童第周进行了部分淡水鱼的移核克隆，1973 年，他将金鱼囊胚细胞核移植到鳑鲏的去核卵子中，得到了少数核质杂交的幼鱼；吴尚懃和蔡难儿以 3 个不同品系金鱼为材料进行了细胞核的继代移植，翌年，又以鲫鱼肾细胞核移植到同种鱼的成熟去核卵子中，得到了一尾性成熟的移核鲫鱼，从而克隆成功体细胞核移植克隆鱼。

②海洋藻类的克隆。海洋藻类的克隆则相对简单，在海洋单细胞微藻中，每个细胞就是一个生命体，只要条件合适，每个细胞都可以通过分裂形成很多克隆的后代。但在大型藻类中情况则并不是这样。如海带和紫菜等大型藻类均是多细胞的海洋植物，其生活史明显地可以分为两个世代，即孢子体的二倍体世代和配子体的单倍体世代，配子体有雌雄之分。在自然界，它们的生殖是有性生殖方式，并不能像单胞藻那样通过有丝分裂产生克隆。但我国的方宗熙于 1973 年已发现，如果在人工条件下认真地将雌性配子体和雄性配子体隔离开，各自均能生长成一团肉眼可见的丝状体。在合适理化因子的刺激下，雌性的海带配子体克隆还可以发育成大海带，这便形成了类似于孤雌生殖的克隆。同样，我国科学家还在裙带菜、紫菜等大型海洋藻类上建立了配子体克隆，并将其运用于它们的繁殖和育种中。

(2)克隆技术在海洋生物中的应用

海洋生物的克隆技术，最初主要是被运用于基础理论的研究和验证中。例如，Driesch 进行的最早的海洋生物克隆——海胆的克隆，其目的是验证 Weismann 提出的种质学说。当然海胆的克隆成功彻底否定了 Weismann 的种质学说。同样早期核移植克隆鱼的研究主要也是为了解“核质关系”的。如童第周等将鲤鱼囊胚细胞核移植到鲫鱼去核卵子中，获得了性成熟的属间核移植鱼，这种杂交鱼的性状中，口须和咽喉齿像鲤鱼，脊椎骨的数目像鲫鱼，这表明，供体核和受体细胞质都对性状形成了一定的作用。但正是这一点为人类利用克隆技术改造海洋生物提供了基础。据有关资料统计，迄今为止，我国利用核移植克隆，得到过 5 种属间、亚科间和目间核质杂种鱼。这种核质间的远缘无性杂交与有性杂交相比，具有后代可育和性状不分离的优点,并会出现类似于有性杂交的杂种优势,这在遗传育种和生产上是极其重要的。其中最有前景的是鲤鲫核质杂种鱼,它具有明显的生长优势,营养价值高,是一个很有应用价值和推广前景的优良核质杂种鱼。同样,严绍颐等把草鱼囊胚细胞核移到团头鲂去核卵中,得到了核质杂种鱼,利用其与正常草鱼卵回交得到生长良好的子代。因此,可以说克隆鱼技术已成为鱼类育种的一种重要方法,为生物工程法培育鱼类新品种探索一条新途径。近年来的研究表明,克隆动物还在多倍体育种、培育雄核发育纯合二倍体方面具有重要的利用价值。当然海洋藻类的克隆技术已经在海洋藻类的繁育和育种中进行了应用。例如,在海带上,已经采用配子体的克隆建立了海带的无性繁殖系;同时海藻的配子体克隆技术还给海带的品种杂交带来了便利,如先将海藻的配子体克隆培养在实验室中,可以保存几十年或更久。若要使某两个海带品种进行杂交,只要把它们的雌雄配子体克隆混合在一起就可以实现,用这种方法,已经培育了"单海 1 号"、"单杂 10 号"等海带新品种。另外,海带配子体克隆还为海藻的转基因研究提供了良好的材料,如武建秋等已将氯霉素乙酰转移酶基因成功地转移到海带配子体细胞中,拥有该基因的孤雌海带就能合成这种酶,从而使海带对氯霉素产生耐受性。姜鹏等还将乙肝病毒表面抗原蛋白基因 HBs 与报告基因连接在一起,导入海带,如果 HBs 基因能在海带中表达,合成大量的乙肝病毒表面抗原蛋白,那么就可以通过这种方式生产乙肝疫苗了。

10.3.3　海洋生物化学工程技术

生物化学工程是一个多学科交叉的领域,它是生物技术的一个分支学科,也是化学工程的主要前沿领域之一。其主要任务是利用生物化学的主要手段将生命物质或系统转化为实际的产品、过程或系统,以满足社会需要。生物化学工程在生物技术产业化中起着决定性作用,近10 年来,随着生物技术及其产业的迅速发展,对生物化学工程提出了更高的要求,这种要求也大大促进了生物化学工程的发展,研究不断深入,领域不断拓宽,取得了很大的进展。当前生物化学工程的研究内容包括:生化反应工程——反应器,生化分离工程——分离提纯技术与设备,生化控制工程——生物传感器、测量与控制等。

海洋生物化学工程就是将生物化学的原理和技术运用到海洋生物中,并将海洋生命物质或系统转化为实际产品、系统,以满足人类需要的技术。从当前该技术在海洋生物中的研究领域和范畴来看,海洋生物化学技术主要包括提取技术、化学加工技术、固定化酶(固定化细胞)技术和生物反应器技术等。其中提取技术就是从海洋生物中获取有用物质的技术,如从海洋藻类中提取藻多糖,从某些海洋软体动物中提取毒素等。化学加工技术是指利用化学方法对提取到的海洋生物制品进行加工、改造,生产出新的生物制品的技术,如甲壳素的衍生和改造技术。固定化酶技术是将酶固定于不溶性载体,使其不溶于水溶液,用这些酶生产有用的东西。固定化细胞则是将含有完整酶系统的整个细胞固定于不溶性载体,作为复杂酶反应的生物催化剂,主要用于微生物细胞固定。生物反应器技术是指利用海洋生物自身的生化反应机制,生产目的产品的技术,如用微藻生产某些天然产物等。当前海洋生物化学技术已被广泛运用于海洋生物产品的研究和开发中,功能食品和保健品的开发、海洋药物的制备、海洋新材料、新能源的开发无不渗透着海洋生物化学技术的痕迹,目前,海洋生物化学技术已成为海洋生物研究和开发中最活跃,运用最广泛的海洋生物技术之一。

1. 海洋生物活性物质提取和加工技术

(1)海洋生物中的活性物质

海洋生物活性物质是指海洋生物体内含量较少,但具有重要功能的天然化合物。海洋中的生物种类繁多,资源丰富,生物体内蕴藏着大量的活性物质。这些活性物质按其功能来分,主要包括海洋生物毒素、生理活性物质、生物功能产物及生物信息物质等。按化学结构来分,主要包括肽类、萜类、生物碱类、甾醇类、多糖、苷类、聚醚类、核酸及蛋白质等化合物,这些生物活性物质是人类食品、保健品、医药、材料等的重要来源,同时也是人类对海洋生物开发和利用的热点。近年来,越来越多的海洋活性物质在众多的海洋生物中被发现。例如,在海洋植物和动物中人类发现了海洋多糖,在海洋藻类中人类发现了海藻蛋白,在海洋微藻中人类发现了胡萝卜素和虾青素,在海洋鱼类和软体动物中人类发现了活性毒素,等等。因此,如何提取和利用这些活性物质成为当前海洋生物开发和综合利用急需解决的问题。

(2)海洋生物活性物质的提取方法

通过筛选,获知某些生物,或某些生物的某些组织部位中含有所需要的活性成分,或发现某些生物的粗提组分中含有明显的生理活性成分,则需要作进一步的分离纯化。分离纯化应尽可能在温和的条件下进行,避免高温、曝光以及酸碱等条件。分离纯化方法有溶剂萃取法、水蒸气蒸馏法、分馏法、吸附法、沉淀法、盐析法、透析法和升华法等经典方法,还有离心分离法、电泳法、层析法等,层析法又包括薄层层析、柱层析。进一步又可分为吸附层析、分配层析、通透层析、亲和层析、离子交换层析,等等。随着科学技术的发展,高压液相色谱(HPLC)、气相色谱(GC)等现代分离分析技术在生物活性物质研究中得到越来越广泛的应用,大大加速了分离纯化的速度,提高了分离纯化的水平。特别是 HPLC 及其填充剂的改进与发展,使得难以分离的微量成分及性质相近的复杂的混合物的分离得以实现,而且在分离纯化的同时能定性定量地测定所分离组分的含量。近年来诸如超临界流体萃取、膜分离、大规模制备色谱、双相提取、新型电泳分离等一批新型、高效节能的分离技术的开发应用,为海洋生物活性物质的分离提取,特别是工业规模的生产提供了新的有力的手段。

2. 海洋生物固定化酶技术

固定化酶技术是指在体外模拟海洋生物体内酶的作用方式,通过化学或物理的手段,用载体将酶束缚或限制在一定的区域内,使酶分子在此区域进行特有和活跃的催化作用,并可回收及长时间重复使用的一种交叉学科技术。与游离酶相比,海洋生物固定化酶在保持其高效专一及温和的酶催化反应特性的同时,又克服了游离酶的不足,呈现出储存稳定性高、分离回收容易、可多次重复使用、操作连续可控、工艺简便等一系列优点。1969 年,日本一家制药公司第一次将固定化的酰化氨基酸水解酶用来从混合氨基酸中生产 L-氨基酸,开辟了固定化酶工业化应用的新纪元。目前,生物固定化酶技术已经被广泛运用于工业、农业、医药、环保等各个领域。海洋生物体内有着复杂的酶系,可以用于催化和生产大量有用的产品,因此在当前海洋生物的研究和综合开发中占有一席之地。以下简单介绍一下其原理及在海洋生物中的应用情况。

(1)固定化酶技术原理和方法

当前,固定化酶技术研究热点在于寻找适用的固定化方法,设计合成性能优异且可控的载体,应用工艺的优化研究等。目前,酶的固定化方法很多,传统的固定化酶技术酶的固定方法大致可分为四大类:吸附法、交联法、共价键结合法和包埋法。

1) 吸附法

吸附法分为物理吸附法和离子吸附法。物理吸附法是将酶与载体吸附而固定的方法。常用的无机载体有活性炭、多孔陶瓷、酸性白土、磷酸钙、金属氧化物等;有机载体有淀粉、谷蛋白、纤维素及其衍生物、甲壳素及其衍生物等。而离子吸附法是将酶与含有离子交换基团的水不溶性载体以静电作用力相结合的固定化方法。吸附法具有酶活力部位的氨基酸残基不易被破坏,酶活力高的特点。但载体和酶的结合力比较弱,存在易于脱落等缺点。离子吸附法还容易受缓冲液种类或 pH 值的影响等。可采用此法固定的酶有葡萄糖异构酶、糖化酶、β-淀粉酶、纤维素酶、葡萄糖氧化酶等。

2) 交联法

交联法是用双功能试剂或多功能试剂进行酶分子之间的交联,使酶分子和双功能试剂或多功能试剂之间形成共价键,得到三相的交联网状结构,除了酶分子之间发生交联外,还存在一定的分子内交联。根据使用条件和添加材料的不同,还能够产生不同物理性质的固定化酶。常用交联剂有戊二醛、双重氮联苯胺-2,2-二磺酸等。实验证明,该固定法有很好的储存稳定性和可操作性。可采用此法固定的酶有葡萄糖氧化酶、β-乳糖苷酶、纤维素酶等。

3) 共价键结合法

共价键结合法是将酶与水不溶性载体以共价键结合的方法。此法研究较为成熟,其优点是酶与载体结合牢固不易脱落;却因反应条件较为剧烈,会引起酶蛋白空间构象变化,破坏酶的活性部位,因此,往往不能得到比活高的固定化酶,酶活回收率为 30% 左右,甚至酶的底物的专一性等性质也会发生变化,并且制备手续繁杂。目前此法已经运用在青霉素酰化酶、支链淀粉酶、壳多糖酶、糖化酶、D-氨基酸氧化酶等酶的固定上。

4) 包埋法

包埋法可分为网格型和微囊型两种。前者是将酶包埋于高分子凝胶细微网格内;而后者是将酶包埋在高分子半透膜中制备成微囊型。包埋法一般不需要与酶蛋白的氨基酸残基进行结合反应,很少改变酶的空间构象,酶活回收率较高,因此,可以应用于许多酶的固定化,但是,在发生化学反应时,酶容易失活,必须巧妙设计反应条件。包埋法只适合作用于小分子底物和产物的酶,对于那些作用于大分子底物和产物的酶是不适合的,因为只有小分子可以通过高分子凝胶的网格扩散,并且这种扩散阻力还会导致固定化酶动力学行为的改变,降低酶活力。目前采用此法已经成功地将脲酶、葡萄糖氧化酶、糖化酶进行了固定。

(2) 固定化酶技术在海洋生物中的应用

固定化酶技术由于其自身的高效性和可操作性等优点,在海洋生物方面的应用日益增多。目前,该技术已被广泛运用于海洋生物产品的制备和海洋环境保护等方面。如曾嘉等(2002)以壳聚糖微球为载体,戊二醛为交联剂,固定葡萄糖氧化酶,对葡萄糖氧化酶的固定化条件及固定化酶的各种性质进行了研究,确定了酶固定化的最佳条件,实验表明该固定化酶具有良好的操作及保存稳定。Kong 等以一种海洋细菌产生的细胞结合多糖(CBP)凝胶珠为载体,固定葡萄糖淀粉酶。近年来将含有完整酶系的整个细胞进行固定,利用其中的酶系统进行工作的技术,即固定化细胞技术也开始发展起来,其原理和固定方式与固定化酶技术相仿,也有吸附法、交联法、共价键结合法和包埋法 4 种方式。固定化细胞技术同样在生物产品的制备和环境污染物的处理等方面发挥了巨大的作用。

3. 海洋生物反应器技术

生物反应器是生物技术最为重要的问题之一,它是利用生物体及其酶系统作为催化剂的反应器系统,是连接原料和产物的桥梁。在反应器中,通过生物体及酶系统,可以迅速将添加廉价的原料,转变为高价值的目的产物。目前生物反应器的类型较多,其中应用比较多的有动物细胞悬浮培养生物反应器、动物细胞贴壁培养反应器、动物细胞载体悬浮培养反应器、微生物发酵、遗传重组细菌发酵、植物细胞反应器及光合作用生物反应器等。光合作用生物反应器是海洋生物中应用较多的一种生物反应器。在光合作用生物反应器中,通过给海洋藻类提供合适的光照条件和营养环境,可以使海洋藻类在人工反应器里高密度生长,形成巨大的生物量。如果这种海洋藻类细胞体内含有大量的活性物质,那么该生物反应器就成为批量生产该种活性产物的反应器。如上述产谷氨酸的海洋蓝藻就可以用光合作用生物反应器的形式大量培养并批量生产谷氨酸。光合作用生物反应器具有占地面积小,设施较简单,生产量大的特点,非常适合海洋藻类的培养及海洋活性物质的生产,可以很好地解决海洋藻类中生物活性物质含量甚微,无法投入批量生产的技术问题。当前随着固定化酶和固定化细胞技术的出现,将其与生物反应器技术相结合,可以大大提高生物反应器的效能,与传统的生物反应器相比,利用固定化酶和固定化细胞的生物反应器能增加单位体积细胞浓度,减少底物停留时间,提高转化率,可反复使用,易于实现催化剂与产物分离,从而实现工艺过程的连续化、自动化和降低生产成本等优点。目前,生物反应器已经在海洋生物中开始了部分运用。近年来,随着基因工程技术在海洋生物中的应用,采用光合作用生物反应器对基因工程生物进行培育生产海洋药物和功能活性物质已成为可能,如我国青岛一家公司与中国科学院遗传与发育生物学研究所等单位的研究人员通过细胞核移植技术获得克隆奶山羊,羊奶中含有外源干扰素,可研制抗乙肝病毒等特效药,此克隆奶山羊作为“动物乳腺生物反应器”生产的药用蛋白,有活性高、产量大等优势。基于此,我国学者张元兴提出了可采用基因重组技术生产我国的鱼用疫苗。随着我国生物反应器工程的不断发展以及海洋生物技术的不断进步,相信用生物反应器批量生产海洋活性物质和海洋药物将不再遥远。

参考文献

[1]徐晋麟.分子遗传学.北京:高等教育出版社,2011

[2]马文丽.生物化学.北京:科学出版社,2012

[3]刘卫群.生物化学.北京:中国农业出版社,2009

[4]贾弘禔,冯作化.生物化学与分子生物学.北京:人民卫生出版社,2010

[5]赵兴波.分子遗传学.北京:中国林业出版社,2012

[6]童坦君,李刚.生物化学(第2版).北京:北京大学医学出版社,2009

[7]吴国宝,邓鼎森.生物学.西安:第四军医大学出版社,2012

[8]路铁钢,丁毅.分子遗传学.北京:高等教育出版社,2008

[9]王继峰.生物化学.北京:中国中医药出版社,2007

[10]赵斌,潘凯元.生物学.北京:科学出版社,2007

[11]王希成.生物化学(第3版).北京:清华大学出版社,2010

[12]袁红雨.分子生物学.北京:化学工业出版社,2012

[13]李振刚.分子遗传学.北京:科学出版社,2008

[14]余多慰,龚祝南,刘平.分子生物学.南京:南京师范大学出版社,2007

[15]杨荣武.分子生物学.南京:南京大学出版社,2007

[16]孙树汉.医学分子遗传学.北京:科学出版社,2009

[17]徐相亭,秦豪荣,张长兴.动物繁殖技术(第2版).北京:中国农业大学出版社,2011

[18]邬金荣,叶林柏.分子生物学.武汉:武汉大学出版社,2007

[19]李振刚.分子遗传学(第二版).北京:科学出版社,2004

[20]杨安钢,刘新平,药立波.生物化学与分子生物学实验技术.北京:高等教育出版社,2008

[21]刘庆昌.遗传学.北京:科学出版社,2009

[22]陈金中,汪旭,薛京伦.医学分子遗传学(第四版).北京:科学出版社,2012